T0137672

matematica
e cultura 2006

matematica e cultura 2006

a cura di Michele Emmer

Michele Emmer
Dipartimento di Matematica "G. Castelnuovo"
Università degli Studi "La Sapienza", Roma

ISBN-10 88-470-0464-0
ISBN-13 978-88-470-0464-1

Springer fa parte di Springer Science+Business Media
springer.com

Stampato in Italia

Traduzioni: Cristina Spinoglio, Torino
Progetto grafico della copertina: Simona Colombo, Milano
Redazione: Barbara Amorese, Milano
Fotocomposizione e impaginazione: Graficando, Milano
Stampato in Italia: Signum Srl, Bollate, Milano

In copertina: incisione di Matteo Emmer tratta da "La Venezia perfetta", Centro Internazionale della Grafica, Venezia, 1993
Occhielli: incisioni di Matteo Emmer, op. cit.

Il congresso è stato realizzato grazie alla collaborazione di: Dipartimento di Matematica Applicata, Università di Ca' Foscari, Venezia; Dipartimento di Matematica "G. Castelnuovo", Università di Roma "La Sapienza"; Dipartimento di Matematica "F. Enriques", Università di Milano; Liceo Marco Polo di Venezia; Dipartimento di Scienze per l'Architettura dell'Università di Genova; Galileo - Giornale di scienza e problemi globali; Dipartimento di Matematica, Università di Bologna; Dipartimento di Matematica, Università di Trento; UMI - Unione Matematica Italiana.

Introduzione

Sognare

Qualche anno fa, in un corridoio, in un piccolo spazio, laterale, come in un anfratto nascosto, loro erano lì. Non potevano essere che lì. Nascosti e misteriosi, con visi sognanti e astratti, o distratti, o pensosi. Presi dai loro pensieri, presi nel loro spazio, uno spazio lontano e che solo loro potevano comprendere. Inafferrabili eppure lì, davanti a me. Certo, erano loro, i sei matematici della serie *Mathematica* di Mimmo Paladino. Pensatori di numeri e forme. Sono dieci anni che li cerchiamo i matematici. A Venezia, luogo prediletto.

Un'aura di mistero li circonda, altrimenti che matematici sarebbero!

Misteriose, sognanti, assenti, assorte le facce dei matematici di Paladino.

Le voci di 5 pastori sardi intonano il *Kyrie*, il *Libera Me Domine*, il *Sanctus*. Voci insistenti, profonde, arcaiche. La colonna sonora del viaggio, di un viaggio nel tempo e nello spazio, in un viaggio senza tempo e senza spazio. Sono quelle voci che restano negli occhi e nella mente. Insieme alle immagini del viaggio verso il nulla. Un viaggio verso *The Wild Blue Yonder* (L'ignoto spazio profondo), l'ultimo film di Werner Herzog, premio internazionale della Critica al festival di Venezia 2005. Protagonisti gli astronauti, anche se oramai nessuno più si emoziona alle loro avventure; astronauti che partono, che viaggiano, ma che non sanno verso dove.

E poi i veri protagonisti, i veri santoni del film, i personaggi che hanno fatto da qualche anno irruzione nel cinema: i matematici.

Eccoli i *veri* matematici della NASA, che fanno quello che fanno i matematici: scrivono equazioni sulla lavagna e spiegano come, sfruttando la gravità dei pianeti per aumentare la velocità, sarebbe possibile poter uscire dal sistema solare per immergersi nello spazio profondo. Non più gli attori che impersonano i matematici, ma i matematici stessi protagonisti. E chiedono a un artista di *rendere visibile* il loro sogno scientifico.

Herzog nel titoli di coda ringrazia gli astronauti, ringrazia la NASA, e ringrazia i matematici, per il *loro senso poetico*.

Il viaggio nello spazio senza fine (che è cosa diversa da infinito) di Venezia tra matematica e cultura continua.

Michele Emmer

Indice

omaggio a Mario Merz

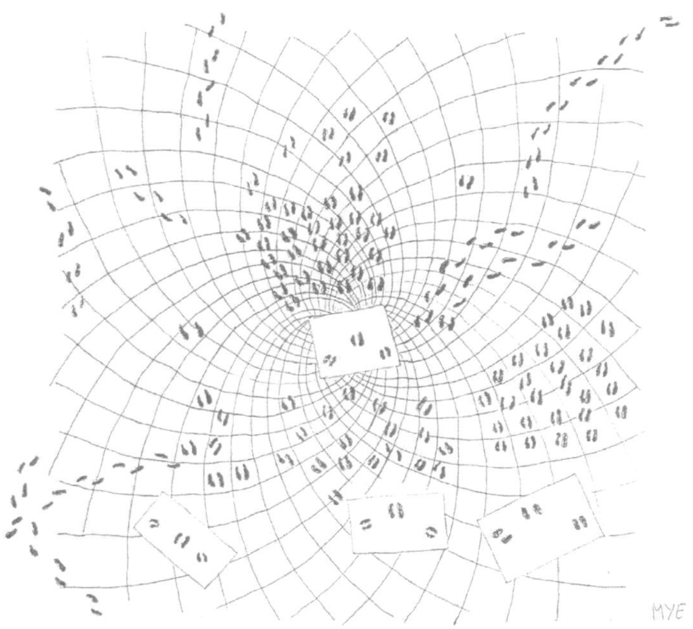

Mario Merz è scomparso a Torino il 9 novembre 2003. All'incontro di Venezia ne hanno parlato Giovanni Accame e Davide Ferrario. È stata inoltre mostrata una breve intervista a Merz grazie alla cortesia del *GAM* di Torino e alla *Fondazione Merz*. Vengono qui aggiunti due testi di Jannis Kounellis e Manuela Gandini, pubblicati per la prima volta sulla rivista *Domus*, fondata da Giò Ponti nel 1928, nel numero 872 del luglio/agosto 2004 alle pagine 80 e 82. Si ringrazia per aver concesso l'utilizzo dei due testi prima di tutto gli autori, la rivista *Domus* e la *Fondazione Merz*.

Per Mario Merz

Jannis Kounellis

Il problema è che la nostra generazione, con la sua visione internazionalista furiosa ed espansiva, non aveva però perso il contatto, segno profondo, con il paese.

Le novità trainavano vagoni che uscivano, gonfi di memoria, da tunnel in disuso da decenni. Un ballo ritmato dai motivi ricamati nei veli delle spose rimaste tragicamente vedove nel primo conflitto del secolo. Ed è proprio lì che comincia l'epopea dell'uscita dal quadro.

Il popolo, le bandiere festose, le barbarie trecentesche notturne fra un bicchiere e l'altro, caro Mario, ma che servivano per tenerci uniti, per dare prospettiva ai desideri, per capire che il sangue che correva nel profondo delle immagini ci offriva per un attimo una comune identità.
Bei tempi!

Il tuo Fibonacci, non so in quale libro lo hai trovato. Non credo tu avessi una grande biblioteca; forse era un libro di scuola, oppure era stato dimenticato sul tavolo, nella casa di qualche amico. Quello che conta è che, al momento opportuno, i Fibonacci ordivano il tuo lavoro.

Le prospettive del lavoro, l'America con gli interlocutori e gli incontri che offriva, segnavano i preparativi per un viaggio festoso. Abbiamo esposto in quel tempo le nostre diversità, ma anche la nostra adesione. Infatti per me Pollock è tuttora il riferimento fondamentale. E sembrava che, come per miracolo, il drammatico dopoguerra fosse finito.

Io so che non ci sei più, ma so anche che questo non conta. Dunque continuerò a farti delle domande e ad aspettare delle risposte dai nostri lavori.

La classe di Kantor: noi studenti di autori classici e, di fronte a noi, le composizioni incomposte di un quadro che non può essere finito perché, volta per volta, e con il respiro sospeso, si mette al mondo una certezza, incisiva per un attimo, ma subito dopo si sottolinea il dubbio e si rinvia sino alla prossima emozione.

Il matrimonio che avevamo sperato fra le famiglie di un'Europa rinnovata si farà: forse nella chiesa di San Peter a Colonia, oppure nella piccola sinagoga di Pulheim o nel vecchio museo di Munchengladbach. La data, però, è ancora da stabilire; non è andato tutto per il verso giusto, ma il sogno è inciso su una lastra di rame. Dunque esiste e questo l'ho sentito dire da parecchia gente. Bisognerà, intanto, continuare a presentare degli "atti unici" nei teatri, piccoli e grandi, di mezzo mondo, con la promessa, puoi esserne certo, che tu sarai con noi.

L'Eclissi

Manuela Gandini

Lui punta il gomito sul banco. I capelli grigi di Marisa scendono come liane argentate. Parliamo, litighiamo tutti assieme davanti a un bicchiere di rosso, per ritrovarci poi nello stesso territorio, la vita, con una risata finale al Banco a Milano, negli anni Ottanta.

Tempo dopo usciamo dalla chiocciola: la spirale di Frank Lloyd Wright, dove Mario è uno dei rarissimi artisti italiani viventi a esporre, nel 1989, al Guggenheim di New York. Era la conferma fisica del suo interminabile energetico percorso a spirale. La motocicletta correva sulle pareti, insieme alle lucertole, come in una danza di climbing, e i neon brillavano sopra alle cataste grigie di giornali che concentravano il breve percorso umano contemporaneo. Eppure lui era malinconico, cos'altro poteva fare dopo il Guggenheim? Cosa?

Ma la vita non s'è arrestata sulla vetta più alta del sistema dell'arte. L'aria rarefatta ha ossigenato il pensiero e tutto è proceduto ancora, per un bel po'. L'energia del neon azzurro s'è rinnovata nella metafisica di oggetti inerti, era la luce a parlare.

Il dottor Merz, che nel 1945 è in prigione per la sua attività politica, inizia a disegnare sulle lettere, sul pane e sul formaggio e diventa, con gli amici dell'arte povera e il legame con Christian Stein, uno dei più importanti e rivoluzionari artisti contemporanei. Usa la poesia della materia e la matematica di Fibonacci per rappresentare i processi di crescita del mondo organico.

Se n'è andato in una notte di eclissi, mentre l'ombra della luna copriva metà pianeta. L'ombra se l'è portato via, trascinato da "un vento strano che mi dà fastidio", così diceva nel pomeriggio. L'indomani della sua morte, lunedì 10 novembre 2003, il quotidiano "La Stampa" pubblicava in prima pagina la fotografia dello splendido igloo da lui realizzato per la città di Torino. Mentre il quotidiano "La Repubblica" riportava la foto del cumulo di macerie dell'attentato a Riad, che somigliava spaventosamente a un igloo devastato. Le due immagini, molto simili, erano una il contrario dell'altra, arte e vita, luce e ombra, oriente e occidente, come se le due semisfere dovessero unirsi in un unico organismo circolare di creazione e distruzione.

Merz e Fibonacci, proliferazioni vitali tra matematica e arte contemporanea

Giovanni Maria Accame

Il rilievo che Merz ha dato alla sequenza di Fibonacci, facendone la protagonista di un consistente e significativo gruppo di opere a partire dal 1970 fino agli ultimi anni del suo lavoro, è probabilmente l'aspetto più noto di un rapporto tra matematica e arte contemporanea che è stato prevalentemente studiato, ma anche confinato, nell'ambito dell'astrattismo storico e dei suoi successivi sviluppi. Non voglio con questo affermare che chi ha letto attentamente l'arte della seconda metà del novecento, compreso l'inizio del XXI secolo, non si sia accorto della presenza della matematica in aree diverse e anche molto lontane dalla pittura astratta, ma raramente ciò è stato considerato dalla critica. L'occasione di precisare il rapporto Merz-Fibonacci mi conduce obbligatoriamente a delineare, almeno sommariamente, gli spunti di una riflessione che potrebbe e meriterebbe di essere notevolmente ampliata, proprio nella direzione di un'indagine all'interno di tendenze artistiche poco osservate da questo punto di vista o, addirittura, apparentemente avverse a un'idea matematica. È questo il caso dello stesso Merz e dell'Arte povera, della quale l'artista, nato a Milano nel 1925 e qui deceduto nel 2003, è stato uno dei maggiori protagonisti. Un chiarimento necessario anche per non considerare la genesi di queste opere una bizzarra anomalia, invece dell'intuizione più acuta e pertinente che poteva fare un esponente "poverista", portatore di una poetica legata all'idea dinamica e vitale della natura.

Riportandosi agli inizi degli anni sessanta e alla cultura artistica che si stava formando e rapidamente affermando, risulta subito evidente il prevalere di una reazione al lungo dominio dell'Informale europeo e dell'Espressionismo astratto americano. Già dalla fine del decennio precedente un segnale limpido e risoluto accomunò diversi giovani artisti dei due continenti: il monocromo. La declinazione monocroma, sia che si voglia leggere come azzeramento assoluto dei linguaggi precedenti, sia che si intenda come distacco non privo di elementi di continuità, soprattutto sul piano esistenziale, come io preferisco vederla, rappresenta in ogni caso una volontà di superamento nei confronti della gestualità e matericità che avevano caratterizzato le angosce informali. Nelle diverse linee di ricerca che si delinearono, in quelle d'impronta minimalista e concettuale in particolare, appaiono sempre più casi di artisti che hanno tratto suggerimento per le loro opere dalla matematica. La Minimal Art negli Stati Uniti, ma anche una diffusa tendenza radicale, conduceva spesso a riflessioni sulle strutture essenziali delle forme, dei materiali e degli eventi. La cellula originaria, l'ordine interno in più di un caso si riconosceva in un'idea matematica. Un'idea che dal punto di vista strettamente disciplinare, in questi casi, non offre quasi mai elaborazioni inedite, l'aspetto innovativo è ovviamente avanzato dall'interpretazione data dall'artista e dall'opera che ne scaturisce.

Mi limiterò a ricordare un solo artista, Sol LeWitt, quale esempio tra i più evidenti e rilevanti di tutto il panorama minimalista e concettuale, ma anche, nello stesso tempo, portatore di un modello opposto a quello di Merz. Un modello che appartiene al genere prevalente di collegamento tra arte e matematica, dove in pratica le figure geometriche e la suddivisione degli spazi rivelano immediatamente e formalmente la loro origine. Per qualità e quantità di opere pertinenti LeWitt è certo un riferimento obbligato per qualunque itinerario attraverso i rapporti contemporanei tra arte e matematica. Sia nelle opere plastiche che in quelle realizzate con disegni su parete, il motore costruttivo è affidato a progressioni e sviluppi che hanno origine nella matematica e nella geometria. In LeWitt si assiste a una più articolata applicazione e una maggiore complessità di soluzioni della costante più significativa di molti dei rapporti tra lavoro artistico e matematica: la ripetizione, la modularità, l'iterazione con varianti. A partire dai primi anni sessanta, le strutture basate su moduli cubici ed eseguite in legno dipinto costituiscono il contributo più evidente al problema che qui ci interessa. L'artista stesso si è però preoccupato di precisare come, da parte sua, non vi sia un'esplicita volontà di affrontare problemi di matematica, ma di procedere sulla via di una concettualizzazione dell'arte. La matematica, in questo senso, sembra poter dare un considerevole contributo a rafforzare nell'arte l'elaborazione di idee, a spostare, come è in effetti tra gli intenti del concettualismo, l'attenzione e la considerazione dalle tradizionali tecniche manuali a una valutazione estetica di strutture mutuate dalla linguistica alla logica, alla matematica, ecc. Nel suo famoso scritto *Paragrafi sulla Conceptual Art,* LeWitt afferma tra l'altro:

> Nell'arte concettuale l'idea o concetto è l'aspetto più importante del lavoro. Quando un artista utilizza una forma concettuale d'arte, significa che tutte le programmazioni e decisioni sono definite in anticipo e l'esecuzione è una faccenda meccanica. L'idea diventa una macchina che crea l'arte. [1]

Quest'ultima affermazione, che non può non ricordare l'esclamazione di Warhol: *Voglio essere una macchina,* estremizza una concezione particolare del concettualismo: la visione di una sua astratta meccanicità. L'idea, che potrebbe essere percepita come complessità e con una pluralità di soluzioni, ancor più se maturata in ambito artistico, è invece intesa nella sua funzione di macchina che produce automaticamente arte. Meno legati alla geometria e a una sua realizzazione oggettualmente consistente sono i disegni su parete di LeWitt, dove la componente matematica e quella concettuale producono un effetto di assoluta smaterializzazione, coniugando e indicando con grande efficacia la misura e la poeticità racchiuse in un'idea.

All'opposto di questa versione di concettualismo antiespressivo e microemotivo si pone il lavoro di Mario Merz, che nella propria maturazione linguistica svilupperà una forte presenza concettuale. Per i giovani artisti dell'Arte povera e in particolare per il più anziano Merz, che alla metà degli anni Sessanta ha già alle spalle una notevole esperienza di pittura, il nuovo lavoro che stanno sviluppando in quel periodo scavalca le singole fonti che possono essere rintracciabili in una lettura analitica, per divenire quel fenomeno artistico che ha rapidamente ottenuto uno straordinario successo internazionale.

Per Mario Merz la presenza della natura e ancor più il senso della sua forza generatrice si trovano già all'origine delle prime esperienze artistiche. Lo confermano alcuni dipinti come *Foglia* del 1952, *Seme nel vento* e *Albero* del 1953, solo per fare qualche esempio. Quando, dopo il 1965, avviene il passaggio a opere tridimensionali e inizia l'utilizzo del neon, l'idea di energia non si affievolisce, ma si rafforza. Proprio il neon, attraversando una tela, un ombrello, una bottiglia, un impermeabile o altro ancora, potenzia l'indicazione di Fontana, dando corpo a una proiezione di luce che lacera e al tempo stesso rigenera.

L'incontro di Merz con la serie di Fibonacci è dunque nella logica del suo lavoro. Certo è merito dell'artista averne colto sia gli aspetti dinamici aperti a infinite applicazioni, sia lo straordinario legame tra un'idea matematica e le effettive progressioni della natura e le sue potenziali evoluzioni.

Come ho già accennato, la distanza che sembra esistere tra le idee matematiche e quanto l'Arte povera ci ha proposto con le opere dei suoi artisti non deve velare un aspetto essenziale che appartiene a più di un protagonista di questa tendenza, tanto da esserne uno dei caratteri distintivi. Mi riferisco al concetto di energia primaria, che non distingue solo Merz, ma che, con modalità diverse, troviamo con evidenza anche in Anselmo, Zorio, Penone, senza dimenticare il versante romano di Pascali e Kounellis. Un rapporto tra le forze della natura e della vita e la creatività generativa dei numeri molto chiaro a Merz che in un'intervista del 1972, in occasione della sua mostra al Walker Art Center di Minneapolis, disse:

> L'uomo ama gli alberi perché comprende che sono parte della serie essenziale della vita. Quando un uomo ha questo tipo di relazione con la natura, comprende che anche lui è parte di una serie biologica. La serie di Fibonacci è naturale. Se metti una serie di alberi in una mostra, avrai delle entità morte. Ma i numeri di Fibonacci, in una mostra, sono vivi, perché gli uomini sono come numeri in una serie. La gente sa che i numeri sono vitali, perché possono andare avanti all'infinito, mentre gli oggetti sono finiti. I numeri sono la vitalità del mondo. [2]

Merz, con una più lunga storia artistica rispetto agli altri artisti che avrebbero dato vita all'Arte povera, si trova, in quella cruciale metà degli anni Sessanta, in una posizione particolarmente favorevole ad affrontare una rivoluzione linguistica che lui stesso contribuisce in maniera rilevante a determinare. Può infatti liberare tutto lo slancio creativo che possiede e inoltre, proprio grazie alla sua grande esperienza, averne un buon controllo e in particolare una notevole consapevolezza. Non è secondario che i due temi fondamentali protrattisi nelle installazioni per oltre trent'anni, l'igloo e la serie di Fibonacci, compaiano nel 1968 e nel 1970, nei primissimi anni, cioè, dell'evoluzione avvenuta nel suo lavoro.

C'è un *Igloo Fibonacci* del 1970, tra i meno conosciuti e riprodotti, di straordinaria essenzialità nel fondere la struttura costitutiva dell'igloo con la progressione Fibonacci (Fig. 1).

Fig. 1. *Fibonacci Unit*, 1970
Rame, acciaio, marmo - coll. Kunstmuseum Wolfsburg

Per quanto io ricordi, si tratta dell'unica opera dove l'elaborazione formale della semisfera sia totalmente determinata dalla progressione numerica. Come un grande ragno, l'igloo si delinea attraverso una struttura in tubolare di ferro che, dall'alto di un centro, fa scendere otto braccia la cui estensione è determinata dalla progressione numerica, resa visibile da una serie di snodi che scandiscono le singole unità di misura risultanti dalla somma delle due precedenti. Quest'opera ci indica con chiarezza almeno tre aspetti importanti sulla valutazione dell'artista rispetto alla sequenza di Fibonacci. Prima di tutto il carattere costruttivo/generativo che riveste la sequenza, immediatamente compreso da Merz che ha, tra i fondamenti della propria poetica, l'idea di espansione, di un nuovo ordine naturale dove biologia e tecnologia possono trovare motivo di sinergie in continuo accrescimento. In secondo luogo la traducibilità formale e spaziale della progressione numerica che, al di là della nota e significativa relazione con la figura della spirale, può estendersi nello spazio all'infinito. Da ultimo il valore simbolico della sequenza in sé e la capacità degli stessi numeri di divenire elementi segnici e simbolici di straordinaria incisività. Caratteristica quest'ultima confermata dai tanti lavori realizzati con la sola dislocazione nell'ambiente dei numeri al neon.

La *Progressione di Fibonacci* al Guggenheim Museum di New York del 1971 (Fig. 2), l'installazione realizzata per il Walker Art Center di Minneapolis nel 1972 o quella sulla Mole Antonelliana nel 1984 (Fig. 3), fino alla *Manica lunga da 1 a 987* installata al Castello di Rivoli nel 1990 sono alcune delle maggiori opere, anche come dimensione, dove la serie di Fibonacci si concretizza con la sola presenza di numeri luminosi.

Fig. 2. *Progressione di Fibonacci*, 1971
Numeri al neon

Fig. 3. *Il volo dei numeri*, 2000
Numeri al neon rosso secondo la serie di Fibonacci
Photo: Paolo Pellion di Persano, Torino (*vedi la sezione a colori*)

La sequenza, in questi casi, non attiva una propria elaborazione formale, ma sovrapponendosi a uno spazio o, come avviene nei casi citati, a un'architettura già definita e caratterizzata indica una linea di sviluppo parallela ma autonoma. Non c'è da parte di Merz l'intenzione di trasformare la costruzione o di cambiarne il significato, ma semmai di aprire un canale di comunicazione, di aggiungere un percorso, una prospettiva di pensiero che presenta una sua dinamica. Certo l'accostamento produce altre osservazioni, altre idee e questo fa parte della proliferazione Fibonacci che dalla natura e dalla matematica entra nella vita. In questo senso nulla può dirsi definitivo, immutabile, il potere di questi numeri carichi d'energia agisce sull'immaginazione di chi sa immaginare e sa vedere differenti traiettorie per una medesima realtà. E sul concetto di una realtà plurale è lo stesso artista che dice:

> La forma dei numeri nella serie di Fibonacci è la forma della crescita di molte, molte realtà. Nel mio lavoro amo usare una matematica molto semplice. Questa serie è la serie più semplice del mondo. È come contare, ma è un modo del tutto diverso di comprendere la realtà della matematica. Per me la matematica è un esempio di vita, ma non una realtà in se stessa. ... Il decimo numero di Fibonacci ha più potere di 10. Un grafico di numeri consecutivi è una linea retta, ma il grafico di Fibonacci è una curva che si sviluppa, una spirale. La serie ha un potere intenso. Credo che la realtà del mondo sia come la serie di Fibonacci. [3]

L'ultima affermazione ci conferma quanta importanza Merz attribuisse a questa idea matematica che pare coincidere con la stessa esistenza del mondo. L'energia della natura, il suo inarrestabile divenire e l'eccezionale dinamicità che la sequenza possiede e concretamente esprime, divengono lo strumento con il quale l'artista indica l'intensità di ciò che accade. Con *Tavoli* del 1974 (Fig.4) e altri lavori su questo tema, la serie di Fibonacci si traduce in oggetti a noi molto familiari, che l'artista considera legati organicamente all'uomo e al suo ambiente di vita: *"il tavolo è un pezzo di terra che si solleva"* [4], sui tavoli si mangia, si lavora, si gioca, ecc.

Una relazione che Merz esalta sia nella crescita dimensionale dei tavoli sia nella quantità delle persone sedute attorno, tutte determinate dalla progressione numerica. Un altro rilievo particolare hanno le molte opere in cui, alla serie di Fibonacci, vengono abbinati pacchi di giornali (Fig. 5).

Le ripetute occasioni nelle quali Merz ha posto in relazione la dinamica dei numeri con la quantità dei giornali e i molti, diversi coinvolgimenti con altri oggetti e materiali rivela una certa predilezione dell'artista per un genere di merce denso di significati. Nelle interviste rilasciate Merz cita, di volta in volta, aspetti diversi e, come gli è proprio, i più immediati, senza speculare troppo sui numerosissimi spunti che l'oggetto giornale può fornire.

> Uso i giornali perché sono riproduzioni di parole e di pensieri (vedi [2]).

> ... a New York si vedono le balle di giornali legate con una cordicella. Si prendono e si portano in galleria ... I giornali mi hanno interessato perché in essi c'è un'incredibile unità. E sono tutti giornali non letti, qualcosa come un rifiuto della società [4].

Fig. 4. *Tavole con le zampe diventano tavoli*, 1974
Inchiostro su tela - coll. Kröller-Müller, Otterlo
Photo: Paolo Pellion di Persano, Torino

Fig. 5. *21 funzione di 8*, 1971
Giornali, vetri, numeri al neon

È però difficile non associare all'accumularsi di pacchi e pacchi di giornali, l'idea di uno scorrere del "quotidiano" e dunque di una dinamica del tempo legata alla sequenza del matematico pisano. Nelle installazioni *610 funzione di 15* del 1971, *La natura è l'arte del numero* del 1976 e la più recente *Il fiume scorre*, la presenza dei quotidiani, il loro sommarsi e stratificarsi oggettualizza il fluire di un tempo che in realtà sempre si accompagna alle opere che qui stiamo considerando.

Il profondo legame tra la progressione di Fibonacci e la natura, che tanto ha appassionato Merz, comprende la totalità del nostro mondo e dunque quello spazio e quel tempo così percepibili nelle sue opere. Spazio e tempo concepiti non solo come contenitori, ma come forze determinanti nell'accadere delle cose, nel procedere di quel flusso infinitamente variato, ma sostanzialmente unitario che è la vita. Intesa globalmente e dinamicamente in espansione, come avviene nella spirale delineata dai numeri di Fibonacci e come accade con le sollecitazioni che l'opera di Merz continua a generare.

Bibliografia

[1] S. LeWitt (1967) Paragraphs on Conceptual Art, *Artforum*, New York

[2] R. Koshalek (1972) Interview whit Mario Merz, in: cat. *Mario Merz*, Walker Art Center, Minneapolis

[3] B. Reise, L. Morris (1976) Eine Zahl ist ein Symbol für Wirklichkeit und Wachstum, *Kunstforum*, Mainz

[4] J.C. Ammann, S. Pagé (1981) Intervista a Mario Merz, in: cat. *Mario Merz*, ARC, Parigi - Kunsthalle, Basilea

Il cinema secondo Fibonacci

Davide Ferrario

Non sono mai stato molto bravo in matematica. Un po' per colpa mia, un po' perché al liceo l'insegnante cambiava in continuazione. Per non parlare del periodo storico (gli anni settanta), non incline allo studio indefesso… Eppure della matematica mi ha sempre affascinato l'aspetto strutturale, la percezione vaga, quasi miracolistica, che nei numeri c'é la chiave per spiegare tutto. Perciò, nonostante la mia ignoranza, mi sono sempre sentito attratto verso quei teoremi che sembrano fornire un accesso alla comprensione dei modi in cui il mondo funziona. Infatti nutro da sempre la convinzione – pur essendo ateo – che tutto intorno a noi (e forse anche dentro di noi) non avviene per caso. Ecco perchè sono diventato una facile preda della serie di Fibonacci.

Non so quando mi è capitato di leggere la prima volta delle proprietà singolari dei numeri di Fibonacci. Non solo dell'eleganza sistematica della progressione (ogni numero come somma dei due precedenti), ma anche del fatto che andando avanti nella serie ci si avvicina sempre di più al numero aureo, con tutte le cabale ad esso associate (a proposito : lo sapevate che lo schermo panoramico, quello che contraddistingue il formato del cinema moderno, è pensato su un rapporto 1:1,66, molto vicino al numero aureo?). Più di tutto mi affascina la suggestione (che tale rimane, anche dopo aver letto *La sezione aurea*, il bel libro di Mario Livio) che tutto – nei numeri quanto nella natura, nell'architettura quanto nell'estetica – tutto, dico, sembra corrispondere a una regola generale di ordine e di sviluppo, collegata in qualche modo alla serie di Fibonacci. Non sono il solo ad esserci cascato, naturalmente. Molti artisti sembrano rispondere con entusiasmo a questa specie di oracolo, facendone una pietra portante della loro ispirazione. Uno di questi è stato Mario Merz, che ha infilato numeri e spirali di Fibonacci in quasi tutte le sue opere. Compresa , fatalmente , l'installazione sulla cupola della Mole Antonelliana di Torino.

Credo di aver visto l'installazione (una fila verticale di numeri al neon rossi che segue il profilo della cupola) per un paio d'anni, prima di rifletterci seriamente. E l'occasione è venuta, naturalmente, quando ho deciso di girare *Dopo mezzanotte*, un film che si svolge tutto dentro la Mole. La trama del film, per chi non l'ha visto, è presto detta: si tratta dell'improbabile storia d'amore tra il custode notturno della Mole, Martino, e Amanda, una *bad girl* della periferia torinese che, in fuga dalla polizia, proprio alla Mole trova rifugio. Il film, girato senza una vera e propria sceneggiatura, si è costruito giorno per giorno, con molte improvvisazioni e repentine folgorazioni di messa in scena. A un certo punto, inquadrando la Mole di notte, mi sono posto la domanda: e i numeri di Merz? C'erano, ma avremmo potuto semplicemente spegnerli e ignorarli. Oppure considerarli come un fatale messaggio del destino e inglobarli nel karma del film. Ovviamente, optai per la seconda possibilità.

È così che nasce la fissazione di Martino per Fibonacci, fissazione che fornisce l'occasione per una delle scene più surreali e poetiche del film – nonché per la citazione del povero matematico pisano in alcuni contesti imprevedibili, tipo il litigio tra Amanda e la sua amica shampista in mezzo alla piazza del Municipio... Ma sotto la superficie sono convinto che la presenza dei numeri di Fibonacci in *Dopo mezzanotte* corrisponde a qualcosa di più profondo e significativo. La speranza espressa da Martino che "nonostante tutto il mondo abbia un senso" e che proprio questo sia il significato profondo dell'aspetto "aureo" della matematica è in realtà il mio desiderio di cineasta che il film stesso, nonostante tutte le sue bizzarrie e originalità, risponda a un'armonia profonda e non casuale.

Dopo mezzanotte è stato un grande, non previsto successo, in Italia come all'estero (è stato venduto in più di cento territori, dalla Birmania alla Romania fino agli Stati Uniti). È come se in tutto il mondo il pubblico – in mancanza di star nel cast e alla regia – avesse trovato nel film qualcosa che parla a un senso della bellezza non catalogabile in termini di civiltà, ma genuinamente universale. Come la matematica...

Portandolo in giro per il mondo ho notato che la reazione del pubblico segue sempre lo stesso schema: dapprima una specie di disorientamento misto a curiosità (del tipo: ma che storia ci stanno raccontando?), poi – man mano che tutto si dispone e trova un senso – subentra un senso di meraviglia stupita un po' infantile, proprio come quando uno ti spiega le implicazioni della serie di Fibonacci. Quello che era disperso o semplicemente "numerico" assume i connotati della rivelazione di una visione ordinata la cui stessa armonia interna genera – lasciatemelo dire – una specie di serenità esistenziale. Tutto sommato, la stessa che ho provato io quando, dopo sei mesi di montaggio e moltissime digressioni fuori pista, ho trovato la chiave per mettere in fila il materiale e farne il film che potete vedere oggi.

A proposito di montaggio. Anche qui vorrei tirare in ballo, se non proprio la matematica, la fisica quantistica. La citazione che vi propongo è lunga, ma si legge d'un fiato e racconta nel modo migliore quello che ha da dire. Proviene da un interessantissimo libro che si intitola *Il cinema e l'arte del montaggio*. Il libro l'ha scritto Michael Ondatjie, lo scrittore olandese autore di *Il paziente inglese*; ma la vera star del volume è Walter Murch, famoso montatore americano, collaboratore di Coppola e Lucas. Il libro si struttura come una serie di conversazioni sul montaggio, di botte e risposte. A un certo punto Murch racconta a Ondatjie la storia che segue.

Murch:
C'è un gioco stupendo – non ricordo se ne abbiamo già parlato – che si chiama "le venti domande negative"...
Ondaatje:
No, non ne abbiamo parlato.
Murch:
Fu inventato da John Wheeler, uno studioso di fisica quantistica allievo di Niels Bohr negli anni Trenta. Wheeler è la persona che ha inventato il termine "buco nero". È un preparatissimo fautore della migliore fisica del XX secolo. È ancora vivo, e credo che continui a insegnare e a scrivere.
Il suo gioco di società riflette il modo in cui il mondo è strutturato a livello quantico. Partecipano, diciamo, quattro giocatori: Michael, Anthony, Walter e Aggie. Dal punto di vista di uno dei giocatori –Michael, poniamo – sembra il classico gioco delle "Venti domande": "Le venti domande normali", lo si potrebbe chiamare. Michael, dunque, esce dalla stanza, convinto che gli altri tre giocatori stiano guardandosi intorno per scegliere di comune accordo l'oggetto che, con meno di venti domande, lui dovrà indovinare.
In circostanze normali, il gioco si fonda su una combinazione di acume e fortuna: "No, non è più grande di un paniere. No, non è commestibile..." Cose di questo tipo. Nella versione del gioco inventata da Wheeler, però, quando Michael lascia la stanza, gli altri tre giocatori non comunicano affatto tra loro. Anzi, ognuno sceglie un oggetto senza svelarlo agli altri. Dopo di che richiamano Michael.
C'è una incongruenza tra ciò di cui Michael è convinto e la realtà della situazione, e cioè che nessuno sa che cosa pensano gli altri. Il gioco, però, procede ugualmente, e proprio qui sta il divertimento.
Michael domanda a Walter: "L'oggetto in questione è più grande di un paniere?" Walter, che ha scelto, poniamo, la sveglia, risponde: "No" Anthony, invece, aveva scelto il divano, che è più grosso di un paniere. E poiché Michael sta per fargli la seconda domanda, Anthony deve sbrigarsi a trovare nella stanza un altro oggetto – una tazzina da caffè! – che sia più piccolo di un paniere. Perciò, quando Michael domanda a Anthony: "Se io svuotassi le mie tasche, potrei mettere il loro contenuto all'interno di quest'oggetto?", la risposta è affermativa.
L'oggetto scelto da Aggie potrebbe essere una piccola zucca intagliata per Halloween – più piccola del paniere e abbastanza capiente da contenere le chiavi e gli spiccioli di Michael – cosicché, quando Michael domanda, ad esempio: "È commestibile?", Aggie risponde: "Sì". E questo è un bel problema per Walter e Anthony, che hanno scelto oggetti non commestibili: ora dovranno trovare qualcosa di commestibile, capiente e più piccolo di un paniere.
Si viene così a creare un complesso vortice di decisioni, una logica ma imprevedibile catena di condizioni e di soluzioni, di se e di allora. Per concludersi con successo, il gioco deve produrre, in meno di venti domande, un oggetto che soddisfi tutti i requisiti logici: più piccolo di un paniere, commestibile, abbastanza capiente eccetera. Due sono gli esiti possibili. Il gioco riesce, e tutto finisce con Michael che è ancora convinto di aver giocato alle "Venti domande normali". In realtà, nessuno ha scelto l'oggetto X, e Anthony, Walter e Aggie hanno dovuto sudare per compiere quell'invisibile ginnastica mentale, sempre a un passo dal

fallimento. Che è l'altro esito possibile. Il gioco, infatti, può fallire miseramente. Dopo la quindicesima domanda, poniamo, la sequenza dell'interrogatorio può generare una serie di requisiti di una complessità tale che nessun oggetto, nella stanza, è in grado di soddisfarli. Quando Michael forma la sedicesima domanda, Anthony crolla e confessa di non saper rispondere, al che Michael scopre l'arcano: stava giocando alle "Venti domande negative". Secondo Wheeler, la natura della percezione e della realtà – a livello quantico e, forse, non solo – è in qualche modo simile alla dinamica di questo gioco.

Quando ho letto questo gioco, l'ho subito associato a quello che avviene nella realizzazione di un film. C'è un gioco su cui tutti sono d'accordo, che è la sceneggiatura, ma nel corso della realizzazione del film intervengono così tante variabili che ognuno interpreta la sceneggiatura in un modo leggermente diverso dagli altri. Il direttore di fotografia si fa una sua opinione, dopo di che, magari, gli dicono che un certo ruolo verrà interpretato da Clark Gable. Al che lui pensa: "Gable? Non credevo che l'avrebbe fatta lui, quella parte. Adesso dovrò riconsiderare tutto". Poi, lo scenografo interviene a modificare in qualche modo il set, e l'attore, allora, dice: "Questo sarebbe il mio appartamento? Be', se è così sono una persona leggermente diversa da quella che credevo di essere: vorrà dire che modificherò la mia interpretazione". E l'operatore alla macchina, seguendolo, dovrà scegliere un'inquadratura più larga di quella che aveva previsto all'inizio. A quel punto, con quelle immagini, anche il montatore si troverà costretto a cambiare qualcosa, fornendo magari al regista un'idea che implica il cambiamento di una battuta. Quando il costumista se ne accorge, decide che l'attore, in quella scena, non può indossare dei calzoni di tela grezza. E così via. Un film può avere successo, avvitandosi su sé stesso fino a giungere a un risultato che dà l'impressione di essere stato previsto in anticipo, anche se in realtà deriva da un rimescolamento totale.

D'altra parte il film può anche andare a rotoli. Incoerenze emotive o logiche possono suscitare una domanda a cui nulla in quella "stanza" – cioè nel film – può dare risposta. Il più vistoso di questi errori è rappresentato dalla scelta dell'attore sbagliato, che pone un problema di coerenza con tutto il resto. I film, però, possono fallire anche per ragioni molto più sottili: uccisi da migliaia di tagli, dall'interferenza degli studios, dal brutto tempo, da quello che il macchinista ha mangiato a colazione una certa mattina, dal fatto che il produttore sta divorziando eccetera. Tutte queste cose risulteranno inscritte nei modi più complessi nel corpo stesso del film. A volte con effetti positivi, e il film ne risulta arricchito. A volte con effetti negativi, e il film abortisce, viene portato a termine ma mai proiettato; o magari viene mandato nelle sale con handicap fatali che non producono altro che recensioni sgradevoli. Questo confronto tra la realizzazione di un film e il gioco di Wheeler ci aiuta a rispondere all'eterna questione: che cosa stavano pensando mentre realizzavano quel film? Come hanno potuto credere che potesse funzionare?

Nessuno si impegna a produrre un film che poi non viene mandato nelle sale, ma il gioco del film può suscitare domande a cui suoi creatori, alla fine, non sanno rispondere, e la pellicola fa una brutta fine.

Confesso, da cineasta, di non avere mai letto parole più vere riguardo all'essenza della realizzazione di un film. Più avanti, Murch si spinge ancora più in là e sostiene provocatoriamente che bisognerebbe provare a montare un film usando l'*I Ching*. Ogni tiro delle monete (che non è una specie di casuale oroscopo, ma risponde a un approccio di tipo "oriéntale" al calcolo delle probabilità) potrebbe fornire una chiave del modo in cui una scena si attacca all'altra! Sembra folle e pretestuoso, ma come non vedere dietro questa disposizione un atteggiamento ispirato al principio positivo espresso da Martino: "Tutto sommato , il mondo (e il cinema, aggiungo io !) un senso ce l'ha... ".

Da un punto di vista filosofico, il principio di fondo è che non si inventa niente, al massimo si scopre. È esattamente quello che penso facendo un film. Non credo mai di stare inventando qualcosa, sono profondamente convinto che era già tutto lì, bisognava solo trovarlo. Il mio compito, la mia abilità sta nel trovare il modo di decifrare la via per arrivarci (e spesso il modo non è per nulla logico, ma segue i modelli della fisica quantistica descritti dal gioco di Wheeler). Tutto questo ha una corrispondenza evidente con la matematica, dove i numeri si propongono come un "testo" già scritto e inalterabile, sotto il quale si celano rivelazioni che aspettano di essere scoperte.... Ecco, io penso che un film, nel momento in cui lo si pensa per la prima volta, sia "già fatto". Si tratta di trovare la dimostrazione - in senso matematico - che, attraverso tutte le avventure e le vicissitudini di un film, provi il teorema.

Dopo mezzanotte si propone allora come un caso particolarmente interessante di questa teoria perchè la ingloba dentro la sua stessa storia, facendone un vero e proprio meccanismo narrativo. Del resto, tutte le parti in causa nella vicenda sentimentale del film corrispondono a numeri di Fibonacci: 1, 2, 3. Uno, come ciascun singolo coinvolto. Due, come le coppie che si formano nella *ronde* amorosa. Tre, per il triangolo alla *Jules et Jim* che a un certo punto si raggiunge. (Non dimentichiamo che la dimostrazione di Fibonacci partiva, in effetti, da un problema di accoppiamento dei conigli...).

La conferma definitiva che tutto quanto esposto sopra non è puro vaneggiamento l'ho avuta quando si è aperta la stagione dei premi cinematografici. In mezzo a un generale riconoscimento del valore del film nei suoi vari aspetti, dalla regia agli attori alla scenografia, ciò che ha avuto i maggiori riconoscimenti (Nastro d'Argento, David di Donatello, Diamanti del Cinema Italiano...) è stata la sceneggiatura, che hanno anche chiesto di pubblicare. Peccato che - come ho detto - la sceneggiatura non sia mai esistita! Leggo questo fatto come la controprova che se uno trova la chiave per "leggere i numeri" del suo film, anche gli addetti ai lavori scambiano il risultato come la realizzazione di un progetto preesistente e preordinato.

In conclusione, penso che il cinema sia insieme un lavoro di una precisione "decimale" e di assoluta, caotica libertà creativa. Come mi illudo - e spero - che sia la matematica.

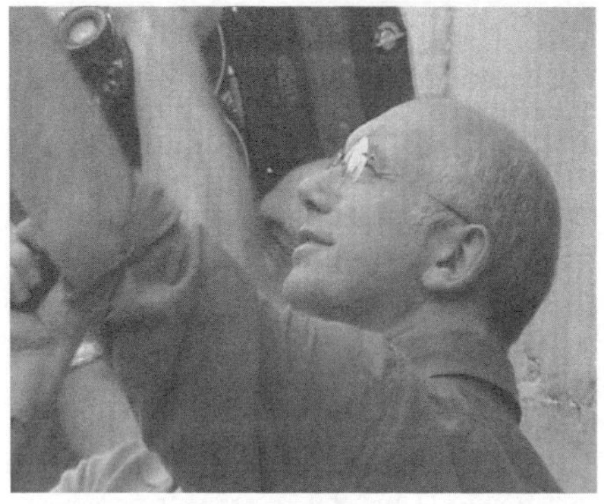

Fig. 1. Davide Ferrario sul set

Fig. 2. Gli interpreti del film, Giorgio Pasotti e Francesca Inaudi, alla Mole Antonelliana

Fig. 3. Il terzo protagonista del film, Fabio Troiano

Fig. 4. Francesca Inaudi e sullo sfondo la periferia di Torino

matematica e immagini

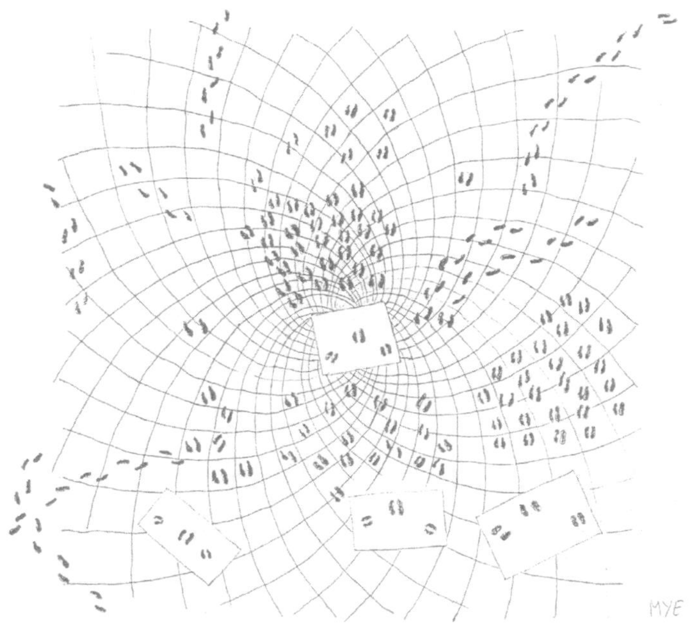

PDEs, Images and Videotapes

Maurizio Falcone

Introduzione

Viviamo tutti in un mondo fatto di immagini, filmati, telecamere, telegiornali, ma pochi sanno che la matematica è diventata uno strumento utilissimo nel trattamento delle immagini e che molte delle immagini che vediamo sono state ripulite, filtrate, corrette attraverso qualche software che utilizza strumenti matematici avanzati. Nel campo del trattamento delle immagini i modelli matematici hanno fatto irruzione solo una quindicina di anni fa e, da allora, lo sviluppo di tecniche matematiche sempre più sofisticate per il trattamento delle immagini si è andato diffondendo grazie anche all'evoluzione dei calcolatori, che permettono ormai a chiunque possegga un PC di manipolare le immagini della sua macchina fotografica (digitale naturalmente) o di montare un filmato (sempre digitale) girato con la sua videocamera.

Cerchiamo di capire meglio su cosa si basano queste tecniche e quali sono i modelli matematici che vengono utilizzati in questo campo. La prima cosa da fare è dare una definizione matematica di che cosa è una "immagine". Una prima semplice definizione potrebbe essere la seguente:

Definizione 1: *Un'immagine è un rettangolo di punti colorati.*

Fig. 1. Una immagine a colori (*vedi la sezione a colori*) e una in toni di grigio

In realtà, questa definizione coglie solo alcune caratteristiche di una immagine: il fatto che è rettangolare e che ogni punto dell'immagine è colorato. È bene aggiungere un'altra caratteristica, meno evidente: un'immagine è costituita da un numero finito di punti, detti *pixel*.

Questo aspetto non appare chiaro quando vediamo una fotografia semplicemente perchè il numero dei punti della carta fotografica su cui è stampata è talmente alto che ci appare infinito (l'immagine è continua, non presenta sgranature). Ma provate a fermare l'immagine di una cassetta VHS sul vostro televisore e vi accorgerete che essa è fatta in realtà da tanti punti ordinati su righe e colonne. La qualità degli schermi televisivi è infatti di gran lunga inferiore alla grana della carta fotografica (qualche migliaio di punti per uno schermo televisivo e qualche milione di punti per la carta fotografica). Il motivo per cui non ci accorgiamo troppo della scarsa qualità delle immagini del nostro televisore è che la nostra retina vede una sequenza di immagini (la frequenza di un film è di 24 fotogrammi al secondo) e le immagini di bassa qualità si sovrappongono sulla retina dando l'impressione della continuità delle forme e del movimento.

Siamo allora in grado di dare una definizione più precisa di una immagine e, per semplicità, daremo la definizione di una immagine che comunemente indichiamo come "immagine in bianco e nero" anche se, per essere più precisi, si tratta di una immagine in toni di grigio. I toni di grigio sono solitamente 256 e vanno per convenzione da 0 (nero) a 255 (bianco).

Definizione 2: *Un' immagine è una tabella rettangolare di numeri interi compresi tra 0 e 255.*

In matematica una tabella rettangolare di numeri con M righe ed N colonne si chiama *matrice* $M \times N$. Ogni elemento della matrice/tabella è facilmente individuabile a partire da due indici interi che individuano la riga e la colonna cui appartiene. Ad esempio, l'elemento p_{ij} è l'elemento sulla riga i e sulla colonna j e il valore di p_{ij} sarà compreso tra 0 e 255.

In termini matematici, quindi, la definizione più precisa è la seguente:

Definizione 3: Diremo immagine una matrice I, $M \times N$, i cui elementi I_{ij} sono tutti interi compresi tra 0 e 255, cioè $0 \leq I_{ij} \leq 255$ per $i = 1, \ldots, M, j = 1, \ldots, N$.

$$\begin{bmatrix} 0 & 0 & 8 & 15 & \ldots & 21 & 33 & 0 & 0 & 0 \\ 0 & 0 & 0 & 42 & \ldots & 23 & 35 & 0 & 0 & 0 \\ \ldots & & & \ldots & & \ldots & & & & \ldots \\ 0 & 0 & 52 & 10 & \ldots & 230 & 35 & 38 & 0 & 0 \\ 0 & 0 & 0 & 80 & \ldots & 130 & 35 & 38 & 0 & 0 \end{bmatrix}$$

Fig. 2. Una immagine in toni di grigio è una matrice $M \times N$

E un'immagine a colori? Il modo più semplice di definirla è sfruttare il fatto che ogni colore si può ottenere come una combinazione di tre colori fondamentali. Nel sistema RGB, comunemente usato nei televisori e nelle macchine digitali, i tre colori sono rosso (Red), verde (Green) e blu (Blue). Scegliendo la combinazione di questi tre colori riusciamo ad ottenere tutti i colori. Ad esempio un 50% di rosso mescolato ad un 30% di verde e ad un 60% di blu produce un viola. Potremo allora ottenere un'immagine a colori semplicemente sovrapponendo i tre canali RGB. Ogni canale corrisponde, come nel caso della immagine in toni di grigio, ad una matrice $M \times N$ in cui l'elemento di posto ij è il valore del tono del canale corrispondente. Quindi, se indichiamo con R, G e B le tre matrici corrispondenti ai tre canali, i valori r_{ij}, g_{ij} e b_{ij} corrispondono al tono di rosso, verde e blu del punto di posto ij nell'immagine e ognuno di questi valori è compreso tra 0 e 255.

Fig. 3. I tre canali RGB dell'immagine del Canal Grande (*vedi la sezione a colori*)

La Figura 3 mostra i tre canali RGB della foto del Canal Grande a colori (Fig. 1).

Vedremo come questo modello matematico relativo ad una singola immagine possa essere utilizzato per affrontare e risolvere alcuni problemi nel campo del trattamento delle immagini, ma prima introduciamo alcuni di questi problemi.

Filtraggio

È il problema dell'eliminazione dei disturbi da un'immagine (Fig. 4) Questi disturbi (il cosiddetto "rumore") possono dipendere da vari fattori: disturbi di trasmissione/ricezione (come ad esempio accade per le immagini trasmesse via satellite o nelle telecomunicazioni), disturbi nella costruzione dell'immagine (ad esempio, dovuti ad un lente sporca o ad imperfezioni nel sistema di lettura dell'immagine). Ognuno di questi disturbi ha caratteristiche proprie che possono essere descritte in termini matematici e l'obiettivo è quello di eliminare tutti i disturbi per ottenere un'immagine nitida.

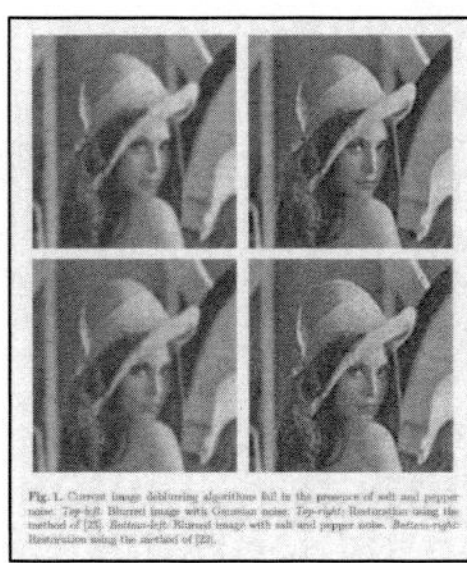

Fig. 4. Un tipico test di filtraggio sull'immagine di Lena, *http://www.lenna.org* (*vedi la sezione a colori*)

Segmentazione

Si ha un problema di segmentazione quando si vuole determinare con accuratezza il bordo degli oggetti rappresentati nell'immagine (Fig. 5a). In questo problema i bordi sono individuati come le zone dove si presenta un forte cambiamento del tono di grigio o del colore (nel caso in cui ad ogni oggetto sia associato un solo colore). La segmentazione ha molte applicazioni ed è spesso un passaggio obbligato per la soluzione degli altri problemi *solo* su alcune parti dell'immagine. Per esempio, nel telerilevamento una volta che gli oggetti siano stati individuati si potranno successivamente contare per determinare il numero degli edifici, degli alberi o delle auto presenti in una certa zona.

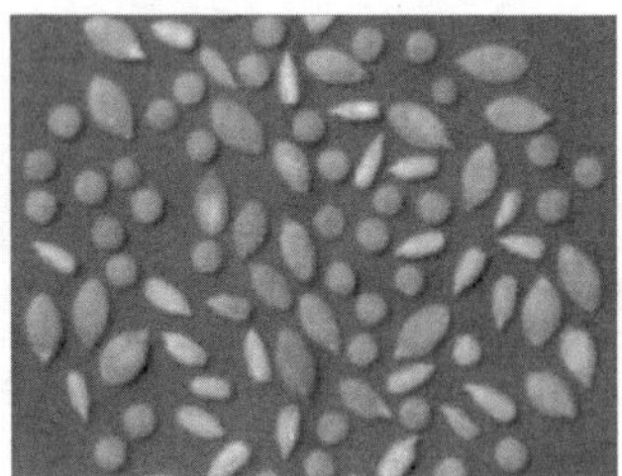
a

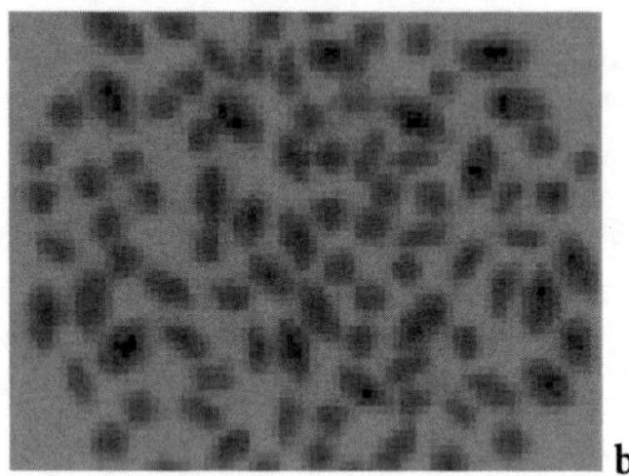
b

Fig. 5. Segmentazione di granelli: a) originale; b) foto segmentata

Ricostruzione 3D

In questo problema si vuole ricostruire la superficie dell'oggetto rappresentato nell'immagine (Fig. 6a). Per far questo occorre prima isolare l'oggetto che interessa, eventualmente attraverso una segmentazione, ed utilizzare le informazioni sui toni di grigio contenute nell'immagine per ricostruirne la superficie.

Per questo motivo, il problema è noto in letteratura col nome di *shape-from-shading* (ricostruzione della forma dall'ombreggiatura). È un problema difficile, le cui applicazioni sono potenzialmente vastissime e vanno dalla sicurezza (riconoscimento automatico delle persone) al telerilevamento (per la ricostruzione di mappe della superficie della terra o dei pianeti).

a

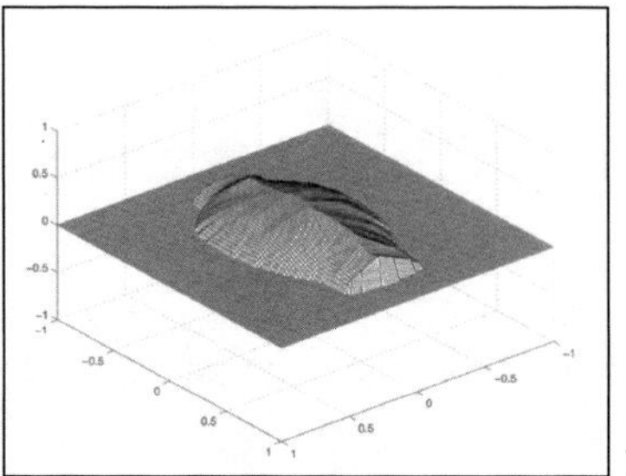
b

Fig. 6. Ricostruzione 3D di un vaso: a) originale; b) superficie

Zoom

Vorremmo poter ingrandire un'immagine senza perdere la definizione degli oggetti e senza sfuocarla (Fig. 7a). La difficoltà principale è legata al fatto di ingrandire un'immagine con pochi punti fino a farla diventare un'immagine con molti punti senza avere ulteriori informazioni sugli oggetti rappresentati nell'immagine. Anche in questo problema è necessario mantenere nitidi i bordi degli oggetti nel processo di ingrandimento.

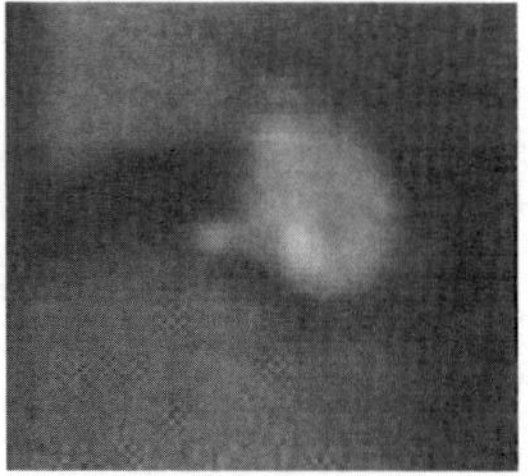

Fig. 7. L'ingrandimento di un particolare (l'orologio) porta ad una perdita di definizione

La soluzione di problemi come questi trova applicazione in molti campi, che vanno dalla ricerca biomedica (ecografie, TAC, microscopia elettronica) a quella spaziale (immagini da telescopio, radarclinometria) (Fig. 8).

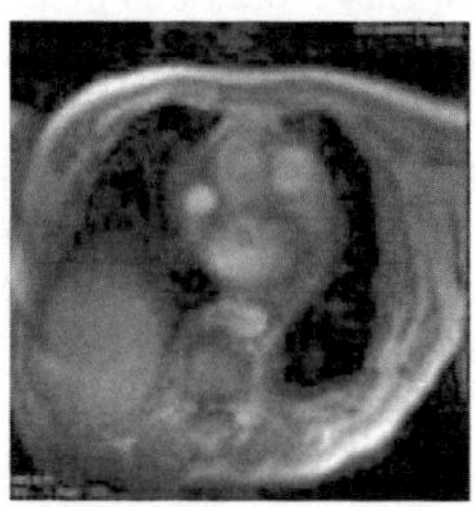

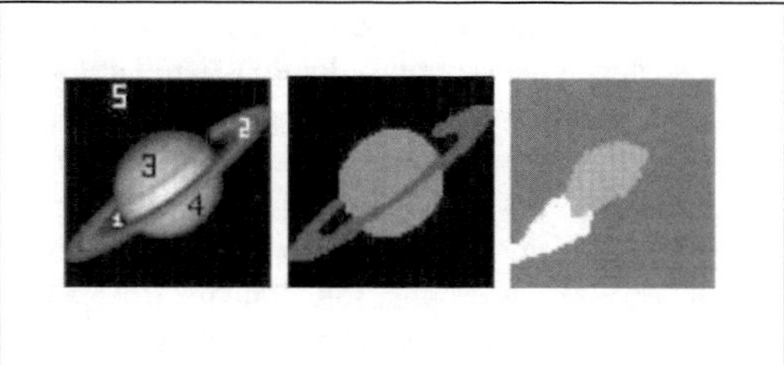

Fig. 8. Applicazioni biomediche e astronomiche

Come vengono risolti questi problemi nel campo del trattamento delle immagini? Per molti anni il modello discreto di un'immagine è stato quello più utilizzato, ma da vari anni cominciano ad essere utilizzati modelli matematici più raffinati, che si basano su equazioni alle derivate parziali. In alcuni di questi modelli il passaggio da una immagine iniziale all'immagine trattata (ripulita, filtrata, segmentata) viene descritto attraverso lo studio di processo di evoluzione per la funzione $I(t,x,y)$ che associa un tono di grigio ad ogni punto dell'immagine. La funzione dipende anche dal tempo, proprio perchè si vuole descrivere il passaggio dal dato iniziale, cioè dall'immagine di partenza $I(0,x,y)$, all'immagine trattata finale $I(T,x,y)$. La descrizione matematica di questo processo lega la variazione nel tempo dell'immagine (cioè la derivata temporale $I_t(t,x,y)$ dell'intensità del tono di grigio in ogni punto e ad ogni istante di tempo) alle sue caratteristiche locali, descritte dalle sue derivate spaziali (prime e/o seconde). Anche se il motore di questa evoluzione dipende dal modello e dal risultato che si vuole ottenere, la presenza delle derivate della funzione che si sta studiando richiede una certa regolarità della soluzione che dovrà essere almeno continua. Questa richiesta porta ad abbandonare, in questa fase, la rappresentazione di un'immagine attraverso una matrice di valori (modello discreto) per passare ad un modello continuo nel quale i toni di grigio sono infiniti e variano tra 0 (nero) e 1 (bianco). Nel modello continuo l'intensità dei toni di grigio al tempo t dell'evoluzione è definita su tutti i punti x del rettangolo corrispondente all'immagine, dunque $I{:}Q \times [0,T] \rightarrow [0,1]$. Per risolvere il problema di evoluzione, in genere piuttosto complesso, occorre utilizzare dei metodi di approssimazione ed introdurre dei passi di discretizzatione (Δt per il tempo, Δx, Δy per lo spazio). Dunque nell'effettiva soluzione numerica del modello si ritorna al discreto e la rappresentazione dell'immagine è di nuovo una matrice con lo stesso numero di punti dell'immagine di partenza.

MODELLO DISCRETO		*MODELLO CONTINUO*		*DISCRETIZZAZIONE*
Matrice I (i, j)	$\Rightarrow$	*Funzione I (x, y)*	$\Rightarrow$	$\Delta x, \Delta y$
$0 \leq I \leq 255$		$I{:}Q \rightarrow [0,1]$		*Matrice I (i, j)*
				$0 \leq I \leq 255$

Ma perchè è utile considerare un modello continuo se l'immagine è descritta da una struttura discreta che corrisponde, come abbiamo già visto, ad una matrice? Il motivo principale è che spesso è più semplice descrivere un fenomeno attraverso dei modelli continui, dove possiamo utilizzare gli strumenti dell'analisi matematica per arrivare ad una rappresentazione più sintetica e precisa, piuttosto che descrivere l'evoluzione di ciascun punto dell'immagine discreta. Il modello continuo utilizza spesso gli sviluppi teorici legati alle equazioni differenziali non lineari ed al loro trattamento numerico. Per esempio, è possibile determinare le condizioni sotto le quali la soluzione del problema è unica, quali siano le sue caratteristiche durante l'evoluzione nel tempo, quali siano i valori massimi e minimi per i toni di grigio I ed, eventualmente, per le sue derivate.

Nella costruzione del modello si incontrano però alcune difficoltà. La prima è che le immagini contengono moltissime informazioni e il modello deve saper scegliere qual'è l'informazione rilevante per la soluzione del problema che ci interessa. La seconda riguarda il fatto che i bordi degli oggetti hanno vertici e spigoli e questo pone il problema del calcolo di soluzioni non regolari (cioè non derivabili) delle equazioni. Infine, le immagini contengono una grande massa di dati: per esempio, un'immagine piccola (*512* x *512 pixel*) in toni di grigio occupa 262 Kb. Questo richiede algoritmi ottimizzati e veloci per ottenere risultati in tempi di calcolo ragionevolmente brevi.

Ci concentreremo qui su due problemi classici del trattamento delle immagini per spiegare meglio che tipo di modelli matematici vengono utilizzati.

Ricostruzione 3D (*Shape-from-Shading*)

In questo modello non c'è evoluzione nel tempo. Data un'immagine $I(x,y)$ in toni di grigio, vogliamo ricostruire la superficie $z=u(x,y)$ che gli corrisponde.

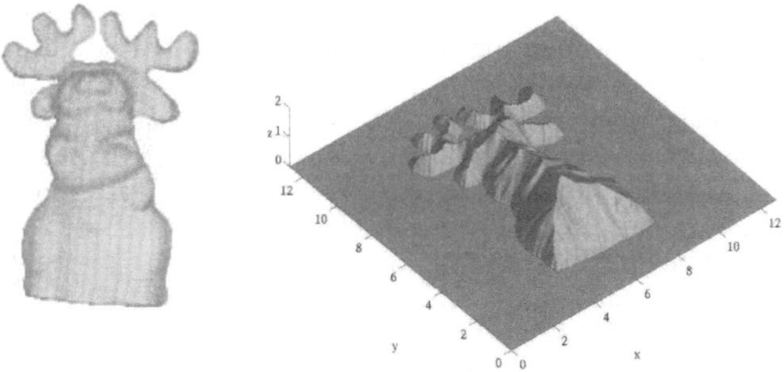

Fig. 9. Immagine e superficie ricostruita nel problema di *Shape-from-Shading*

È un problema inverso che, in generale, è mal posto, nel senso che non esiste una soluzione unica e piccole perturbazioni sui dati possono produrre grandi variazioni nella soluzione. Per semplificare il problema ed arrivare ad un modello differenziale vengono introdotte alcune ipotesi [7]:

1. la sorgente di luce si trova all'infinito nella direzione ω, per esempio $\omega = (0,0,1)$ nel caso di una sorgente di luce verticale;
2. la superficie dell'oggetto ha proprietà di riflessione della luce uniformi (superficie Lambertiana);
3. la distanza dell'obiettivo è grande rispetto all'oggetto (in modo da eliminare la deformazione prospettica).

Queste ipotesi permettono di descrivere in maniera semplice la relazione tra la luce misurata in un punto dell'immagine, la normale $n(x,y)$ alla superficie nel punto $P = (x,y,u(x,y))$ e la direzione della luce ω:

$$I(x,y) = \gamma n(x,y)\cdot\omega. \tag{1}$$

L'equazione (1) è detta *equazione di radianza* e descrive la dipendenza, in questo modello, della luce misurata sull'immagine in toni di grigio unicamente dal prodotto scalare tra n e ω e dal parametro γ, che descrive le proprietà fisiche di riflessione della superficie. Il parametro γ si chiama *albedo* e si suppone noto (per semplicità nel seguito lo porremo uguale a 1). Se la superficie è un grafico $z=u(x,y)$, la normale alla superficie nel punto corrispondente ad (x,y) è data da:

$$n(x,y) = \frac{1}{\sqrt{1+|\nabla u|^2}}\,(-u_x,-u_y,1) \tag{2}$$

dove $u_x = \frac{\partial u}{\partial x}, u_y = \frac{\partial u}{\partial y}$ sono le derivate parziali e $\nabla u \equiv (u_x, u_y)$ è il gradiente di $u(x,y)$.

Nel caso di una sorgente di luce posta sulla verticale $\omega = (0, 0, 1)$ si ottiene come caso particolare di (1) l'equazione *eiconale* seguente:

$$|\nabla u(x,y)| = \sqrt{\frac{1-I^2(x,y)}{I^2(x,y)}} \tag{3}$$

Possiamo osservare che nei punti a luminosità massima il termine noto si annulla, rendendo il problema più difficile. Infatti, in questo caso, non si ha una soluzione unica neanche imponendo il valore della u sul bordo dell'immagine, come mostra l'esempio seguente. Consideriamo, in R^1, la funzione $z = f_1(x) = -x^2-1$ sull'intervallo $Q = [-1,1]$, la funzione vale 0 sugli estremi dell'intervallo. Qualunque funzione f_α che sia ottenuta ribaltando la funzione f_1 rispetto ad un asse orizzontale $y = \alpha$, con $\alpha \in (0,1)$, verificherà ancora l'equazione in quasi tutti i punti dell'intervallo e verificherà anche la condizione al bordo $f_\alpha(-1) = f_\alpha(1) = 0$. Ci sono quindi infinite soluzioni, dipendenti dal valore del parametro α, Questa ambiguità può essere spiegata con la difficoltà nel distinguere, nelle ipotesi del modello, una forma concava (una collina) da una forma convessa (un vulcano), ed è nota in letteratura col nome di "ambiguità concavo/convesso" del problema di Shape-from-Shading.

Questo esempio mostra due cose. La prima è che occorre introdurre informazioni aggiuntive sulla superficie per poterla determinare in maniera unica. Varie proposte sono state avanzate: si può fissare la concavità/convessità della soluzione, oppure si possono fissare le altezze nei punti a luminosità massima, o ancora si può definire una soluzione massimale (più grande di tutte le altre) e selezionarla all'interno della famiglia di soluzioni f_α. La seconda osservazione riguarda il fatto che le funzioni $f_\alpha(x)$ non verificano l'equazione in tutti i punti dell'intervallo, ma solo dove la soluzione è derivabile e dunque dove è ben definita la derivata u_x. Poichè è evidente l'interesse di accettare anche queste soluzioni in senso debole (gli oggetti hanno spigoli!) occorre dare senso alla soluzione anche quando la superficie non è regolare e selezionare una soluzione unica. In questo ambito ha giocato un ruolo molto importante il concetto di soluzione in "senso viscosità" introdotto da M. Crandall e P.L. Lions nel 1984 [3] (per gli sviluppi della teoria vedi [1]).

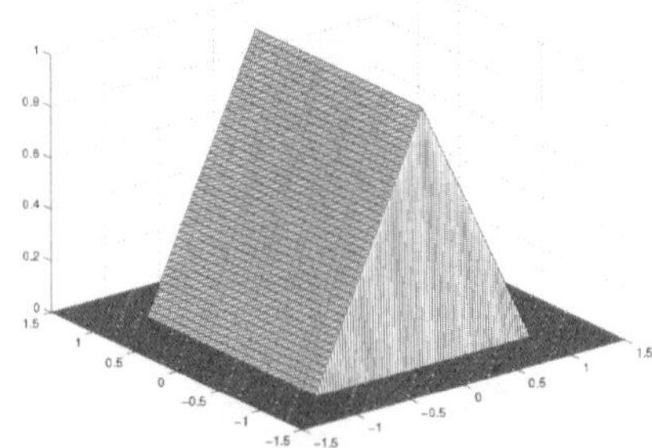

Fig. 10. Immagine e superficie ricostruita nel problema SfS prospettico

Negli ultimi anni molti ricercatori hanno studiato il problema di *Shape-from-Shading*, nel tentativo di eliminare alcune ipotesi e aprire la strada ad applicazioni più realistiche. Alcuni sviluppi recenti permettono eliminare l'ipotesi 1 e l'ipotesi 3 per trattare la deformazione prospettica nel modello (Fig. 10). Questo problema si chiama *Shape-from-Shading* prospettico (vedi [4], [5] e [11]).

Altre estensioni riguardano la presenza di zone d'ombre nell'immagine (come avviene nel caso di una sorgente di luce obliqua [6]). Il problema più complesso rimane tuttavia aperto: come eliminare l'ipotesi 2 nel modello?

Segmentazione

Come abbiamo visto, si tratta di determinare i bordi degli oggetti in una immagine. Questo risultato può essere ottenuto con varie tecniche, ad esempio, con le tecniche del calcolo delle variazioni descritte in [9]. Descriveremo qui una tecnica recente che utilizza l'evoluzione di una curva iniziale (un cerchio per esempio) per determinare il bordo degli oggetti. Questa tecnica, detta *active contours*, si basa sui recenti sviluppi nello studio della evoluzione dei fronti [2]. Vediamo di cosa si tratta.

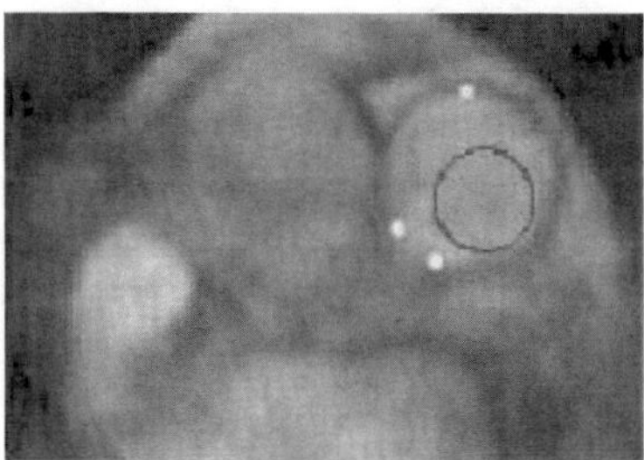
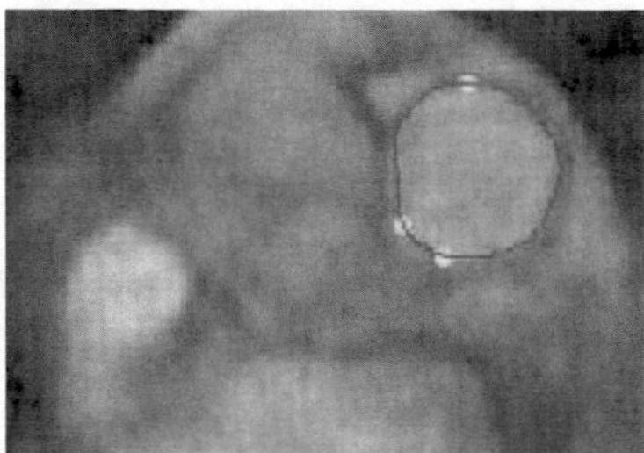

Fig. 11. Propagazione di un fronte per determinare il bordo in un'ecografia

Per spiegare l'evoluzione di un fronte prendiamo un problema di combustione, dove è abbastanza semplice definire gli oggetti matematici che vogliamo descrivere.

Consideriamo nel piano una curva chiusa Γ_0. Questa curva separa due zone: una *regione interna* Ω^-, che chiameremo zona bruciata, e una *regione esterna* Ω^+ non bruciata. La curva Γ_0 rappresenta il fronte al tempo iniziale, che nel modello di combustione è un fronte di fiamma (potete immaginare un prato secco nel quale si sta propagando un incendio a partire dalla curva Γ_0). La velocità di propagazione del fronte è diretta secondo la direzione normale esterna alla curva (in questo modo il fronte tenderà ad allargarsi bruciando anche la zona esterna) e dipende dalle caratteristiche fisiche della regione Ω^+. Queste caratteristiche possono variare da punto a punto e possono dar luogo a evoluzioni diverse a partire dalla stessa curva iniziale.

Il problema consiste nel determinare la posizione del fronte (cioè della linea di separazione tra zona bruciata e zona non bruciata) Γ_t a tutti i tempi successivi, cioè per tutti i t positivi. Questo problema presenta varie difficoltà: la zona bruciata, per esempio, potrebbe essere composta da vari pezzi (immaginate di bruciare il prato in vari punti lontani tra loro) e con l'evoluzione che abbiamo descritto i fronti corrispondenti alla evoluzione di ciascuna delle zone bruciate iniziali si potrebbero incontrare ad un certo tempo per proseguire come un unico fronte. Questo fenomeno si chiama *cambiamento di topologia*, perchè più fronti si fondono in uno.

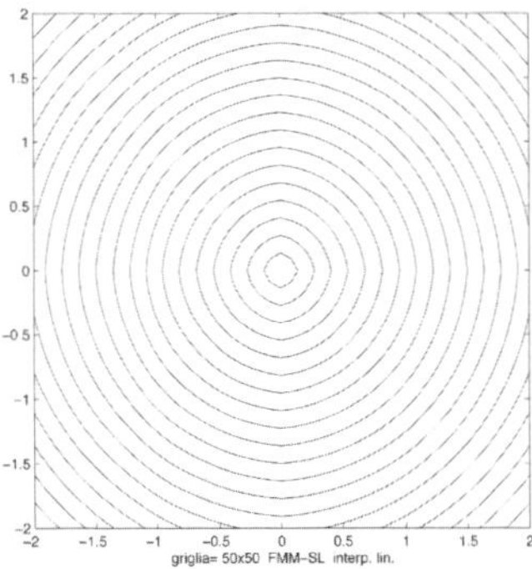

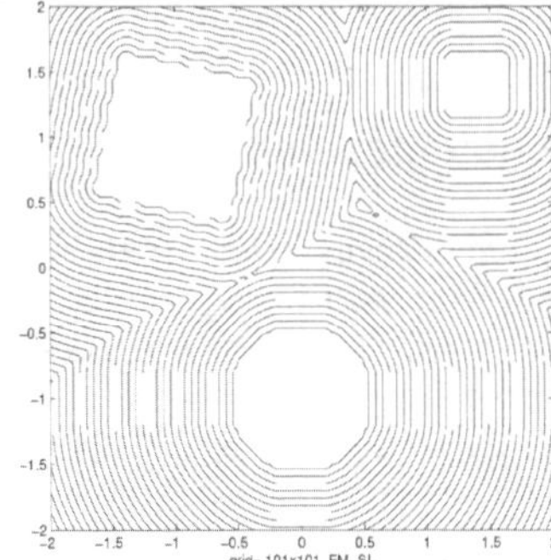

Fig. 12. Vari tipi di evoluzione a partire da uno o più fronti iniziali

Il metodo più utilizzato per descrivere questi fenomeni è il metodo *level set* (curva di livello), prendendo il suo nome dal fatto che la curva iniziale Γ_0 nel piano viene rappresentata come la curva di livello *0* di una funzione $z = u_0(x,y)$ scelta in modo che:

$$\begin{cases} u_0(x,y) < 0 & \text{nella regione interna } \Omega^- \\ u_0(x,y) = 0 & \text{su } \Gamma \\ u_0(x,y) > 0 & \text{nella regione interna } \Omega^+ \end{cases}$$

Questo metodo, introdotto da Osher e Sethian [12], ha avuto un grande successo (vedi [13, 14] per altri sviluppi ed applicazioni alle immagini) e permette di determinare la soluzione del problema di evoluzione di un fronte calcolando semplicemente la soluzione del problema evolutivo:

$$\begin{cases} u_t + v(x,y)|\nabla u(x,y,t)| = 0 & \text{in } Q \times (0,T) \\ u(x,y,t) = u_0(x,y) & \text{in } Q \end{cases}$$

dove v è una funzione scalare che indica la velocità nella direzione normale esterna nel punto (x,y). Infatti, è stato dimostrato che la curva di livello 0 della soluzione $u(x,y,t)$ del problema evolutivo ci dà il fronte Γ_t al tempo t, anche in presenza di cambiamenti di topologia, almeno fino a quando il fronte è tutto contenuto in Q.

Nelle applicazioni alle immagini, supponendo di scegliere la curva iniziale all'interno dell'oggetto (come in Fig. 11), la velocità v della curva è sempre diretta nella direzione della normale esterna ed è definita in modo che sia inversamente proporzionale alla variazione dei toni di grigio. Il motivo è abbastanza evidente: il bordo di un oggetto in una immagine è proprio la zona dove si osserva un brusco cambiamento dei toni di grigio. Per la segmentazione quindi è naturale scegliere la velocità:

$$v(x,y) = (1+|\nabla I_0(x,y)|^p)^{-1} \quad \text{con } p \geq 1$$

dove I_0 è la funzione che descrive i toni di grigio dell'immagine e ∇I_0 è il vettore delle sue derivate parziali, cioè:

$$\nabla I_0(x,y) = \left(\frac{\partial I_0(x,y)}{\partial x}, \frac{\partial I_0(x,y)}{\partial y} \right)$$

Poiché nell'immagine vi possono essere più oggetti, la curva deve potersi dividere in varie parti (cambiamento di topologia) e si possono creare punti doppi e singolarità.

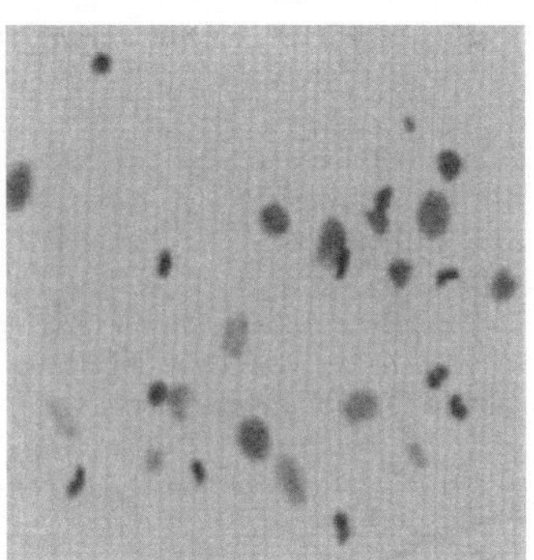
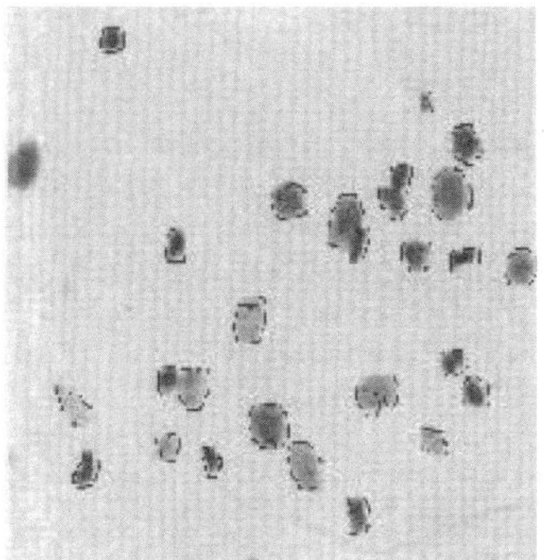

Fig. 13. Segmentazione di una immagine di batteri (microscopia elettronica)

Questo approccio ha permesso di risolvere il problema della segmentazione in maniera automatica sia per immagini biomediche (da microscopio elettronico, ecografie, radiografie) sia per le immagini via satellite. In questi ambiti il problema è più complesso a causa della presenza di forti disturbi nell'immagine (il "rumore" di cui abbiamo già parlato).

Il successo ottenuto nella segmentazione delle singole immagini ha anche suggerito di estendere questa tecnica alla segmentazione di filmati. Si vuole cioé determinare il bordo di un oggetto nel primo fotogramma e seguirlo poi nei fotogrammi successivi. Evidentemente questo problema è molto più complesso, perchè occorre anche stimare la direzione nella quale si muove l'oggetto da un fotogramma all'altro (*problema del flusso ottico*). Comunque i risultati sperimentali sono piuttosto impressionanti e si possono trovare sulle pagine WEB di alcuni centri di ricerca (vedi, per esempio, [10, 14]).

Il trattamento delle immagini è diventato un settore di ricerca molto attivo anche per i matematici, dal momento che in questo settore si sono rivelati molto utili i modelli differenziali e variazionali non lineari che sono stati sviluppati negli ultimi anni. Dall'interazione con le applicazioni sono emersi anche problemi nuovi, per i quali è necessario sviluppare nuove teorie e nuovi modelli che troveranno applicazione in qualche diavoleria elettronica nel prossimo futuro.

Bibliografia

[1] G. Barles (1994) *Viscosity solutions of Hamilton-Jacobi equations*, Springer-Verlag

[2] T. Chan, L. Vese (2002) *Active contour and segmentation models using geometric PDE's for medical imaging*, Geometric methods in bio-medical image processing, pp. 63-75, Math. Vis., Springer, Berlin

[3] M. Crandall, P.L. Lions (1983) *Viscosity solutions of Hamilton-Jacobi equations*, Trans. Amer. Math. Soc. 277, pp. 1-42

[4] E. Cristiani, M. Falcone, A. Seghino (2005) Numerical Solution of the Perspective Shape-from-Shading Problem, *Proceedings of Control Systems: Theory, Numerics and Applications*, 30 March - 1 April 2005, Roma. PoS (CSTNA2005) 008, *http://pos.sissa.it/*

[5] Sito di J.D. Durou (IRIT), *http://www.irit.fr/ACTIVITES/EQ_TCI/EQUIPE/durou/recherche.html*

[6] M. Falcone, M. Sagona, A. Seghini. A global alghorithm for the Shape-from-Shading problem with black shadows, in F. Brezzi, A. Buffa, S. Corsaro, A. Murli (eds) *Numerical Mathematics and Advanced Applications* - ENUMATH 2001, Springer-Verlag, pp. 503-512

[7] B.K.P. Horn, M.J. Brooks (1989) *Shape from Shading*, The MIT Press

[8] *http://www.lenna.org*

[9] J.M. Morel, S. Solimini (1995) *Variational methods in image segmentation*, Birkhäuser

[10] Sito WEB di N. Paragios (INRIA), *http://www-sop.inria.fr/robotvis/personnel/nparagio/demos/*

[11] E. Prados, O. Faugeras (2003) *Perspective Shape-from-Shading and viscosity solutions*, IEEE, Proceedings of ICCV 2003, pp. 826-831

[12] S. Osher, J. Sethian (1988) Fronts propagating with curvature-dependent speed: algorithms based on Hamilton-Jacobi formulations, *Journal of Computational Physics* 79, pp. 12-49

[13] J. Sethian (1999) *Level set methods and fast marching methods*, Cambridge University Press

[14] Sito del Gruppo di Ricerca "Image Processing" a UCLA (USA) *http://www.math.ucla.edu/imagers*

Matematica in volo con Solar Impulse

Alfio Quarteroni, Gilles Fourestey,
Nicola Parolini, Christophe Prud'homme, Gianluigi Rozza

Il sogno di volare

Già prima dei disegni raffiguranti le macchine volanti di Leonardo Da Vinci (1452-1519) il volo è stato uno dei sogni più ricorrenti dell'Umanità. Dopo un secolo di storia dell'aviazione (dal primo volo dei fratelli Wright del 17 dicembre 1903) e lo sviluppo dei voli commerciali in tutto il mondo, una nuova era nella storia dell'aviazione si sta aprendo, con nuove missioni e grandi sfide caratterizzate da una nuova concezione delle macchine volanti. Una recente missione (4 marzo 2005) ha visto il *Virgin Atlantic Global Flyer*, pilotato solo dall'aviatore Steve Fossett, uomo avvezzo ai grandi record, atterrare con successo a Salina, in Kansas e portare a termine il primo volo non-stop intorno al mondo, della durata di 67 ore 2 minuti 38 secondi, con un aereo monomotore equipaggiato con un turbofan [1].

Un'altra sfida è quella che la Nasa sta portando avanti dal 1999 con il programma *Helios Prototype* per costruire un aereo sperimentale leggerissimo a energia solare, costituito da un velivolo tutt'ala. Un record non ufficiale di altitudine per un velivolo non equipaggiato da un motore a combustibile è stato conquistato nel 2001 quando Helios volò ad una quota di 29524 m.

Mosso da questo spirito, Bertrand Piccard ha proposto nel 2003 il primo volo intorno al mondo di un velivolo a energia solare per perseguire un nuovo ideale di sviluppo sostenibile, attraverso una missione avvincente e grazie all'innovazione tecnologica. *Solar Impulse*, il nome dato al progetto, vuole ripercorrere tutte le grandi tappe della storia dell'aviazione e culminare con il giro del mondo di un aereo che utilizza solo energie rinnovabili, senza generare emissioni di inquinanti.

Il progetto combina l'innovazione tecnologica con il sogno umano dell'avventura e della scoperta, il rispetto dell'ambiente, la domanda ad operare cambiamenti necessari per garantire fonti energetiche sufficienti per il futuro del pianeta e, soprattutto, a rafforzare l'idea che la tecnologia deve evolvere con dei chiari obiettivi di sviluppo sostenibile. Attualmente si conosce poco circa gli aerei a energia solare. Essi non possono rimanere in volo per più di una dozzina di ore a cau-

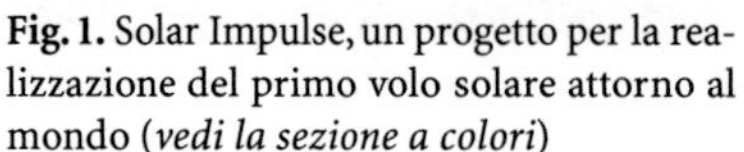

Fig. 1. Solar Impulse, un progetto per la realizzazione del primo volo solare attorno al mondo (*vedi la sezione a colori*)

sa delle risorse energetiche limitate. Per assistere il team di Solar Impulse, l'Ecole Polytechnique Fédérale di Losanna (EPFL), che fornisce la consulenza scientifica sul progetto, mette in gioco risorse umane e scientifiche che abbracciano più di dieci diversi domini di ricerca per focalizzarsi sulle numerose sfide scientifiche che caratterizzano il progetto: materiali ultraleggeri, stoccaggio e trasformazione dell'energia e nuovi paradigmi di interfaccia uomo-macchina [2].

La modellistica matematica, il calcolo scientifico, la simulazione numerica (che include la fluidodinamica computazionale, la generazione delle griglie di calcolo, la ricostruzione geometrica), le tecniche di ottimizzazione multi-obiettivo giocano un ruolo molto importante in questo progetto multidisciplinare, per la valutazione delle strategie di volo, ma anche per lo studio aerodinamico e l'analisi strutturale.

L'esplorazione: una tradizione della famiglia Piccard

L'esplorazione pionieristica è stata una tradizione della famiglia Piccard, da Auguste fino a Bertrand (suo nipote), senza dimenticare Jacques (figlio di Auguste).

Auguste Piccard, nato nel 1884 a Basilea in Svizzera, è stato professore di fisica al Politecnico Federale di Zurigo e quindi all'Università di Bruxelles. Amico di Albert Einstein e Marie Curie ha dato contributi all'aviazione moderna e all'esplorazione spaziale inventando la cabina pressurizzata e il pallone stratosferico. Ha compiuto delle esplorazioni nella stratosfera nel 1931 e 1932, raggiungendo l'altitudine di 15.781 e 16.201 metri, rispettivamente, per studiare i raggi cosmici; divenne il primo uomo a vedere la curvatura della Terra con i propri occhi. Applicando lo stesso principio del volo con il pallone stratosferico all'esplorazione delle profondità degli Oceani, costruì un sottomarino rivoluzionario battezzato *Bathyscaphe* e raggiungendo con suo figlio Jacques la profondità di 3.150 metri nel 1953 divenne l'uomo "dei due estremi", avendo volato alla massima altitudine ed esplorato le grandi profondità degli Oceani.

Jacques Piccard, nato a Bruxelles nel 1922, fece inizialmente studi di economia. I suoi contatti con il mondo degli affari lo facilitarono a raccogliere i fondi per il secondo batiscafo di suo padre. Jacques quindi cambiò indirizzo alla sua carriera e iniziò a lavorare con il padre per costruire quello che sarebbe diventato il batiscafo Trieste. Insieme ad Auguste, ha stabilito numerosi record tra cui quello mondiale per l'esplorazione della massima profondità oceanica mai raggiunta, 7 miglia nel fondale della Fossa delle Marianne. Dopo la morte di suo padre ha continuato la vocazione di famiglia costruendo quattro mesoscafi - sommergibili progettati per le medie profondità -tra cui il famoso *Auguste Piccard*, il primo sottomarino passeggeri al mondo. All'Esposizione Nazionale di Losanna del 1964 l'*Auguste* ha portato 33000 turisti nelle profondità del Lago di Ginevra. Ricordiamo anche il *Ben Franklin*, con cui Jacques ha esplorato nel 1969 la corrente del Golfo, navigando per 3000 km in una missione durata un mese, e il *F.-A. Forel*, un sommergibile facilmente trasportabile con il quale Jacques fece più di 2000 missioni scientifiche e didattiche nei laghi europei e nel Mediterraneo.

Fig.2. La famiglia Piccard: da sinistra, Auguste, Jacques e Bertrand; archives Famille Piccard

Bertrand Piccard, nato nel 1958 a Losanna, da sempre interessato a studiare il comportamento umano in condizioni estreme, è stato uno dei pionieri del deltaplano e del volo ultra-leggero negli anni settanta, diventando campione europeo di acrobazie in deltaplano nel 1985. Passato al volo in mongolfiera, ha vinto la prima competizione transatlantica con Wim Verstraeten (*il Chrysler Challenge del 1992*). Ha quindi lanciato il progetto del *Breitling Orbiter* per fare il giro del mondo ed è stato il comandante di tutti e tre i tentativi che ne seguirono. Con l'aviatore inglese Brian Jones ha concluso il primo volo non-stop intorno al mondo con un pallone aerostatico che ha rappresentato anche il volo più lungo per durata e distanza mai compiuto nella storia dell'aviazione (1-20 Marzo 1999: dalla Svizzera all'Egitto) [3].

Fig.3. Breitling Orbiter, primo volo non-stop attorno al mondo in pallone aerostatico, 1999; archives Famille Piccard

Uscire dall'era fossile

Oggigiorno la principale fonte di energia è il petrolio. I suoi derivati si possono trovare ovunque: combustibili per automobili, aeroplani e impianti di riscaldamento, asfalto per le strade, componenti plastiche ecc.. Esso rappresenta il fondamento dell'attuale economia globale. Ma le riserve di petrolio non sono illimitate. Gli specialisti stimano che i giacimenti sulla terra contengano complessivamente circa 3000 miliardi di barili, di cui 1000 miliardi già sfruttati, 1000 miliardi localizzati e altri 1000 miliardi ancora da scoprire.

La curva di Hubbert è spesso utilizzata per descrivere l'andamento della produzione mondiale di petrolio. Questa curva gaussiana raggiungerà il suo massimo quando la metà delle riserve di petrolio sarà stata consumata. Ciò avverrà, secondo diverse stime autorevoli, tra il 2010 e il 2025. Si prevede che le riserve potrebbero esaurirsi entro 60 anni e che il prezzo del petrolio supererà la soglia dei 100$ a barile nel 2015. Tuttavia queste stime sono basate sull'ipotesi che il consumo di petrolio cresca in modo costante durante gli anni. Basta una leggera fluttuazione nella domanda mondiale per fare cambiare queste cifre.

Esiste d'altronde uno scenario ancora più plausibile: forse non vedremo mai la fine del petrolio! La ragione è semplice: a causa della riduzione delle riserve, il prezzo del petrolio continuerà a crescere finché non sarà più economicamente vantaggioso. Una seconda ragione è che il continuo aumento dei gas serra in atmosfera costringerà a limitare l'utilizzo dei derivati del petrolio. I gas serra, in particolare vapore acqueo (H_2O), ozono (O_3) e, naturalmente, biossido di carbonio (CO_2), sono considerati i responsabili del riscaldamento globale e sono generati principalmente nei processi di combustione dei combustibili fossili.

Si stima che la temperatura globale crescerà da 1° a 3° C entro il 2100, cambiando radicalmente il clima mondiale, con lo scioglimento delle calotte polari, il conseguente aumento del livello del mare, tempeste tropicali sempre più intense e distruzione di ecosistemi. Naturalmente, data la complessità ed interdipendenza dei fenomeni in esame, il grado di affidabilità di queste analisi non è altissimo.

Una cosa è certa: fra cento anni, la nostra società sarà radicalmente diversa da quella che conosciamo oggi e in tutti c'è la consapevolezza che si debba decidere se mantenere le dinamiche attuali e subirne le conseguenze (che potrebbero essere drammatiche) o cercare di governare il cambiamento attraverso una graduale transizione verso forme di energia alternativa a quelle fossili. A tal fine è necessario promuovere il concetto di sviluppo sostenibile, ovvero

> lo sviluppo che soddisfa i bisogni attuali senza compromettere la possibilità alle generazioni future di soddisfare i loro [...]
>
> Brundtland Commission, 1987

Non c'è dubbio che la scienza dovrà giocare un ruolo cruciale in questo processo di transizione.

La "missione" di Solar Impulse

Il progetto Solar Impulse si propone di promuovere proprio lo sviluppo sostenibile, in particolare attraverso l'utilizzo di energie rinnovabili, mobilitando l'entusiasmo della gente al fine di aumentarne la sensibilità rispetto alle problematiche ambientali e rafforzare l'idea che la tecnologia possa aiutare a realizzare un nuovo modello di sviluppo. Incidentalmente, l'obiettivo del progetto consiste nel portare a termine un volo attorno alla terra con un aereo alimentato solo da energie rinnovabili (in particolare, energia solare) totalmente scevro da emissioni inquinanti.

Progettare un simile aereo richiede di affrontare diverse sfide tecnologiche. La prima consiste nell'ottimizzare la raccolta e il consumo dell'energia. Considerando l'assorbimento dell'atmosfera e la riflessione delle nuvole, si può assumere che la potenza solare che arriva sulla superficie sia circa 1.020 kW/m^2 al livello del mare. Come termine di paragone, si consideri che l'energia solare che raggiunge il suolo terrestre in un minuto è superiore al consumo annuale di energia sull'intero pianeta. Il Sole potrebbe quindi soddisfare la nostra domanda di energia se fossimo capaci di sfruttarlo opportunamente. D'altra parte, il Sole è, per definizione, una sorgente intermittente di energia. Uno degli aspetti chiave del progetto di aereo solare sarà la massimizzazione dell'energia solare raccolta grazie ad una larga apertura alare. Questa scelta permette di installare celle solari su ampie superfici con una ripartizione ottimale e consente l'installazione di batterie di grande capacità. Durante il volo, l'energia raccolta può essere gestita in due modi: immagazzinandola nelle batterie in modo da aumentare la riserva di energia utilizzabile durante il volo notturno, oppure utilizzandola immediatamente per alimentare i motori elettrici, aumentando di fatto l'energia potenziale dell'aereo.

Se da un lato, un'ampia apertura alare consente di massimizzare la raccolta di energia solare durante il giorno, tale scelta ha tuttavia ripercussioni negative sotto l'aspetto strutturale. L'aereo deve essere infatti il più leggero possibile, perciò diventa essenziale utilizzare materiali compositi di ultima generazione per conciliare le esigenze di basso peso e grandi dimensioni.

L'aereo è inoltre soggetto a grandi escursioni termiche durante la missione, a diverse ore del giorno e a diverse quote. Si stima che la differenza di temperatura tra il lato superiore e quello inferiore dell'ala può raggiungere i 60° C nei periodi di massima esposizione solare. Inoltre, le batterie perdono di efficienza al di sotto di certe temperature (tipicamente inferiori a 0° C). È quindi necessario provvedere ad un isolamento termico multi-funzionale delle batterie all'interno delle ali, in modo da controllarne il regime termico di operatività, e garantire che i materiali non subiscano stress termici che ne possano compromettere la funzionalità.

Un'ulteriore (e sicuramente fondamentale) sfida da affrontare riguarda la sicurezza del pilota. Solar Impulse raggiungerà probabilmente quote superiori ai 10.000 metri, dove la temperatura scende sotto i -60° C e l'aria diviene estremamente rarefatta, rendendo necessari un efficace isolamento termico della cabina e un adeguato sistema di presurrizzazione. Inoltre, al fine di rendere possibili voli a lunga distanza, un sistema automatico di gestione dell'aereo dovrà essere concepito in modo da evitare un eccessivo carico di lavoro per il pilota.

Nel complesso, l'insieme di queste sfide rende la concezione dell'aereo solare un'autentica scommessa tecnologica. Tutte le scelte progettuali dovranno essere soppesate attentamente, in quanto ciascuna di esse potrebbe avere un enorme impatto sul comportamento globale dell'aereo.

Matematica per Solar Impulse

La missione immaginata per Solar Impulse ha richiesto la concezione di una tipologia di aereo completamente nuovo, che non può essere estrapolato da configurazioni esistenti e da strategie di progetto tipicamente utilizzate. Ciononostante, se si vuole che la missione sia realizzabile in un orizzonte temporale di pochi anni devono necessariamente essere utilizzate le importanti innovazioni nell'ambito della progettazione di velivoli che si sono avuti negli ultimi decenni e le tecnologie sviluppate nelle diverse discipline in gioco. A tal fine, modelli fisici per l'aerodinamica, per l'analisi del comportamento strutturale e per la gestione energetica e della propulsione sono stati sviluppati ed integrati in una piattaforma di ottimizzazione globale.

Gli specialisti di ciascuna disciplina possono fornire le migliori configurazioni possibili relativamente al loro campo di indagine, ma la loro composizione non determina necessariamente la configurazione ottimale del velivolo completo. Infatti, al crescere della complessità del progetto, come nel caso di Solar Impulse, scelte specifiche in un aspetto del progetto possono influenzare fortemente il comportamento del sistema in altri ambiti. Una strategia di ottimizzazione integrata (che tenga conto dei diversi aspetti del progetto e delle interazioni tra essi) è il solo approccio che possa garantire il raggiungimento di una configurazione globalmente ottimale, come sarà discusso nella prossima sezione.

Al fine di ridurre il costo computazionale associato alla soluzione di modelli fisici di elevata complessità si possono introdurre modelli semplificati. Il progetto aerodinamico è un tipico esempio in cui è possibile definire una gerarchia di modelli (caratterizzati da diversi livelli di completezza, precisione e complessità computazionale) che possono essere integrati in modo efficace.

Il disegno dei profili utilizzati per ali e stabilizzatori è basato su diverse considerazioni associate alla riduzione di resistenza, all'ottimizzazione dell'efficienza e alla stabilità del velivolo. Un modello a flusso potenziale [4], efficiente dal punto di vista computazionale, è stato utilizzato per predire il comportamento aerodinamico (in termini di resistenza, portanza e momento) della sezione d'ala, permettendo inoltre di stimare il regime di flusso (laminare o turbolento) lungo il profilo. Un modello aerodinamico completo, basato sulla soluzione delle cosiddette equazioni mediate di Reynolds (RANS, Reynolds Averaged Navier-Stokes [5]) è stato adottato per simulare il comportamento del flusso tridimensionale attorno al velivolo.

Partendo da una descrizione geometrica di tipo CAD (*Computer Aided Design*) è possibile definire il dominio di calcolo attorno al velivolo (o a una parte di esso), mentre la simulazione numerica richiede una discretizzazione delle equazioni che governano il flusso che si ottiene suddividendo il dominio tridimensionale in celle elementari tetraedriche o esaedriche (tali celle compongono la cosiddetta *griglia di calcolo*) e imponendo che le equazioni siano soddisfatte localmente in ciascun elemento della griglia. Per poter simulare nel dettaglio il comportamento del flusso la griglia computazionale deve essere raffinata in modo opportuno nelle zone del dominio, dove si presentano gradienti elevati, come mostrato, per esempio, in Fig. 4. Questo implica un numero di elementi che può diventare molto elevato (nell'ordine dei milioni o, per le griglie più fini, delle decine di milioni), implicando la soluzione di problemi algebrici di dimensione proibitiva, che possono essere risolti solo ricorrendo ad algorimi avanzati su grandi computer ad architettura parallela.

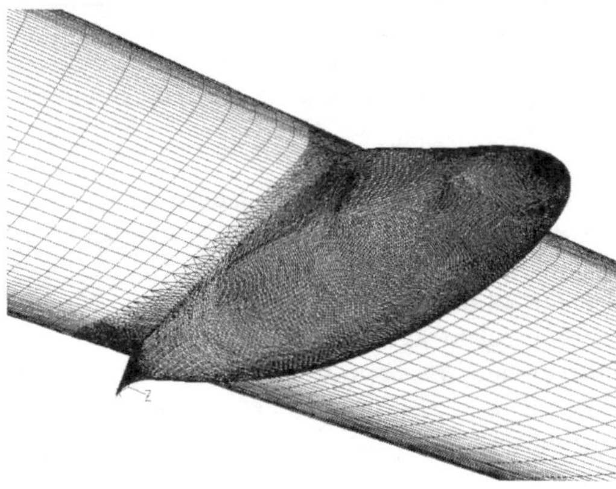

Fig. 4. Griglia di calcolo sulla superfie dell'ala e della gondola del motore

I risultati ottenuti da questo tipo di simulazioni numeriche sono essenziali per ottenere una adeguata comprensione del comportamento del flusso attorno al velivolo e, in particolare, degli effetti che fenomeni quali il distacco di vortici o la presenza di zone di ricircolazione possono avere sulla performance complessiva dell'aereo.

Due esempi di simulazioni tridimensionali sono mostrati in Fig. 5, dove, nell'immagine a sinistra, il tipico vortice d'estremità d'ala è evidenziato attraverso una visualizzazione mediante linee di corrente, mentre nell'immagine a destra viene presentata la distribuzione di pressione sulla superficie dell'ala e della gondola del motore.

Fig. 5. Vortice all'estremità dell'ala di Solar Impulse (sinistra, *vedi la sezione a colori*) e distribuzione di pressione sulla superficie dell'ala e della gondola del motore

L'ottimizzazione Multi-Disciplinare

Nella concezione di un velivolo come Solar Impulse le scelte di progetto devono tener conto dei diversi aspetti in gioco (struttura, aerodinamica, gestione energetica, sicurezza, ecc.). Ciò implica che si devono trovare adeguati compromessi in modo da selezionare una configurazione che soddisfi al meglio le esigenze di ciascuna disciplina. Ci si può chiedere, per esempio: quante batterie devono essere messe a bordo? Naturalmente, da un punto di vista propulsivo, si potrebbe rispondere semplicemente "quante più possibili", essendo l'energia elettrica prodotta attraverso le celle fotovoltaiche, unica fonte di energia a bordo, e volendo pertanto accumularne il più possibile. D'altra parte, le batterie sono pesanti e un'eccessiva quantità potrebbe compromettere la missione per diversi motivi: innanzi tutto, un peso maggiore richiede più energia per far salire di quota l'aereo o anche solo sostenerlo a una quota costante; inoltre le batterie devono essere tenute ad una temperatura costante affinché lavorino in modo appropriato, quindi aumentare il numero di batterie richiederebbe più energia da dedicare al loro riscaldamento; infine un maggior carico di batterie richiederebbe una struttura più rigida e quindi un ulteriore aumento del peso globale del velivolo. Si vede quindi come la stima dell'adeguato numero di batterie non sia semplice e possa essere ottenuta solo attraverso un processo di ottimizzazione che tenga conto dei diversi vincoli.

Questo tipo di problemi può essere affrontato coordinando in modo efficace le ricerche nelle varie discipline attraverso una piattaforma di ottimizzazione multi-disciplinare (MDO, *Multi-Disciplinary Optimization*). Questo approccio permette di integrare i modelli numerici e di ottimizzazione utilizzati nelle singole discipline. Da un punto di vista matematico, l'ottimizzazione multi-disciplinare è un processo formale che permette la selezione della migliore configurazione in sistemi ad elevata complessità tenendo in conto le interazioni tra i diversi aspetti del progetto. In altre parole, l'ottimizzazione multi-disciplinare si pone il seguente problema: come decidere cosa cambiare di una configurazione e di quanto cambiarla, quando ogni parametro influenza tutto il resto? Un problema di ottimizzazione multi-disciplinare può essere formulato in termini matematici in questo modo:

si vuole minimizzare un funzionale obiettivo $O = M(I)$, soggetto ad un vincolo $g(I) \leq 0$, dove I è il vettore delle variabili di progetto ed M è un opportuno modello matematico.

Le *variabili di progetto* (o di ingresso) sono valori numerici che descrivono una configurazione accettabile; possono essere quantità che variano in modo continuo (apertura alare, angolo di attacco aerodinamico, ecc.) o discreto (numero di celle solari, quantità di batterie, ecc.). I *funzionali obiettivo* sono invece quantità che devono essere massimizzati o minimizzati. I problemi considerati comportano in generale più di un obiettivo da ottimizzare. In questi casi, è possibile pesare opportunamente ciascun obiettivo in modo da poter riformulare il problema come un'ottimizzazione mono-obiettivo.

Un altro approccio comunemente utilizzato è il cosiddetto *Goal Programming*, nel quale ciascun obiettivo è minimizzato o massimizzato separatamente, considerando gli altri obiettivi come vincoli aggiuntivi fissati. Ciò conduce al calcolo di un insieme di configurazioni ottimali, non dominate, che possono essere rappresentate come una curva di Pareto nello spazio delle variabili di progetto (vedremo un esempio nella prossima sezione). In questo caso, la scelta di una particolare configurazione lungo la curva di Pareto corrisponde alla definizione dei pesi associati a ciascun obiettivo. Il calcolo accurato di una curva di Pareto può essere computazionalmente molto oneroso in quanto richiede la valutazione dei funzionali obiettivo per un numero elevato di combinazioni di valori delle variabili di ingresso. I *vincoli* sono condizioni derivanti da leggi fisiche, dal dominio di validità del modello considerato o da altre considerazioni operative. Una configurazione è considerata realizzabile se e solo se tutti i vincoli sono soddisfatti. È dunque indispensabile fare molta attenzione nella fase di definizione dei vincoli. Infine, i *modelli* mettono in relazione le variabili di progetto con i funzionali obiettivo e con i vincoli. Essi forniscono una rappresentazione matematica del problema fisico considerato e possono essere formulati, a seconda della loro complessità, come semplici formule empiriche, problemi algebrici o differenziali. Naturalmente, al crescere della complessità del modello, lo sforzo computazionale richiesto per ottenere una soluzione cresce, per cui è necessaria una scelta accurata del modello da considerare.

Per la risoluzione di problemi di ottimizzazione multi-disciplinare si ricorre spesso a tecniche classiche di ottimizzazione, quali, per esempio, algoritmi basati sul gradiente (*metodo di Newton* [6]) oppure algoritmi di tipo evolutivo (*algoritmi genetici* [7]). Il metodo di Newton è molto popolare nell'ambito dell'ottimizzazione grazie alla sua velocità di convergenza di tipo quadratico. D'altro canto, la convergenza del metodo verso l'ottimo globale non è sempre garantita, in quanto è necessario che il dato iniziale sia sufficientemente vicino alla soluzione. Inoltre il metodo di Newton richiede di valutare le derivate del funzionale obiettivo ad ogni iterazione. Tali derivate non sempre esistono (a causa della possibile mancanza di regolarità delle funzioni obiettivo) o possono essere impossibili da calcolare nella pratica. In questo caso, è possibile ricorrere a metodi detti *quasi-Newton* nei quali si calcola una approssimazione delle derivate mediante, ad esempio, tecniche alle differenze finite o agli elementi finiti.

Gli algoritmi genetici (GA) rappresentano una radicale alternativa per la soluzione di problemi di ottimizzazione. Essi combinano concetti legati all'evoluzione, come la selezione naturale, le mutazioni e i fenomeni di *crossover*, in una strategia di soluzione di problemi di ottimizzazione che riproduce l'evoluzione naturale. Ogni variabile di progetto è considerata come un cromosoma, a ogni nuova generazione, tali cromosomi sono valutati in relazione alla loro adeguatezza rispetto ai funzionali obiettivo e si dà origine ad un nuovo insieme di cromosomi (la generazione successiva) attraverso strategie di selezione, mutazione e crossover, fino a raggiungere la convergenza.

Gli algoritmi genetici presentano alcuni indubbi vantaggi. Innanzitutto, l'unico prerequisito è una distribuzione di partenza generata in modo casuale; inoltre, non è necessaria alcuna ipotesi sulla continuità e derivabilità dei funzionali obiettivo; infine, grazie alle mutazioni, gli algoritmi genetici hanno più probabilità di convergere verso l'ottimo globale. Il limite di questi metodi è la loro lenta convergenza (dovuta all'elevato numero di valutazioni dei funzionali obiettivo) e dal fatto che la soluzione che si ottiene è solo una approssimazione della vera soluzione ottimale.

Un altro strumento comunemente utilizzato nell'ambito dell'ottimizzazione multi-disciplinare è *l'analisi di sensitività*. In generale, le proprietà fisiche delle componenti prodotte industrialmente possono essere descritte usando strumenti statistici. Tali proprietà sono definite attraverso un valor medio e una deviazione standard. Nell'ambito dell'ottimizzazione multi-disciplinare esistono tecniche matematiche capaci di misurare gli intervalli di incertezza associati alle variazioni statistiche. Se all'interno di tali intervalli, i vincoli risultano soddisfatti, le configurazioni ottenute vengono considerate *robuste*, nel senso che non sono sensibili alle variazioni delle proprietà fisiche dovute ai processi di produzione.

Infine, come detto in precedenza, è possibile ridurre il costo computazionale richiesto per la soluzione di modelli fissici complessi ricorrendo ai cosidetti modelli surrogati. Un altro modo per ridurre i tempi di calcolo è rappresentato dai cosidetti metodi di superficie di risposta (RSM, *Response Surface Method*), modelli matematici e statistici che fanno uso di opportune tecniche di interpolazione nello spazio delle variabili di progetto. In altre parole, dato un insieme di configurazioni valutate, i metodi di tipo RSM forniscono un'iper-superficie regolare che interpola tali valori. Tali metodi permettono rapide valutazioni di nuove configurazioni; purtroppo con un approccio del genere gli errori di approssimazione non sono sempre sotto controllo.

Un esempio di ottimizzazione Multi-Obiettivo

Presentiamo ora un esempio che dimostra le possibilità fornite da un approccio di ottimizzazione multi-obiettivo al fine di determinare configurazioni ottimali soggette a vincoli. Ci poniamo il seguente problema: qual è il peso massimo permesso per la struttura dell'aereo considerando che si voglia volare, durante la notte, sopra una quota fissata?. L'obiettivo è aiutare i progettisti a definire, per esempio, che tipo di materiale composito debba essere utilizzato per la struttura dell'ala. Il modello utilizzato è stato sviluppato nei laboratori dell'EPFL e tiene conto delle caratteristiche strutturali, aerodinamiche e elettriche del velivolo. I funzionali obiettivo, le variabili di progetto e i vincoli sono definiti nella tabella a pagina seguente.

Funzionali Obiettivo
- Massimizzazione della quota minima notturna - Massimizzazione del peso della struttura
Variabili di progetto
- Apertura alare = 80 m - Superficie alare = 230 m^2 - Peso delle batterie = 450 kg - Peso della struttuta = tra 800 kg e 1000 kg
Vincoli
- Quota minima notturna > 3000 m

In Fig. 6 sono rappresentate le configurazioni realizzabili ottenute mediante il modello. Circa 20.000 configurazioni sono state valutate e 4.000 di esse soddisfano i vincoli imposti. Il limite destro della nuvola di punti definisce la cosiddetta curva di Pareto.

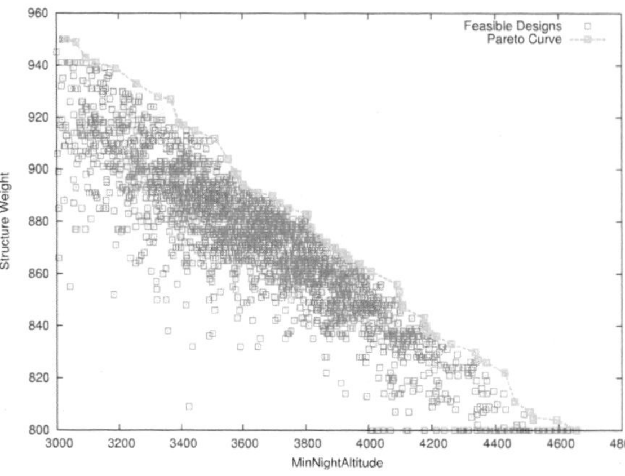

Fig. 6. Curva di Pareto per l'esempio di problema di ottimizzazione considerato

Come detto in precedenza, selezionare delle configurazioni sulla curva di Pareto corrisponde a fissare un peso per i funzionali obiettivo considerati. In questo caso, la curva di Pareto mostra l'influenza del peso della struttura sulla quota minima che si raggiunge durante la notte. Una struttura con un peso superiore a 1.000 kg non potrà soddisfare i vincoli. Se, inoltre, si decidesse che per ragioni di sicurezza sia preferibile volare sopra i 4.000 m durante la notte, il massimo peso strutturale consentito sarebbe di 860 kg. I profili di volo (in termini di quota e velocità) corrispondenti ai due estremi della curva sono mostrati in Figg. 7-8. Questo è un semplice esempio di come l'ottimizzazione multi-disciplinare possa essere utilizzata a supporto delle scelte progettuali.

Conclusioni

Solar Impulse rappresenta un progetto ambizioso che vuole contribuire, attraverso l'utilizzo di tecnologie avanzate, alla transizione verso un utilizzo efficiente e a larga scala di fonti di energie rinnovabili. In questo articolo abbiamo presentato gli obiettivi e le linee di ricerca che si stanno seguendo presso i laboratori dell'EPFL a sostegno di questa sfida tecnologica. In particolare, si è analizzato il ruolo della modellistica matematica, con specifico riferimento al contesto delle strategie di ottimizzazione.

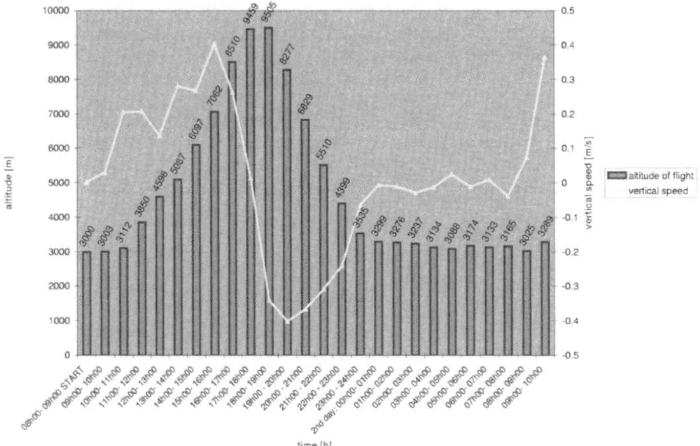

Fig. 7. Profili di quota e velocità di volo per il peso strutturale massimo

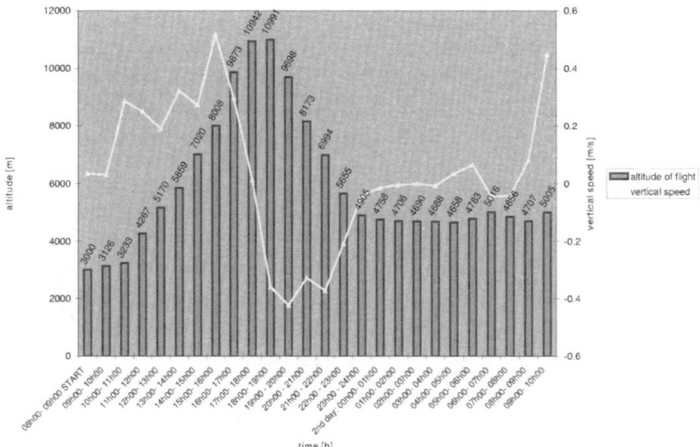

Fig. 8. Profili di quota e velocità di volo per il peso strutturale minimo

Bibliografia

[1] *http://www.stevefossett.com*
[2] *http://solar-impulse.com*
[3] *http://www.bertrandpiccard.com*
[4] M. Drela (1989) Xfoil, an analysis and design system for low Reynolds number airfoils, MIT Department of Aeronautics and Astronautics, *Lecture Notes in Engineering 54*, Notre Dame, Springer-Verlag
[5] R. Peyret (editor) (1996) *Handbook of Computational Fluid Mechanics*, Academic Press
[6] Householder (1953) *Principles of Numerical Analysis*, McGraw-Hill, New York, pp. 135-138
[7] K. Miettinen, P. Neittaanmaki, M. M. Mäkelä, J. Périaux (1999) *Evolutionary Algorithms in Engineering and Computer Science: Recent Advances in Genetic Algorithms, Evolution Strategies, Evolutionary Programming, Genetic Programming and Industrial Applications*, Wiley

matematica e felicità

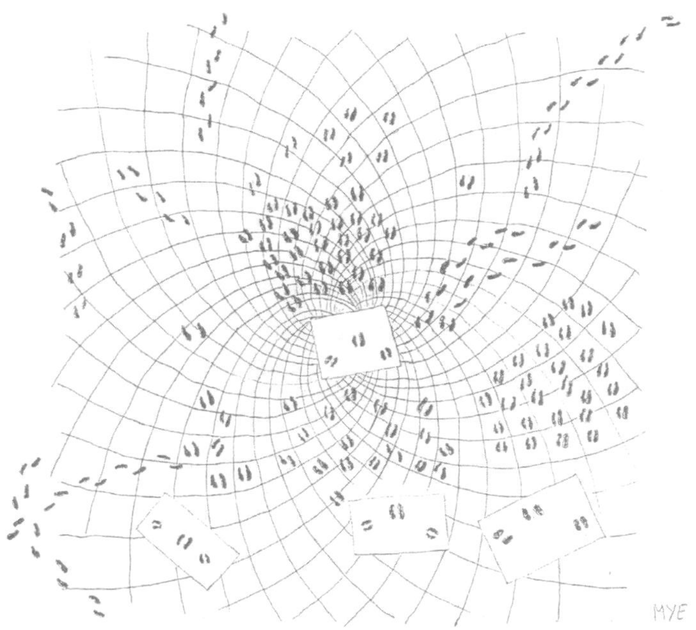

Il gioco delle coppie

Marco Li Calzi, M. Cristina Molinari

La felicità di una persona sposata dipende dalle persone che non ha sposato.

Oscar Wilde

Il gioco delle coppie è uno dei più antichi giochi del mondo. Si prendono uomini e donne (preferibilmente non sposati) e li si lascia interagire, sperando che riescano a trovare un partner e a contrarre un matrimonio felice e duraturo.

Il gioco delle coppie è anche uno dei giochi più difficili da giocare, perché nessuno ne conosce esattamente le regole. Nonostante una fase di addestramento durante l'adolescenza, ai giocatori occorrono molti anni di esperienza ed un enorme investimento emotivo per impararne le nozioni fondamentali. Il gioco può riuscire crudele, specialmente con chi non raggiunge l'obiettivo finale e resta "zitello". Inoltre i giocatori che si sposano e lasciano il gioco scoprono se hanno vinto o no soltanto alla fine della loro vita. Talvolta, il caso o la necessità possono rimetterli in gioco contro la loro volontà.

Le ragioni che rendono il gioco delle coppie così difficile da giocare probabilmente spiegano il fascino che esso esercita su chi lo osserva dall'esterno. Naturalmente, ci sono modi diversi di interpretare il ruolo di osservatore. I lettori dei rotocalchi o il pubblico delle soap opera sono diversi dai letterati o dagli artisti - anche del cinema - che nel gioco delle coppie trovano una delle loro principali fonti di ispirazione.

L'occhio dell'osservatore matematico è particolarmente sensibile alle strutture formali. Così, quando la matematica osserva il gioco delle coppie, ne coglie soprattutto le caratteristiche che possono essere formalizzate in un modello. Ad esempio, Gottman et al. [1] mostrano come costruire modelli dinamici per descrivere e predire l'evoluzione di una conversazione tra due coniugi. Invece, Bearman et al. [2] usano un grafo per descrivere le relazioni affettive e sessuali tra circa 800 studenti di scuola superiore in una cittadina del Midwest americano.

Proviamo ad osservare il gioco delle coppie indossando gli occhiali di un matematico. Costruiamo un modello (ovvero una versione stilizzata) del gioco delle coppie e vediamo quali proprietà emergono.

Il gioco delle coppie

Ci sono n uomini ed m donne. Ciascuno di loro ha un suo ordinamento di preferenza sui partners dell'altro sesso, in base al quale non è mai perfettamente indifferente fra due pretendenti. Queste persone cercano di combinare abbinamenti tra loro o, in un linguaggio più romantico, di contrarre matrimoni. Gli unici abbinamenti permessi sono rigorosamente monogami ed eterosessuali.

Consideriamo un esempio con tre uomini e quattro donne. I tre uomini si chiamano Bruno, Carlo e Dino. Le quattro donne si chiamano Anna, Elena, Ivana e Ondina. Per brevità, useremo spesso l'iniziale del nome per indicare di chi si sta parlando. Si noti che le iniziali degli uomini sono le prime tre consonanti (B, C, D) e quelle delle donne le prime quattro vocali (A, E, I, O).

Supponiamo che a Bruno piacciano nell'ordine Anna, Elena, Ivana e Ondina. Bruno vuole sposare Anna, ma è disposto a prendere per moglie anche Elena o Ivana. Tuttavia, piuttosto che sposare Ondina, preferirebbe restare single. Per rappresentare questo ordinamento di preferenza, usiamo la notazione.

Bruno: A > E > I > *

dove il segno ">" indica preferenza mentre l'asterisco "*" denota che a partire da quella posizione Bruno preferisce non sposarsi.

Per il nostro esempio, supponiamo che le preferenze dei sette giocatori siano le seguenti.

Bruno: A > E > I > *
Carlo: I > E > A > *
Dino: A > I > E > O
Anna: C > D > B
Elena: B > C > D
Ivana: D > C > B
Ondina: D > B > C

Ci chiediamo quali abbinamenti dovremmo aspettarci. Anna, ad esempio, è ambita come prima scelta sia da Bruno sia da Dino. Vorremmo sapere chi riuscirà a sposarla, posto che Anna non riesca a sposare invece Carlo, sua prima scelta. Naturalmente, in generale la risposta dipende dal contesto. In una società dove prevalgono gli uomini più anziani, probabilmente Anna finirebbe in sposa al più anziano tra Bruno e Dino. In una società dove prevalgono le donne, Anna magari riuscirebbe a prendere Carlo per marito.

Per essere concreti, analizziamo una versione moderna (e occidentale) del gioco delle coppie, in cui ci sono due elementari diritti da rispettare. Il primo diritto è che ciascuno è libero di restare single: nessuno può imporre a qualcuno il matrimonio. Quindi, se Carlo non vuole sposare Ondina (come ci dicono le sue preferenze), siamo certi che l'abbinamento tra Carlo e Ondina non avrà corso. Il secondo diritto è che un coniuge può chiedere il divorzio, se trova un partner che gli piace di più di quello corrente e se questo è disposto a sposarlo. Ad esempio, se Anna sta con Dino, Anna può divorziare da Dino per mettersi con Carlo qualora Carlo sia disposto a sposarla. Naturalmente, se Carlo è già impegnato con Ivana (che lui preferisce ad Anna), Carlo non è disponibile. Quindi Anna resta con Dino soltanto se Carlo è gia impegnato con Ivana (o Elena).

Gli abbinamenti stabili sono quelli che rispettano questi due diritti degli individui. Nel nostro esempio ci sono soltanto due abbinamenti stabili:
- B-E, C-I, D-A, O single;
- B-E, C-A, D-I, O single.

Quindi, in questa particolare versione del gioco delle coppie, ci aspettiamo che alla fine emerga una di queste due configurazioni.

In generale, a seconda del numero di persone coinvolte e dei loro ordinamenti di preferenza, si possono avere pochi o molti abbinamenti stabili. Nel nostro caso ne abbiamo trovati due; tuttavia, persino problemi molto piccoli possono avere un numero piuttosto alto di abbinamenti stabili. L'esempio 2.17 in [3] riporta la situazione ideata da Knuth dove un gioco delle coppie con quattro uomini e quattro donne ammette dieci diversi abbinamenti stabili.

Come è caratteristico del punto di vista matematico, possiamo ricavare alcuni enunciati che hanno validità generale per la nostra versione del gioco delle coppie. La monografia di Roth e Sotomayor [3] raccoglie molti di questi risultati e ne fornisce la dimostrazione. Qui scegliamo di richiamarne quattro.

Il primo garantisce che esiste sempre un abbinamento stabile, qualunque siano il numero dei giocatori e i loro ordinamenti di preferenza. Quindi il gioco delle coppie ammette in ogni caso almeno una soluzione. Gli abbinamenti stabili si possono determinare esaminando ad una ad una tutte le possibili configurazioni per accertare se rispettano i due diritti degli individui. Questo può essere molto laborioso. Nella prossima sezione, descriveremo l'algoritmo costruttivo di Gale e Shapley [4], con cui è possibile trovare in modo molto semplice almeno un abbinamento stabile. Il risultato di esistenza è un corollario della proposizione per cui l'algoritmo di Gale e Shapley conduce sempre ad un abbinamento stabile.

Il secondo teorema ci dice che l'abbinamento stabile può non essere unico, come mostra anche il nostro esempio. In moltissimi casi possiamo solo delimitare l'esito del gioco delle coppie ad una delle configurazioni corrispondenti ad un abbinamento stabile, ma non siamo in grado di prevedere quale. Non tutto, per fortuna, risulta predeterminato. Nel nostro esempio, ci attendiamo che Carlo sposi Anna o Ivana, ma saranno il caso e l'abilità dei giocatori a fissare l'esito finale.

Il terzo teorema afferma che se un giocatore resta single in un abbinamento stabile, allora resta single in qualsiasi altro abbinamento stabile. Nel nostro esempio, Ondina resta single in qualsiasi abbinamento stabile. Questo teorema non lascia margini al rimpianto: chi si ritrova "zitello" in un abbinamento stabile sarebbe rimasto tale anche se le cose fossero andate diversamente. Forse questo può essere fonte di qualche consolazione: dopo tutto, comunque fosse andata, Ondina non sarebbe riuscita a trovare marito in un abbinamento stabile. Quindi non ha nulla da rimproverarsi se è rimasta single.

Il quarto teorema richiede un po' di preparazione. Torniamo al nostro esempio, dove ci sono soltanto due abbinamenti stabili: [B-E, C-I, D-A, O single] e [B-E, C-A, D-I, O single]. Chiamiamo M il primo abbinamento ed F il secondo. Vediamo come ciascuno degli uomini giudica questi due abbinamenti.

Bruno è indifferente, perché in entrambi sposa la stessa donna. Carlo preferisce M a F, perché in M sposa Ivana che è la sua prima scelta. Anche Dino preferisce M a F, perché in M sposa Anna che è la sua prima scelta. Quindi, per ciascuno degli uomini, l'abbinamento M è sempre migliore (o al più indifferente) dell'abbinamento F. Gli uomini preferiscono all'unanimità M a F.

Per le donne, succede esattamente il contrario. Elena e Ondina sono indifferenti tra M e F: la prima sposa sempre lo stesso uomo e la seconda non sposa comunque nessuno. Anna preferisce F a M perché sposa Carlo che è la sua prima scelta e Ivana preferisce F a M perché sposa Dino che è la sua prima scelta. In questo caso, le donne preferiscono all'unanimità F a M. (Le iniziali M ed F aiutano a ricordare quale dei due sessi preferisce l'abbinamento corrispondente.)

Se guardiamo alla scelta fra M ed F dal punto di vista dei sessi, c'è un ovvio conflitto. Gli uomini preferiscono collettivamente M e, allo stesso modo, le donne preferiscono collettivamente F. Dato che siamo partiti da un esempio, questa divergenza nelle preferenze collettive potrebbe essere un caso. Invece il quarto teorema dice che essa è una caratteristica ineliminabile del gioco delle coppie. Se uno dei sessi preferisce collettivamente un certo abbinamento stabile ad un altro, allora il sesso opposto ha esattamente la preferenza contraria. In questo caso, il luogo comune che uomini e donne sono in perpetuo conflitto sembra avere qualche fondamento.

Come si trova un abbinamento stabile

Ci sono molti modi di trovare un abbinamento stabile. Il più naturale ed il primo ad essere stato proposto è l'algoritmo di Gale e Shapley [4]. La sua caratteristica principale è di assegnare ai due sessi compiti diversi. Gli esponenti di un sesso hanno l'onere di proporre il matrimonio e gli esponenti dell'altro sesso l'onore di accettarlo. Per comodità di esposizione, supponiamo che siano gli uomini a proporre e le donne ad accettare. Più sotto, vedremo che cosa succede se si invertono i ruoli.

L'algoritmo procede per fasi. Al primo giro, ogni uomo chiede la mano della sua prima scelta (se ne ha una). Ogni donna valuta le eventuali proposte ricevute e sceglie se accettarne una o restare single. Se accetta, si "fidanza" con l'uomo proponente; il fidanzamento, però, non è definitivo e può essere sciolto nelle fasi successive.

Al giro successivo, ogni uomo che non sia fidanzato chiede la mano della sua prossima miglior scelta (se ne ha una). Ogni donna sceglie fra le eventuali proposte ricevute, il suo attuale fidanzato o restare single. Se accetta una proposta nuova, rompe il precedente fidanzamento e ne contrae un altro.

L'algoritmo si ripete ad oltranza, fino a quando si raggiunge uno stato in cui tutti gli uomini sono fidanzati oppure gli uomini single hanno chiesto la mano di tutte le donne che sono disposti a sposare (poiché il massimo numero di donne a cui un uomo può chiedere la mano è m, questo assicura che l'algoritmo terminerà al massimo in m passi.) A questo punto, tutti i fidanzamenti sono confermati e si celebrano le (eventuali) nozze.

Verifichiamo il funzionamento di questo algoritmo sul nostro esempio. Al primo giro, Bruno e Dino chiedono la mano di Anna (che preferisce Dino e quindi si fidanza con lui) mentre Carlo si fidanza con Ivana. Al secondo giro, Bruno – l'unico senza una fidanzata – chiede la mano di Elena, che accetta. Tutti gli uomini sono fidanzati e l'algoritmo termina, producendo come abbinamento stabile la configurazione M.

Adesso, proviamo a invertire i ruoli e lasciamo che siano le donne a proporre e gli uomini ad accettare. Al primo giro, Anna si fidanza con Carlo, Elena con Bruno e Ivana con Dino (che declina la proposta di Ondina). Nei due giri successivi, Ondina avvicina prima Bruno e poi Carlo, ma è sempre respinta. A questo punto Ondina ha chiesto la mano di tutti gli uomini che è disposta a sposare e l'algoritmo termina, producendo come abbinamento stabile la configurazione F.

Come si ricorderà, uomini e donne hanno preferenze collettive opposte sugli abbinamenti stabili. Gli uomini preferiscono M a F e le donne viceversa. Nel nostro esempio, la versione dell'algoritmo in cui sono gli uomini a proporre conduce all'abbinamento stabile M; simmetricamente, la versione in cui sono le donne a proporre conduce all'abbinamento stabile F. Questa è una proprietà valida in generale: fra tutti gli abbinamenti stabili, questo algoritmo trova sempre quello che risulta collettivamente preferito dal sesso a cui è affidato il compito di proporre. Naturalmente, esistono altri algoritmi più complessi in grado di trovare abbinamenti stabili meno estremi.

Si noti come il diritto di accettare o meno un'offerta di matrimonio risulti alla fine meno vantaggioso che avere il dovere di fare l'offerta. Il motivo è intuitivamente semplice. Chi fa le offerte comincia dalla sua scelta migliore e procede verso il basso, peggiorando la sua posizione soltanto se vi è costretto. Il suo ruolo è attivo. Chi accetta le offerte, invece, ha accesso al miglior partito che bussa alla sua porta, ma non può darsi da fare attivamente per corteggiare un partner che ritiene migliore. Quindi ha un ruolo passivo.

Facciamo due osservazioni. La prima è che, se i due sessi dovessero dibattere quale versione dell'algoritmo sia preferibile, gli uomini difenderebbero la prima e le donne la seconda. Il conflitto tra i sessi si sposterebbe dalla preferenza collettiva sugli abbinamenti stabili alla scelta del metodo con cui trovarne uno.

La seconda osservazione ha natura più speculativa. Sia pure sommariamente, la versione dell'algoritmo in cui gli uomini fanno al loro proposta ricorda il modo prevalente con cui era organizzato il gioco delle coppie nel XIX secolo. Considerato che questo modo favoriva gli uomini, possiamo immaginare che uno dei progressi verso l'eguaglianza fra i sessi sia stato insegnare alle donne del nostro secolo a non lasciare tutta l'iniziativa agli uomini?

Un pizzico di poligamia

Una delle ipotesi cruciali del gioco delle coppie è che gli abbinamenti siano monogami. Tuttavia, pensando ad una versione del gioco delle coppie di sapore orientale, potremmo immaginare che ad ogni uomo sia concesso di prendere in moglie fino a quattro donne. Che cosa succede se modifichiamo il gioco delle coppie consentendo ad uno dei due sessi di praticare la poligamia?

Le cose si fanno più interessanti se cambiamo i soggetti e, invece di uomini e donne, parliamo di aziende e lavoratori oppure di università e studenti: di norma, un'azienda assume più lavoratori, mentre ciascun lavoratore è dipendente di una sola azienda; similmente, un'università accoglie svariati studenti, mentre ciascuno di questi è iscritto ad una sola università. Quindi possiamo vedere i loro rapporti come una forma di gioco delle coppie in cui uno dei lati ha diritto di praticare la poligamia e l'altro no.

Ci sono n atenei ed m studenti. Ogni ateneo può accettare le iscrizioni di diversi studenti, eventualmente fino al raggiungimento di un numero chiuso da questi fissato. Ogni studente può invece iscriversi ad un solo ateneo. Gli atenei non sono obbligati ad accettare tutte le iscrizioni che ricevono e gli studenti non sono obbligati a iscriversi all'università. Ogni studente ha un ordinamento di preferenza sugli atenei, in base al quale non è mai perfettamente indifferente fra due università.

Gli atenei hanno un ordinamento di preferenza sugli studenti senza casi di indifferenza, con un'ipotesi aggiuntiva: il gradimento di uno studente da parte dell'università non dipende da chi vi è già stato ammesso. In termini formali, se nel confronto diretto l'università considera lo studente x migliore di y, questo rimane vero anche quando l'università ha già accettato l'iscrizione di alcuni studenti e deve valutare se adesso preferisce prendere x o y. Questo genere di ipotesi esclude i casi di discriminazione positiva (*affirmative action*), dove uno studente ritenuto migliore viene scartato perché si preferisce ammettere uno studente peggiore che però rappresenta un'etnia o un altro raggruppamento socialmente svantaggiato. La nostra ipotesi impone che la valutazione di uno studente dipenda solo dai suoi meriti intrinseci e non prenda in considerazione anche quanti studenti delle diverse etnie sono già stati ammessi.

Studenti e atenei cercano di combinare abbinamenti tra loro o, in un linguaggio più burocratico, di formare le classi per il nuovo anno accademico. Questo è una forma di gioco delle coppie, dove è ammessa poligamia unilaterale da parte degli atenei. Mediante un'opportuna trasformazione, questo problema può essere ricondotto ad un gioco delle coppie senza poligamia. Per questa ragione, molte delle proprietà matematiche già viste persistono anche per questo modello.

In particolare, valgono i seguenti quattro teoremi, analoghi a quelli già presentati per il gioco delle coppie in regime di monogamia:

- esiste sempre almeno un abbinamento stabile;
- l'abbinamento stabile può non essere unico;
- se in un abbinamento stabile uno studente non è ammesso da nessun ateneo, allora resta non ammesso in qualsiasi altro abbinamento stabile; inoltre, il numero di posti disponibili che un ateneo riesce a riempire è lo stesso in ogni abbinamento stabile e, se gli studenti ammessi sono inferiori al numero chiuso, allora persino l'insieme degli studenti accettati è lo stesso;
- atenei e studenti hanno preferenze collettive opposte sugli abbinamenti stabili.

L'algoritmo di Gale e Shapley per la ricerca di un abbinamento stabile si generalizza in modo naturale. Anche in questo caso bisogna assegnare ad uno dei due lati il compito di proporre e all'altro quello di accettare. Il lato che propone risulta favorito, nel senso che l'algoritmo genera l'abbinamento stabile che risulta collettivamente preferito. Dato che studenti e atenei hanno preferenze collettive opposte, questo ripropone il problema della scelta del lato a cui affidare il ruolo di proponente. In questo caso, tuttavia, l'asimmetria tra il lato poligamo e quello monogamo suggerisce come scelta naturale di favorire il secondo, che appare più debole. Infatti, tradizionalmente sono gli studenti a chiedere di iscriversi ad un'università, oppure i lavoratori a fare domanda di assunzione.

Non è solo un gioco

Come in molti altri paesi, negli U.S.A. i laureati in medicina devono conseguire una specializzazione presso un reparto ospedaliero. Nelle prime decadi del 1900 la concorrenza fra gli ospedali per avere i migliori specializzandi e la concorrenza fra i laureati per le sedi migliori aveva forzato un clima in cui le offerte di posti di specializzazione erano fatte troppo presto. Negli anni Quaranta, le offerte venivano spesso fatte all'inizio del terzo anno del corso di laurea, quando non c'era ancora abbastanza informazione sulle abilità e sulla preparazione dello studente. A loro volta, gli studenti dovevano accettare o rifiutare una proposta senza avere modo di sapere quali altre offerte avrebbero potuto ricevere successivamente. Insomma, il processo di selezione degli specializzandi era nel caos.

Tra il 1945 e il 1951 si fece un serio tentativo per istituire una scadenza unica per accettare un'offerta, ma lo sforzo non sortì effetti duraturi. Gli ospedali continuavano a imporre scadenze a brevissimo termine, costringendo gli studenti a decidere al buio. A loro volta, gli ospedali dovevano imbarcarsi in complicate e affannose ricerche perché, quando uno studente rifiutava un'offerta, era spesso troppo tardi per fare una proposta alla seconda scelta. Nel 1951 il caos fu domato adottando un algoritmo centralizzato per gli abbinamenti, noto come National Resident Matching Program (nel seguito, NMRP). Abbiamo tratto queste informazioni da Roth [5].

L'importanza dell'NMRP, che ogni anno stabilisce gli abbinamenti tra specializzandi e ospedali per tutti gli Stati Uniti, è ovviamente molto grande. Tuttavia, nonostante il nuovo algoritmo funzionasse piuttosto bene, nessuno aveva una chiara spiegazione del suo successo.

Nel 1962 Gale e Shapley [4], senza conoscere l'NMRP, descrissero il gioco delle coppie sull'*American Mathematical Monthly*. Nel 1984 Alvin Roth [6] si accorse che l'NMRP equivaleva sostanzialmente all'algoritmo di Gale e Shapley e rapidamente comprese la ragione del suo successo: il problema di abbinare specializzandi e ospedali è una versione del gioco delle coppie con poligamia unilaterale. L'algoritmo centralizzato dell'NMRP funziona molto bene perché produce abbinamenti stabili.

Questa intuizione ha consentito di aggiornare l'NMRP in modo da prendere in considerazione l'evoluzione delle caratteristiche dei suoi partecipanti. Ad esempio, uno dei problemi più grossi recentemente affrontati è che nel corso del tempo è molto aumentato il numero delle coppie di specializzandi che cercano due posizioni nella stessa area geografica (vedi [7]). Questo è una conseguenza naturale dell'evoluzione dei costumi. Mentre, negli anni Cinquanta, il tipico specializzando era single oppure sposato ad un coniuge disposto a seguirlo, adesso è piuttosto consueto che gli studenti di medicina conoscano il loro partner durante gli studi. Si formano così coppie che al termine degli studi desiderano convivere e quindi cercano due posti da specializzandi in ospedali vicini.

Le applicazioni del gioco delle coppie non si fermano qui. Nel mondo sono stati proposti, oppure sono efficacemente in uso, altri algoritmi centralizzati simili all'NMRP, spesso ispirati da questo oppure dallo studio teorico del gioco delle coppie e dell'algoritmo di Gale e Shapley [4]. Tra le applicazioni nelle quali questi algoritmi hanno avuto successo, ricordiamo: meccanismi analoghi all'NMRP in Canada e in Gran Bretagna; sistemi per l'ingresso sul mercato locale del lavoro in alcune province del Canada; la National Panhellenic Conference negli U.S.A. per l'assegnazione delle matricole di sesso femminile alle residenze universitarie "a tema", note come *sororities*; il mercato per il reclutamento dei giocatori di football nei college universitari americani.

Tra i meccanismi proposti per migliorare la situazione esistente, menzioniamo la proposta di modificare il sistema di abbinamento tra studenti e atenei in Turchia, che già avviene in modo centralizzato su base nazionale [8]. Un'altra recente e importante proposta, peraltro basata su tecniche create per risolvere problemi di abbinamento diversi dal gioco delle coppie, suggerisce l'istituzione di un mercato centralizzato per lo scambio dei reni tra i pazienti in lista d'attesa per un trapianto e i potenziali donatori [9]. Questa proposta è stata approvata nel Settembre 2004 dal Renal Transplant Oversight Committee del New England; presto probabilmente sarà possibile valutarne l'efficacia.

Bibliografia

[1] J.M. Gottman, J.D. Murray, C. Swanson, R. Tyson, K.R. Swanson (2003) *The Mathematics of marriage: Dynamic nonlinear models*, The MIT Press, Cambridge (USA)

[2] P.S. Bearman, J. Moody, K. Stovel (2004) Chains of affection: The structure of adolescent romantic and sexual networks, *American Journal of Sociology* 100, pp. 44-91

[3] A.E. Roth, M.A.O. Sotomayor (1990) *Two-sided Matching: A Study in Game-Theoretic Modeling and Analysis*, Cambridge University Press, Cambridge (UK)

[4] D. Gale, L.S. Shapley (1962) College admission and the stability of marriage, *American Mathematical Monthly* 69, pp. 9-14

[5] A.E. Roth (2003) The origins, history, and design of the Resident Match, *Journal of the American Medical Association* 289, pp. 909-912

[6] A.E. Roth (1984) The evolution of the labor market for medical interns and residents: A case study in game theory, *Journal Political Economy* 92, pp. 991-1016

[7] A.E. Roth (2003) The economist as engineer: Game theory, experimentation, and computation as tools for design economics, *Econometrica* 70, pp. 1341-1378

[8] M. Balinski, T. Sönmez (1999) A tale of two mechanisms: Student placement, *Journal of Economic Theory* 84, pp. 73-94

[9] A.E. Roth, T. Sönmez, M.U. Ünver (2004) Kidney exchange, *Quarterly Journal of Economics* 119, pp. 457-488

matematica e psicanalisi

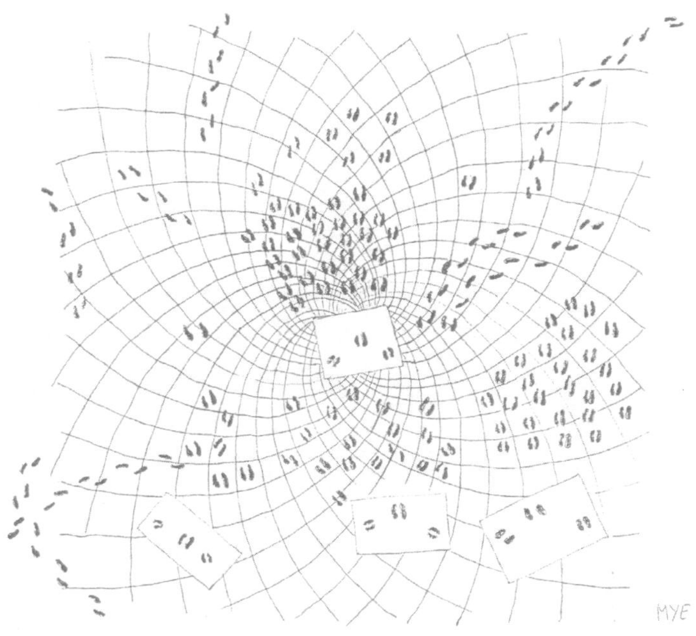

Una matematica per la psicanalisi. L'intuizionismo di Brouwer da Cartesio a Lacan

Antonello Sciacchitano

No math, no science

Stupisce constatare quanto del formalismo della meccanica quantistica sia "già stato scritto" nella teoria delle funzioni di variabile complessa, molto tempo prima di conoscere i dati sperimentali. Per non parlare di quanto della teoria della relatività di Einstein è pre-scritto nel calcolo tensoriale di Ricci Curbastro e di Levi Civita, o di quanto della teoria della speciazione di Darwin si inscriva nella teoria del caos. Non sembra azzardato affermare che la matematica è la condizione trascendentale della scienza. In altri termini, la matematica è la condizione necessaria che rende la scienza possibile. Sotto forma di slogan potremmo dire: *no math, no science*. Sul punto, forse perché preso dalle proprie fantasie cognitiviste, Kant si ingannò: la matematica non è sintesi *a priori*. È invece l'*a priori* che consente la sintesi di diversi dati sperimentali e teorici, perché è già predisposto a questa funzione. La matematica è sapere, magari non ancora saputo, come afferma Heidegger in *Sentieri interrotti* [1]. È sapere, non necessariamente disponibile in forma concettuale, che permette di sapere altro.

Qui voglio dimostrare la ragionevolezza di questa tesi presentando quanto della logica dell'inconscio sia già stato scritto, certo inconsapevolmente, nella logica intuizionista di Brouwer.

Il mio approccio si giustifica *a posteriori* per i risultati che produce. Quindi, senza giustificarmi prima, assumo che la logica intuizionista sia una logica epistemica.

Tradizionalmente i sistemi assiomatici di logica epistemica sono costruiti per aggiunzione: agli assiomi di logica classica, proposizionale o predicativa, se ne aggiungono degli altri extra, che definiscono implicitamente le proprietà dell'operatore epistemico: "so che *X*" o "conosco che *X*", dove *X* è un enunciato. È quindi a prima vista sorprendente considerare epistemica una logica che, invece di aggiungerne, sottrae assiomi alla logica classica. L'intuizionismo, infatti, sospende due assiomi fondamentali della logica classica: l'assioma del terzo escluso (*A vel non A*) e l'interdefinibilità tra operatori esistenziale e universale attraverso la doppia negazione: "non esiste uno che non" non equivale a "tutti".

La prima giustificazione dell'intuizionismo come logica epistemica è la sua ricchezza di operatori. Nella logica intuizionista i tre operatori logici binari AND, OR, IF non si esprimono l'uno attraverso l'altro tramite la negazione (NOT) come in logica classica, divenendo in pratica uno solo, ma ciascuno conserva la propria individualità che lo differenzia dagli altri. Inoltre i due quantificatori, universale ed esistenziale, sono veramente due e non sono lo stesso operatore in versioni diverse.

Ma passiamo ai dettagli. L'idea pilota del mio lavoro è che una tesi classica non intuizionista, come il terzo escluso, diventa un operatore epistemico. Comincio proprio dal...

Terzo escluso

Il terzo escluso si scrive *X vel non X*. È la più semplice tesi classica non intuizionista. Cosa significa che diventa un operatore? Significa che si definisce un endomorfismo e che trasforma ogni enunciato *X* in *X vel non X* e si scrive ε*X*. Quali sono le proprietà di ε? Esistono teoremi (contrassegnati dal segno di giudizio di Frege |—) e non teoremi (contrassegnati dal segno di Frege rovesciato —|), che ora analizzeremo in dettaglio, i quali caratterizzano ε come operatore epistemico. In particolare, tali teoremi mostrano che ε condivide molte proprietà di un particolare sapere: il sapere inconscio.

Il lemma di Kolmogorov

Se X non contiene quantificatori universali, allora |— *non non* ε*X e viceversa.*

Si tratta di un lemma importante, in quanto mostra una sorta di equivalenza debole tra logica classica e logica intuizionista. Infatti l'enunciato *X*, privo di quantificatori universali, è una tesi classica se e solo se la sua doppia negazione è una tesi intuizionista. In questo senso il lemma riconduce la coerenza della logica classica a quella della logica intuizionista, a patto di intendere la doppia negazione come "non può non essere vero che".

L'interpretazione epistemica non è meno interessante: "non è possibile non sapere che". Con la quale non si vuole introdurre all'onniscienza, ma affermare che anche se ora non sai prima o poi, con un adeguato lavoro di analisi, verrai a sapere.

Due sono i fattori importanti introdotti dal lemma:

- il tempo di sapere. Non si sa tutto e subito. Si viene a sapere attraverso un processo di elaborazione che richiede tempo.
- il valore epistemico dell'incertezza. Il sapere si genera attraverso il non sapere. Movimento tipico è il *cogito* cartesiano, che guadagna la certezza dell'esistenza del soggetto, a partire dal dubbio sistematico, cioè dall'incertezza generalizzata.

Per l'analista il lemma mette a fuoco un tratto essenziale del sapere inconscio che, prima di essere un sapere fuori dalla portata della coscienza, è un sapere che la coscienza non possiede ancora. È un sapere che risiede nel soggetto, dove produce effetti: sogni, lapsus, sintomi nevrotici, dei quali però il soggetto diverrà consapevole solo a cose fatte, non prima.

Il teorema di Socrate

Essendo stata dominata dalla logica aristotelica, che teneva più alla trasmissione della verità lungo la catena deduttiva che a evidenziare il sapere in essa incorporato, l'antichità ci ha tramandato ben pochi teoremi epistemici. In pratica uno solo, quello di Socrate che afferma di sapere una cosa sola, cioè di non sapere. Trascrivo il teorema di Socrate come variante del lemma di Kolmogorov, dove l'operatore epistemico ε sostituisce la prima negazione:

$$\vdash \varepsilon \; non \; \varepsilon X.$$

Per l'analista l'importanza di questo teorema sta nella connotazione morale. Il soggetto dell'inconscio non è mai completamente ignorante; sa sempre qualcosa, per esempio di non sapere. Di fronte all'atto compiuto il soggetto non può giustificarsi dicendo: "Ma io non lo sapevo". No, ti dice la psicanalisi, tu sei sempre responsabile, almeno parzialmente, del tuo gesto, perché sapevi già qualcosa di quel che hai fatto prima di compierlo. Inutile dire che senza questa responsabilità epistemica non può iniziare nessuna elaborazione psicanalitica. La psicanalisi, prima di essere una terapia, è un'etica: cura l'etica che il soggetto aveva momentaneamente perduto o indebolito e ora con il lavoro analitico ritrova o rinforza.

Il teorema di Cartesio

L'intero movimento del dubbio cartesiano avviene all'interno di una logica epistemica: quella logica che parte da una variante del principio del terzo escluso, la variante epistemica, appunto. Infatti il dubbio cartesiano si lascia esprimere come alternativa epistemica: *o so o non so*, quindi sono incerto sul mio sapere. Da questa incertezza deriva la certezza dell'esistenza del nuovo soggetto: il moderno soggetto della scienza (riprenderò più avanti l'argomento).

Non stupisce, quindi, che entro la logica intuizionista, che trasforma il terzo escluso in operatore epistemico, trovi posto un teorema che è giusto attribuire a Cartesio: *Se non so, allora so*. In formule:

$$\vdash non \; \varepsilon X \; seq \; \varepsilon X.$$

Questa formulazione ha il merito di chiarire la natura del sapere in gioco. Non si tratta del sapere libresco, scritto su qualche manuale. Il teorema di Cartesio non serve a passare gli esami all'Università. Si tratta, in effetti, del sapere soggettivo, che il soggetto attualmente non sa, ma che verrà a sapere con il lavoro dell'analisi. Il teorema di Cartesio garantisce il passaggio dall'inconscio al conscio, senza dire, purtroppo o per fortuna, come il passaggio effettivamente avvenga: il piacere di scoprirlo è lasciato al singolo soggetto con la propria analisi.

En passant segnalo che è un'osservazione clinica comune constatare che il soggetto nevrotico, per lo più di tipo ossessivo, premette l'enunciato "non so", quando sta per enunciare qualche verità della propria storia. L'analista deduce: "allora sai".

Esiste una seconda formulazione – filoniana – del teorema di Cartesio, non meno interessante, in quanto mostra l'affinità con il lemma di Kolmogorov:

$$\vdash non \; non \; \varepsilon X \; vel \; \varepsilon X.$$

Se non esistesse il tempo di sapere, sarebbe una tautologia: o sai o non è vero che non sai. Ma poiché esiste un tempo per apprendere, il teorema suggerisce un evento epistemico più complesso: o sai o non è vero che non saprai, prima o poi.

L'idempotenza o la coscienza non aggiunge nulla

Il teorema di idempotenza epistemica afferma che sapere di sapere equivale a sapere. In formule:

$$\vdash \varepsilon\varepsilon X \; aeq \; \varepsilon X.$$

Se, seguendo un suggerimento di Odifreddi, interpreto il raddoppiamento dell'operatore come la sua "coscienza" (vedi [2]) ottengo il decadimento della prima topica freudiana. In effetti la distinzione conscio/inconscio cessa di essere operativa, perché lo stesso sapere è all'opera sia a livello conscio sia a livello inconscio. Il passaggio dall'uno all'altro è certo. È solo questione di tempo, anche se non si può predire quando avverrà.

Contro l'ontologia ovvero a favore della laicità

I dotti discutono se la psicanalisi sia scienza oppure no. La logica epistemica dà il suo contributo alla discussione, indicando cosa la psicanalisi non è: non è religione, se è intuizionismo. Infatti, in logica intuizionista non vale l'argomento ontologico. Ciò significa che dall'esistenza di un oggetto di cui conosci una proprietà non è possibile dedurre che sai l'esistenza dell'oggetto con tale proprietà: conoscere le qualità di un oggetto, per quanto essenziali possano essere, non basta a determinare la conoscenza dell'esistenza oggettiva. In breve, l'essenza non implica l'esistenza:

$$\dashv (\exists x)\varepsilon X(x) \; seq \; \varepsilon(\exists x)X(x).$$

Questo non teorema è un tratto caratteristico dell'intuizionismo. Brouwer ammette solo le dimostrazioni costruttive di esistenza, corredate da un algoritmo effettivo di costruzione dell'oggetto. Esclude le dimostrazioni puramente esistenziali, prive di concretezza, ottenute per generalizzazione, negando l'esistenza del contrario. Come in psicanalisi, non basta sapere teoricamente, magari dai libri canonici, che l'inconscio non può non esistere; per saperlo veramente bisogna sperimentarlo sulla propria pelle con la propria analisi.

D'altra parte questa logica non è oscurantista. Infatti, vale l'inverso:

$$\vdash \varepsilon(\exists x)X(x) \; seq \; (\exists x)\varepsilon X(x).$$

Se sai che esiste qualcosa con una certa proprietà, allora esiste qualcosa della quale sai che una certa proprietà è soddisfatta.

L'intransitività

La necessità dell'analisi personale è giustificata da un altro non teorema intuizionista: il sapere inconscio è intransitivo

$$\dashv \varepsilon(X \; seq \; Y) \; seq \; (\varepsilon X \; seq \; \varepsilon Y).$$

Dal fatto di sapere in teoria che vale una certa implicazione, per esempio che da X segue Y, non discende automaticamente che dal sapere di X segua il sapere di Y. Il sapere del conseguente va costruito di volta in volta *ex novo*; non basta il sapere dell'antecedente. All'analisi non basta il sapere *a priori*, perché l'analisi stessa è un sapere *a posteriori*: è il sapere della transizione dall'inconscio al conscio, la quale non è automatica. Detto in altri termini, esistono due forme di sapere non comunicanti: la teoria e la pratica. Una sola non basta. Ci vogliono entrambe.

L'intransitività implica che il sapere inconscio, seppure ragionevole, rimane strettamente soggettivo[1] [3]. L'inconscio non segue la moda dell'intersoggettività.

Sapere non è solo conoscere

La differenza tra logica cognitivista e logica epistemica si radicalizza, e allo stesso tempo si esprime al meglio in due teoremi, che rappresentano i nuclei paradigmatici dei due approcci. Considero come emblematico dell'approccio cognitivista il sistema *G* (*G* da *glauben*, credere) di Lenzen. [4] Esso è costruito aggiungendo al calcolo proposizionale classico tre assiomi e una regola di deduzione. Tra gli assiomi il è il seguente:

$$\vdash_{G} \mathrm{G}p \Rightarrow \neg \mathrm{G} \neg p.$$

Si tratta di un assioma rigidamente binario, che contrappone credere a non credere. Infatti afferma che *se credi che p, allora non puoi credere che non p.*

È facile verificare che nella logica epistemica intuizionista tale teorema non vale. Anzi vale il converso:

$$\vdash \neg \varepsilon \neg p \Rightarrow \varepsilon p.$$

In un certo senso si tratta di un teorema fondazionale. Esso afferma l'esistenza all'interno di ogni sapere di un nucleo di ignoranza; quindi, in particolare, non c'è sapere che non ignori qualcosa della negazione. In altre parole, se non si riduce a conoscenza, cioè ad adeguamento dell'intelletto alla cosa, il sapere poggia su una decisione etica: taglia dal corpo epistemico qualcosa che riguarda la negazione, la quale risulta così ultimamente non conoscibile in modo completo. Il saggio di Freud sulla *Negazione* (1925), dove la negazione non sempre nega, ma facilita il ritorno del rimosso, rientra in questa logica.

La doppia negazione

Che dire della trasformazione in operatore epistemico di un'altra tesi classica non intuizionista, per esempio della doppia negazione?

Come conseguenza della sospensione dell'assioma del terzo escluso, l'intuizio-

[1] *L'intransitività del sapere inconscio richiama alla mente l'intransitività della dominanza nei giochi con più di due persone. Si noti che il nostro sistema non soddisfa neppure la forma di autotransitività epistemica data dall'assioma di Gödel-Löb: —| ε(εX seq X) seq εX. Definendo epistemi le formule X per cui εX seq X, si ottiene la seguente interessante caratterizzazione negativa dell'inconscio: dal fatto di conoscere gli epistemi, non consegue che si sappia di loro. In questo senso l'analista che lavora con il sapere inconscio opera con una sorta di moderna e non teologica* docta ignorantia. *I nostri epistemi, intesi come unità di sapere, corrispondono alla nozione di significante senza significato, ripresa da Jacques Lacan dal grande linguista ginevrino Ferdinand de Saussure*

nismo perde la legge di doppia negazione forte, che consente di cancellare la doppia negazione:

$$\dashv non\ non\ X\ seq\ X,$$

mentre conserva la legge debole, che consente di introdurre la doppia negazione:

$$\vdash X\ seq\ non\ non\ X.$$

Chiamo δ l'operatore che trasforma ogni enunciato in doppia negazione forte, cioè:

$$\delta X =_{\mathrm{df}} non\ non\ X\ seq\ X.$$

δ è un operatore epistemico

Di quali proprietà gode δ? Elenchiamo i suoi teoremi e non teoremi.

In generale si può dire che δ è un operatore epistemico. Le ragioni sono due: innanzitutto soddisfa molti teoremi di ε; in secondo luogo, l'operatore epistemico e è in un certo senso implicito in δ. Infatti, valgono i due teoremi:

$$\vdash \varepsilon X\ seq\ \delta X,$$

cioè, ogni volta che è vero εX è vero δX, e:

$$\vdash \delta X\ aeq\ \varepsilon\delta X.$$

Quest'ultimo teorema stabilisce la "coscienza" di δ: δ vale se e solo se si sa che δ vale. Per la seconda volta incontriamo qui la "inutilità" della coscienza. Il discorso si semplifica, se facciamo cadere il requisito della coscienza.

Come annunciato, molti teoremi validi per ε valgono anche per δ.

Il teorema di Freud

Il lemma di Kolmogorov diventa il teorema di Freud:

$$\vdash non\ non\ \delta X.$$

Questo teorema diventa psicanaliticamente trasparente interpretando δ come operatore del desiderio. Allora la tesi di Freud afferma la necessità del desiderio: non si può non desiderare. Questa interpretazione non viene contraddetta dai teoremi seguenti.

Il teorema di Edipo

Il teorema di Socrate diventa il teorema di Edipo:

$$\vdash \delta\ non\ \delta X.$$

Interdicendo l'incesto, il complesso di Edipo fonda il desiderio inconscio come desiderio che non si vorrebbe desiderare. Ma, in effetti, si desidera, come conferma il teorema seguente.

Il teorema di Lacan

Il teorema di Cartesio diventa il teorema di Lacan, con il quale si stabilisce che anche non desiderare è un desiderio:

$$\vdash non\ \delta X\ seq\ \delta X.$$

Tutti questi teoremi che riguardano la negazione dimostrano che, nell'intuizionismo come in psicanalisi, la negazione è debole. Non sempre nega, a volte addirittura afferma. Il fenomeno fu dichiarato specifico dell'apparato psichico da Freud nel saggio già citato sulla *Negazione*.

L'idempotenza non vale

A differenza dell'operatore ε, l'operatore δ non è idempotente. Vale il teorema di prolungamento:

$$\vdash \delta X\ seq\ \delta\delta X,$$

ma non quello di assorbimento:

$$\dashv \delta\delta X\ seq\ \delta X.$$

Come già detto, Freud cominciò a costruire l'apparato psichico intorno alla prima topica, basata sulla tripartizione: conscio, preconscio, inconscio. Negli anni Venti propose un'altra costruzione, basata sulla seconda topica, costituita dalla tripartizione: Io, Es, Super-Io, dove nell'Es sarebbe attiva una pulsione di morte che porta all'eterna ripetizione dell'identico.

Come la legge di idempotenza dell'operatore ε fa decadere la prima topica, così la legge di non idempotenza dell'operatore δ fa decadere la seconda. Infatti, la successione degli operatori δ produce sempre nuovi operatori δ, all'infinito: δ^n è diverso da δ^{n+1} e non si incontra mai la ripetizione dell'identico. Considero questo un miglioramento della metapsicologia freudiana, in quanto inaugura in psicanalisi il discorso sull'infinito.

Il soggetto è finito

Non ho dato dimostrazioni dei teoremi elencati in quanto si tratta di deduzioni assolutamente elementari, che si possono ottenere in diversi modi: o con il formalismo "regole+assiomi" alla Frege o con i formalismi "solo regole" alla Gentzen, Beth e Kleene.

Utilizzerò lo spaziotempo residuo per dare una dimostrazione elementare della finitezza del soggetto della scienza, che è attivo nell'inconscio freudiano.

Il soggetto è finito. Lo si può dimostrare in molti modi.

Dimostrazione ontologica: l'essere del soggetto finisce con la morte.

Dimostrazione estetica: la percezione del soggetto è limitata dall'oggetto stesso percepito, di cui il soggetto percepisce sempre e solo una parte.

Dimostrazione linguistica: il soggetto dell'enunciazione è finito perché ogni atto enunciativo mette in gioco nel "qui e ora" solo un numero finito di significanti.

Dimostrazione logica: a mio parere è la dimostrazione più convincente, purché la logica sia epistemica. Essa è più corretta di quella estetica in quanto non confonde finitezza con limitatezza. Già Spinoza dimostrò che esistono insiemi infiniti i cui elementi sono limitati, come l'insieme delle distanze tra le circonferenze di cerchi non concentrici.

La dimostrazione parte da Cartesio. Il dubbio cartesiano, spogliato dagli orpelli retorici con cui Cartesio si compiaceva di agghindarlo, si riduce all'alternativa epistemica: *o so o non so*. Quindi il ragionamento continua: "Se o so o non so, allora sono un soggetto che dubita". Ma "o so o non so" è vera, quindi, per *modus ponens*, "sono un soggetto che dubita" è vera. Ci chiediamo: "Quando 'o so o non so' è vera"? Qui sappiamo rispondere. "O so o non so" è un'istanza, in formato epistemico, di terzo escluso. Brouwer ha ormai incontestabilmente dimostrato che il terzo escluso *A vel non A* è valido solo in universi finiti. *Ergo* non è errato affermare che il soggetto, che dipende da una forma epistemica di terzo escluso, è finito. L'esempio brouweriano è semplice. Se ho due insiemi A e B e constato che la loro unione $A \cup B$ è formata da undici elementi, posso affermare che o A è maggiore di B o B è maggiore di A, escludendo terze possibilità. La stessa certezza mi verrebbe meno se l'unione avesse un numero pari o infinito di elementi.

L'oggetto è infinito

Dai tempi immemorabili del logocentrismo greco, la logica sembra senza oggetto. La matematica, invece, non è senza oggetto: l'infinito è l'oggetto della matematica. Essendo più una matematica che una logica, anche l'intuizionismo opera sullo sfondo dell'oggetto infinito. Lo si constata nella sua semantica che, come previsto da Gödel [5] e realizzato da Kripke [6], si avvale di modelli ordinali infiniti[2].

Dal nostro punto di vista ci basta riconoscere che la relativa certezza della finitezza del soggetto è il punto di partenza per affermare ragionevolmente che l'oggetto con cui si rapporta il soggetto della scienza, e con lui quello dell'inconscio, è infinito. L'infinito si colloca, infatti, sulla punta di massima eterogeneità rispetto al finito. L'incertezza teorica non impedisce che in pratica esistano pochi dubbi sul fatto che l'oggetto della scienza sia infinito. Si presenta come infinito spaziotemporale in fisica, come biodiversità in biologia, come oggetto del desiderio in psicanalisi. Ma come possiamo concepire un oggetto infinito? Freud ci ha provato: attraverso l'infinita ripetizione dell'identico. Ma è una soluzione povera. Ce sono altre? Sì, ce ne sono infinite. Il problema dell'infinito è largamente indeterminato. Mi spiego meglio.

L'infinito è una struttura della moderna episteme, che Oswald Veblen nel 1904 proponeva di chiamare non categorica [7]. Questo significa che la struttura è in se stessa irrappresentabile – resta protorimossa, direbbe Freud – ma di essa si possono dare modelli o rappresentazioni parziali, non equivalenti tra loro. Nella (incerta) terminologia freudiana i modelli della struttura sarebbero esempi di ritorno del rimosso. La stessa eterna ripetizione dell'identico è un modello di infinito.

[2] *Senza entrare nei dettagli della semantica kripkeana, ricordo che un modello intuizionista è un insieme numerabile di stati epistemici, parzialmente ordinato da una relazione riflessiva e transitiva. Ricordo anche che alla semantica della logica classica bastano modelli con un solo stato epistemico*

Si tratta di un modello diverso dall'infinito numerabile, formato da infiniti numeri tutti diversi, e diverso ancora dall'infinito continuo, formato da punti tanto densamente stipati da non consentire lacune. L'infinita ripetizione dell'identico serve a Freud per spiegare il persistere del senso di colpa inconscio, un po' come l'infinito numerabile serve a contare e l'infinito continuo a disegnare e misurare le cose sulla terra.

Il risultato della non categoricità è interessante per più motivi. Innanzitutto, differenzia l'infinito scientifico da quello religioso. Quello religioso, infatti, è unico, come testimoniano le grandi religioni monoteistiche. L'infinito scientifico, invece, è plurale e la sua pluralità condiziona due aspetti del discorso scientifico: l'indeterminismo e l'autocorreggibilità. L'indeterminismo scientifico è testimoniato, per esempio, dalla meccanica quantistica e dalla funzione del caos in biologia. L'apertura all'indefinita correggibilità delle teorie scientifiche è un dato della moderna epistemologia, da quella storica di Bachelard a quella falsificazionista di Popper. Le teorie scientifiche non sono codificate in modo incontrovertibile e definitivo in qualche trattato, ma vivono in perenne rinnovamento nel tessuto comunitario delle collettività scientifiche. L'indeterminismo vale anche in psicanalisi, per esempio nel rapporto sessuale[3]; così come dovrebbe ritrovarsi la ripresa autocorrettiva della metapsicologia nel discorso psicanalitico, se fosse veramente scientifico e se vivesse in collettivi di pensiero scientifico. È quanto auspico e mi adopero perché avvenga in tempi in cui sembra particolarmente *in* parlare di morte della psicanalisi.

La proposta della matematica intuizionista come matematica della psicanalisi va esattamente in questo senso.

Bibliografia

[1] M. Heidegger (1968) *Sentieri interrotti* (1950) trad. P. Chiodi, La Nuova Italia, Firenze, p. 74

[2] P. Odifreddi (2003) *Il diavolo in cattedra. La logica da Aristotele a Gödel*, Einaudi, Torino, p. 121

[3] J. von Neumann, O. Morgenstern (1947) *Theory of Games and Economic Behavior*, Princeton University Press, Princeton 2° ed., pp. 38-39

[4] W. Lenzen (1980) *Glauben, Wissen und Wahrscheinlichkeit. Systeme der epistemischen Logik*, Springer Verlag, Wien, p. 142

[5] K. Gödel (1999) Sul calcolo preposizionale intuizionista (1932) in: *Kurt Gödel Opere*, vol. I, trad. S. Bozzi, Bollati Boringhieri, Torino, pp. 160-161

[6] S. Kripke (1965) Semantical analysis of intuitionistic logic, I, in: *Formal systems and recursive functions*, North Holland, Amsterdam, pp. 92-130

[7] O. Veblen (1904) *A Systems of Axioms for Geometry*, Transactions of American Mathematical Society, 5, pp. 343-384

[3] *Il rapporto sessuale è indeterminato, cioè ammette infinite soluzioni, come un sistema di due equazioni in due incognite che differiscano per una costante moltiplicativa. Sulle ragioni che giustificano l'opportunità di questa correzione a Jacques Lacan, il quale invece afferma l'inesistenza (o l'impossibilità) del rapporto sessuale, non posso soffermarmi qui perché andrei fuori tema*

matematica e applicazioni

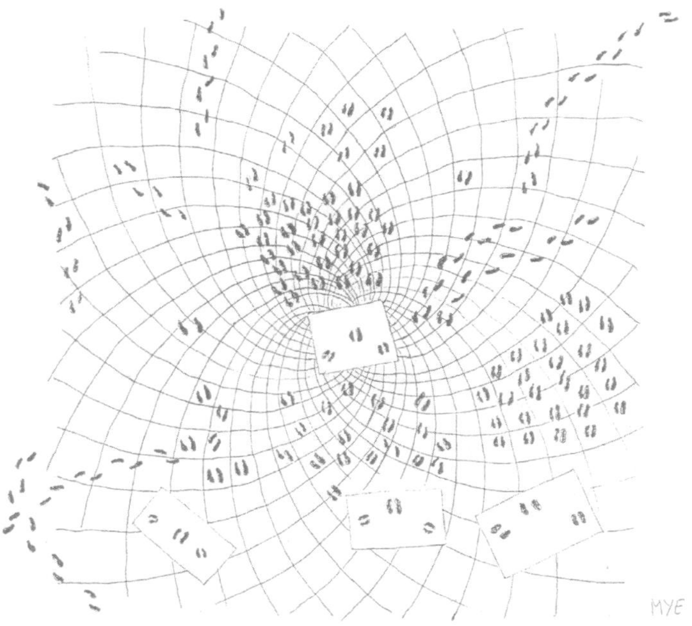

Motori di Ricerca Web e specchi della Società

Massimo Marchiori

Lo Specchio

Il Web sta diventando una realtà sempre più importante, è un vero e proprio mondo virtuale parallelo, e come tale merita di essere analizzato e studiato. Vista la mole di informazioni presente sul Web, il mezzo principale usato da tutti per accedervi all'informazione è il motore di ricerca, il principale "canale televisivo" che ci permette di accedere all'informazione presente in rete.

Ora, sotto certi punti di vista il Web rappresenta la nostra società, ed è quindi una specie di specchio della realtà. È naturale quindi cercare di utilizzare i motori di ricerca come veri e propri specchi della società. È questo quello che ad esempio si fa da tempo, analizzando quali sono le domande che le persone pongono ai motori di ricerca. In tal modo si ha uno spaccato dei gusti e degli interessi della società, una specie di sondaggio continuativo universale. Google stesso offre parte di questi dati in una sezione chiamata *Zeitgeist*, parola tedesca che significa all'incirca "spirito dei tempi". Nello *Zeitgeist* si possono trovare le richieste più frequenti che vengono poste a Google, così da evidenziare in maniera quantitativa quali sono i gusti principali delle persone. Ad esempio, all'inizio di quest'anno l'attrice più popolare in Italia (nel Web) era Angelina Jolie, seguita da Jennifer Lopez e, al terzo posto, da Monica Bellucci.

Questo tipo di analisi statistica è certamente molto interessante ed è una vera manna per pubblicitari, sociologi, storici e analisti. Essa però si ferma ad un lato della storia, mentre in realtà le cose sono molto più complesse e interessanti.

Solo Specchio?

Le analisi sulle domande poste ai motori di ricerca vedono il motore stesso come uno specchio della società e il Web come un nostro riflesso. Ma siamo sicuri che il motore di ricerca sia soltanto uno specchio? O non è invece qualcosa di più, qualcosa che collega due realtà, facendole interagire fra loro in maniera complessa? In altre parole, forse quello che sembra uno specchio tale non è, e si può provare ad

attraversarlo. Per farlo occorre cercare di considerare non solo la nostra società da un lato dello specchio, ma anche un'altra società, la Società Web, dall'altro lato, e vedere se il motore di ricerca agisce solamente come specchio in questo contesto, oppure è molto di più.

In questo scenario ci sono tre osservazioni fondamentali da tenere in considerazione:

Primo: la nostra realtà influenza il Web.

Questo è un punto ovvio, che ribadisce quanto il Web, nella sua complessità, sia nato e dipenda costantemente dagli input che gli vengono forniti dal mondo esterno. In altre parole, l'altro lato dello specchio cambia a seconda di quello che facciamo noi.

Secondo: il Web stesso può influenzare la nostra realtà.

Questo deriva dal fatto che il Web è sempre più un *information media*, un mezzo informativo, e come tale ha delle ripercussioni anche nel nostro mondo: alle volte quello che appare al di là dello specchio fa cambiare alcune cose anche dal nostro lato.

Terzo: il motore di ricerca non è un semplice osservatore.

Il motore di ricerca non è solamente uno specchio posto tra questi due mondi, ma sottostà ad una specie di principio di indeterminazione di Heisenberg: quando riflette qualcosa, necessariamente modifica anche la realtà che sta riflettendo (sia immediatamente sia a più lungo termine).

Web e Società

Andiamo quindi oltre, cercando di non vedere il Web semplicemente come un oggetto, ma come un vero e proprio mondo alternativo (quanto legato alla nostra società è da vedere).

Ampliando le nostre vedute, consideriamo il Web come una società vera e propria. La prima cosa da decidere è quali sono gli abitanti che popolano questa società. Ovviamente, a seconda di questa scelta cambierà il modello di società che andremo ad analizzare. Una scelta ragionevole è quella di considerare come abitanti della

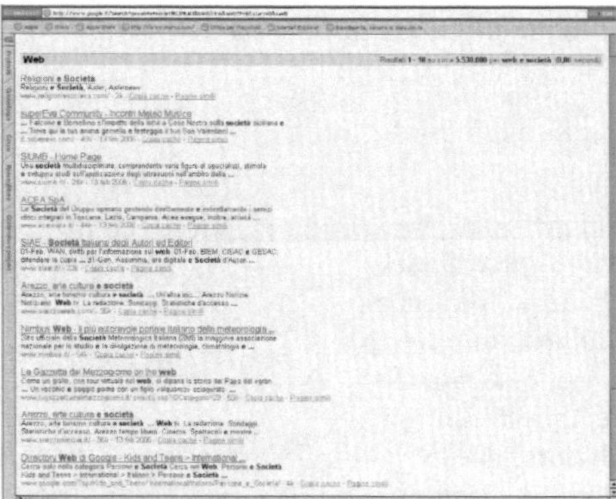

Fig. 1. Ricerca su web

Società Web le pagine Web stesse. Ogni pagina Web può essere vista come una persona, e anzi, per distinguerle dalle persone "reali" (quelle della nostra società), diamo loro un nome diverso, *p-ersone* (dove la *p-* ci ricorda che stiamo parlando di *p*agine Web). Qual è dunque il collegamento tra le due società, quella umana e quella Web? Di primo acchito possiamo subito associare a ogni persona le sue p-ersone: ogni persona è responsabile (in tutto o in parte) della creazione, del contenuto e del mantenimento di varie p-ersone (ad esempio, le nostre pagine Web personali, oppure documenti, parti di siti commerciali e istituzionali e così via).

Resta ora da stabilire qual è il "motore primario" che guida l'evoluzione della Società Web. In altre parole, qual è lo "scopo nella vita" delle p-ersone, quando possiamo dire che una p-ersona ha avuto successo? Una ragionevole definizione di successo per una p-ersona è il numero di persone che la visitano. Questo significa, vista la taglia del Web, che per avere veramente successo occorre avere un buon *ranking* (una buona valutazione), da parte dei motori di ricerca. Almeno in prima approssimazione, il successo di una p-ersona si può misurare con il suo ranking da parte dei motori di ricerca.

Ora, il motore di ricerca di gran lunga più utilizzato al mondo è attualmente Google, che usa come ranking l'ormai famosa misura di PageRank [1]. E quindi, sempre in buona approssimazione, possiamo identificare il successo di una p-ersona con il suo PageRank.

Democrazia Generalizzata e Demokrazia

Che tipo di società è il Web? Possiamo fare dei paragoni con i modelli che sono apparsi nella nostra società, come ad esempio democrazia, monarchia, oligarchia? Oppure è qualcosa di diverso?

La nostra società attuale di riferimento (perlomeno per quanto riguarda la maggioranza degli stati mondiali) è la democrazia, quindi la domanda naturale da porci è: visto che la nostra società è prevalentemente democratica, anche il Web, di riflesso, è una democrazia?

Per rispondere a questa domanda ci servono definizioni più generali e occorre ampliare la nostra visione, andando oltre quelle che sono le definizioni di società cui siamo abituati.

Prendiamo allora il concetto di democrazia classica (banalmente riconducibile al motto "una testa, un voto").

Nella democrazia classica ci sono tre caratteristiche fondamentali. La prima è quella più tipica, se vogliamo, della democrazia: l'***uguaglianza***. Come detto, una testa un voto, cioè tutte le persone sono uguali e quindi, in potere di votazione, ad ogni persona corrisponde un voto. Le altre due sono proprietà talmente ovvie che, invece, spesso non vengono neanche considerate, perché parte integrante e radicata dei processi di voto (perlomeno in prima approssimazione, visto che poi, ad essere pignoli, alcune leggi elettorali complicano la situazione): l'***atomicità***, e l'***additività***. L'atomicità indica che il voto è indivisibile: non possiamo, ad esempio, dare 1/3 del nostro voto a un certo candidato e 2/3 a un altro. L'additività indica che i voti si compongono additivamente (vale a dire, un voto più un voto uguale due voti... [in democrazia 1+1=2!]).

Definiamo ora la ***democrazia generalizzata***, laddove queste due proprietà sono rilassate. Nella democrazia generalizzata vale ancora l'uguaglianza (che caratterizza una democrazia), ma non vale più l'atomicità (quindi il voto può essere distribuito) e l'additività viene sostituita con la proprietà più debole della monotonicità (vale a dire, comporre X voti con Y voti darà un risultato maggiore sia di X che di Y, ma non necessariamente X + Y).

Possiamo poi andare anche oltre la democrazia generalizzata, e rilassare anche la prima ipotesi fondante, quella dell'uguaglianza. Definiamo allora una nuova classe di democrazie, le ***K-democrazie*** (o più brevemente, ***demokrazie***), dove K è un numero che sta fra zero e uno (0<K<=1). In queste demokrazie non vale più la regola dell'uguaglianza e le persone possono quindi avere poteri di voto diverso: da K a 1. Quindi, ad esempio, la 1/2-Democrazia (mezza democrazia) è "metà democratica", visto che alcune persone possono avere potere di voto (1/2) che è la metà di altre (1). E, man mano che K diminuisce, ci si allontana dalla "vera democrazia" (la 1-Democrazia).

Analogamente alla democrazia generalizzata, possiamo avere anche ***demokrazie generalizzate*** (in cui, quindi, tutte e tre le ipotesi di uguaglianza, atomicità e additività sono rilassate).

Democrazia nel Web

Disponendo ora di definizioni molto più ampliate di democrazia, potremmo ora riporci la domanda di che tipo di società è il Web. A che cosa corrisponde il voto nella Società Web? Per quanto detto precedentemente riguardo allo scopo della società nel Web, e quindi l'equivalenza con un alto PageRank, il corrispettivo del voto è il link che una p-ersona può o meno dare a un'altra p-ersona. Ora, ci sono due punti di vista, uno interno e uno esterno al Web. Il primo ha come agenti principali le p-ersone, il secondo, invece, considera il Web dal punto di vista delle persone, che controllano poi le p-ersone nella rete.

Vediamo dunque cosa succede dal punto di vista interno: in questo scenario, sussiste la seguente proprietà:

Il Web (con Google/Pagerank) è una ***democrazia generalizzata*** per le p-ersone.

È questa, se vogliamo, la conferma "formale" del fatto che Google è sentito come un motore di ricerca imparziale e che quindi non solo offre una visione del Web che non è distorta, ma il suo intervento come indice di successo nel Web è ragionevole, nel senso che, dal punto di vista interno al Web, forma appunto un tipo di società pienamente democratica.

Vediamo invece cosa succede quando consideriamo il punto di vista esterno, cioè quando consideriamo anche le persone e non solo le p-ersone. Quando la popolazione Web non cambia, si ha il seguente risultato:

Il Web (con Google/Pagerank) è un ambiente ***K-democratico generalizzato*** per le persone quando gli unici cambiamenti sono locali alle p-ersone.

Però in generale la popolazione del Web non è immutabile, e quindi cosa succede quando consideriamo la Società Web nella sua piena generalità?

Il Web (con Google/Pagerank) ***non è una K-democrazia generalizzata*** per le persone.

Vale a dire, nel momento in cui consideriamo anche la nostra società (le persone), la Società Web (da democratica generalizzata quale sarebbe) si "corrompe" e perde la sua caratteristica democratica, sfuggendo anche al concetto molto blando di demokrazia generalizzata.

Dunque, se il Web nel suo complesso non è una democrazia, che tipo di votazioni hanno luogo? Il punto è che il voto complessivo è principalmente costituito da tre classi di voti:

- Voti "Normali" (veri); sono i voti effettivamente democratici.
- Voti "Scambiati" (cooperativi); sono i voti che hanno luogo tramite un cartello di persone e p-ersone che si votano a vicenda, creando veri e propri cartelli.
- Voti "Comprati", cioè voti che vengono acquisiti tramite compravendita monetaria da parte di persone nella nostra società.

L'enorme taglia del Web fa sì che, almeno per ora, complessivamente si abbia la proprietà

$$(N + S + C) >> (S + C)$$

cioè, la somma dei voti totali è molto maggiore della somma dei voti scambiati più quelli comprati. È questo quello che rende ancora il Web una vera realtà sociale e non una finta società.

Effetti Collaterali

I risultati della sezione precedente sono puramente teorici: il fatto che il Web per le persone non sia neanche una demokrazia generalizzata non vuol dire che il Web poi, nella pratica, non si sia comportato in maniera democratica. In effetti, per via di quel principio di Heisenberg a cui abbiamo accennato precedentemente, il Web è stato per qualche tempo una democrazia, è progressivamente scivolato verso la demokrazia generalizzata, per poi perdere lentamente anche questa caratteristica, e in questi anni c'è stata una proliferazione di "link artificiali" (voti C ed S) che hanno grandemente deturpato la struttura demokratica del Web. La nascita dei voti C ed S fa parte di una più larga attività che viene tecnicamente chiamata *Search Engine Persuasion* (SEP), "persuasione dei motori di ricerca", cioè l'insieme delle tecniche messe in atto per manipolare i ranking dei motori di ricerca (generalmente per far avere artificialmente, cioè immeritatamente se vogliamo, più successo ad alcune p-ersone. Si veda ad esempio [2]). Il SEP è anche conosciuto, ai giorni nostri, col nome di "SEO" (*Search Engine Optimization*), che è un nome in realtà abbastanza fuorviante e più recentemente creato dal fiorente mercato di ditte che offrono questo servizio, laddove sembra che si stia "ottimizzando" (parola politicamente corretta...?) i risultati dei motori di ricerca, mentre appunto in realtà di manipolazione si tratta.

Quello che è certo, al di là del nome con cui si indica questa attività, è che al giorno d'oggi c'è un intero segmento di mercato dedicato al SEP (e quindi, alla creazione mirata di link S e C volti a destabilizzare il carattere democratico della Società Web). È altresì interessante notare che questo mercato, finora, è localizzato prevalentemente nell'ambito commerciale (vale a dire, la vendita di prodotti e/o servizi), ma nulla vieta che in futuro, crescendo l'importanza della Società Web nella nostra società, questa deriva anti-democratica tocchi anche altri aspetti quali l'informazione, la politica, la cultura, la religione e così via.

Esempi "dilettanteschi" (perché annunciati e quindi evidenti nella loro forzatura) di questa deriva sono ad esempio i cosiddetti *Google bombing* (letteralmente, le "bombe" lanciate su Google). Per fare qualche esempio concreto (e oramai famoso), fino a poco tempo fa chiunque cercasse *miserabile failure* su Google otteneva la pagina Web dell'attuale Presidente degli Stati Uniti George W. Bush. Lo stesso tipo di *bombing* è stato attuato in Italia, dove ricercando l'equivalente italiano, "miserabile fallimento", si otteneva la pagina Web dell'attuale Presidente del Consiglio, Silvio Berlusconi. Similmente, chi fino a poco tempo fa avesse cercato la parola *devil* (diavolo) otteneva come primo risultato Bill Gates, il fondatore di Microsoft.

È evidente che questi esempi sono importanti per mostrare le potenzialità del SEP, anche se non devono essere sottovalutati come semplici goliardate: il vero pericolo è che tecniche di questo tipo vengano utilizzate nel futuro non per fare propaganda o scherzi, ma per manipolare molto più sottilmente la Società Web e l'informazione che essa offre alla nostra società. Nel momento in cui il Web si imporrà come il media dominante anche in campo informativo per la maggioranza delle persone (ruolo questo attualmente occupato dai media tradizionali: televisione, carta stampata, radio), è evidente che i rischi di una deriva antidemocratica, in una società virtuale e molto più facilmente manipolabile come quella Web, rischiano di essere terreno di conquista molto appetibile.

Sfasamenti

Oltre alle distorsioni dovute ai voti S e C, occorre anche segnalare che vi sono sfasamenti dalla norma che non sono dovuti a interessi particolari (e quindi che vengono creati dai voti in N), ma dipendono dal modo in cui funziona il motore di ricerca, che, come ogni misura assoluta di successo, è necessariamente fallace in molteplici situazioni.

Ci sono varie tipologie di sfasamenti, quali ad esempio le tipologie *Yin-Yang, Glue*, e a Bolla. La tipologia *Yin-Yang* avviene quando l'assunzione che un link colleghi le p-ersone ad altre p-ersone affini crolla, e anzi succede l'opposto: i link collegano volutamente p-ersone di attitudine opposta. Un esempio simile, molto famoso, è accaduto quando per un certo periodo nella storia della Società Web quasi tutti i siti con materiale pornografico erano collegati a siti di carattere diametralmente opposto, come ad esempio i siti di cartoni animati (Walt Disney) e in generale p-ersone adatte ai minorenni. Questo perché questi siti per adulti chiedevano al visitatore una conferma della maggiore età, e in caso contrario dirottavano (link) su siti adatti ai minori.

L'altro tipo di sfasamento è il cosiddetto *Glue* ("colla"), dove l'accostamento (il link) avviene per motivi che sfuggono al senso comune ma che magari seguono motivazioni metaforiche, o in ogni caso molto più generali del contesto inteso. Ad esempio, chi avesse cercato immagini di Lord Byron nella Società Web, fino a poco tempo fa avrebbe trovato immagini di una ragazza procace, perché a lei erano state dedicate da un ammiratore diverse poesie di Lord Byron.

Un altro esempio, ancora più comune, sono le cosiddette "bolle temporali", che cambiano il Web per un periodo ristretto di tempo, "picchi" di deviazione dalla norma, e sono poi riequilibrati dal sistema-Web. Per fare un esempio sempre correlato a Lord Byron, chiunque abbia cercato informazioni sul poeta inglese nel periodo successivo agli ultimi mondiali di calcio si è ritrovato con pagine ed immagini che col famoso letterato avevano ben poco a che fare, essendo dedicate invece a tutt'altro Byron, tale Byron Moreno, arbitro di calcio diventato famoso all'epoca per l'arbitraggio molto discusso (eufemismo) di una partita di calcio che eliminò l'Italia dai mondiali.

Evoluzione

Un altro aspetto da considerare è l'evoluzione che la struttura della Società Web ha avuto nel tempo. Si sa che il Web cresce quasi esponenzialmente anno dopo anno. Però, ciò che spesso si trascura è che non c'è solo una crescita, perché come in tutte le società che si rispettino, una parte della popolazione sparisce e muore col tempo. In questo il Web differisce dalla nostra società, perché mentre nella società umana la deviazione standard dell'età massima (cioè le differenze nelle aspettative di vita) è relativamente bassa, nel caso della Società Web le differenze possono essere enormi.

Nella Società Web ci sono dunque molte più differenze di casta, per così dire, ed è interessante portare oltre l'analisi, studiando chi sono gli individui (le p-ersone) in media meno fortunati degli altri. Questo punto di vista accomuna la nostra società con la Società Web, anche se non è propriamente un aspetto esaltante: nella Società Web muoiono molto di più (cioè hanno vita molto più breve) le p-ersone "povere" di links, cioè quelle che hanno meno successo. Quindi anche nel Web, abbastanza tristemente, i "poveri" vivono peggio e rischiano di morire molto prima dei "ricchi".

Le analogie con la nostra società non finiscono qui: infatti, oltre alla mortalità, è interessante vedere come la "ricchezza" (il successo) è distribuita nella Società Web. E anche qui, si scopre che la è una situazione del tutto simile alla nostra, in quanto vi è una vistosa discrepanza tra strati ricchi e strati poveri, tra persone di successo e persone che non hanno avuto successo. Il tipo di discrepanza è la stessa in tutte e due le società, in altre parole la distribuzione della "ricchezza" tende a seguire un andamento di tipo *scale-free*, cioè un invariante di scala ([3]). Questo implica che man mano che si sale nella scala della ricchezza, il numero di p-ersone diminuisce esponenzialmente. Quindi, anche la Società Web è fortemente squilibrata nella distribuzione della ricchezza.

Ed inoltre, altra cosa interessante e correlata, sembra che il Web segua anche un altro aspetto della nostra società: la cosiddetta struttura "a piccolo mondo" (*small-world*, [3] e [4]), essenzialmente una società in cui, tramite "amici degli amici", ogni persona / p-ersona possa arrivare efficientemente a contattare ogni altra persona / p-ersona (magari per chiedere un favore, come nella nostra società, o per aumentare il ranking dei nostri consociati, come nella Società Web). E tutto questo non è ovviamente casuale, vista la forza trainante che, in tutta questa evoluzione, ha giocato Google, contribuendo al miglioramento della connettività Web (per una retrospettiva storica, si veda il concetto di "arena" in [5], confrontandolo con quello che è accaduto successivamente).

Teologia

Abbiamo già visto finora come il ruolo dei motori di ricerca sia molto più grande di un semplice specchio della società: essi costituiscono un cardine essenziale della Società Web e quindi, per riflesso (!), della nostra società. Ma fino a dove possiamo spingerci nel valutare l'importanza e l'impatto dei motori di ricerca? Thomas Friedman, un famoso editorialista, ha posto il limite, in un suo famoso editoriale del 2003 nel New York Times, con la cosiddetta "Friedman assertion", che recita testualmente: "*Google, combined with Wi-Fi, is a little bit like God*" ("Google, combinato con la tecnologia senza fili, è un pochino come Dio"). Questa tesi è stata immediatamente oggetto di grandiose polemiche e controversie, che paradossalmente non hanno fatto altro (effetto Yin-Yang di cui sopra) che amplificare la popolarità della tesi stessa. Al di là della tesi di per sé, che è evidentemente uno slogan evocativo, quello che dice Friedman nel suo editoriale (che evidentemente pochi dei critici che lo hanno etichettato come idiota hanno letto per intero) è ragionevole: l'importanza che il motore di ricerca (sia esso Google o qualche altro) avrà nel futuro, in un futuro in cui la nostra connessione alla rete potrà avvenire ovunque, sarà di proporzioni enormi, comparabili ad un moderno oracolo cui chiedere domande e ottenere risposte.

E del resto, questo è più che ragionevole, è quasi ovvio, vista l'evoluzione che la Società Web sta avendo come contenitore e fornitore di informazione di ogni tipo. Pochi al giorno d'oggi obietterebbero al fatto che il media più importante, la televisione, è anche un formidabile strumento d'opinione e ha anche un ruolo attivo, oltre che passivo, nei confronti della società. A maggior ragione, quindi, questo accadrà con i motori di ricerca del futuro, poiché saranno loro i nuovi "canali televisivi" della Società Web, quei canali che fanno da tramite tra gli utenti e la massa informativa.

In un certo senso questo è inevitabile, e ancor più nel Web, dove l'enorme quantità di informazione offerta rende necessaria la presenza di intermediari che offrano una selezione e una ricerca dell'informazione a bassissimo costo per l'utente. E ciò non è quindi necessariamente un male, anzi! Dove sta allora il pericolo?

Democrazia

Come in tutti i media che trattano informazione, il vero pericolo non è tanto nel media in sé, quanto nel regime di monopolio. Quando c'è un solo canale informativo (un unico canale nella "televisione del futuro", che è la Società Web), è evidente che il rischio di manipolazione dell'informazione è altissimo.

E comunque, da quello che abbiamo visto finora, sembra che dopotutto il motore di ricerca di per sé sia il male minore: PageRank rende la Società Web, al suo interno, essenzialmente democratica, ed è poi la presenza della nostra società (le persone) a "corrompere" in un certo qual modo quest'eden, facendo saltare le regole democratiche.

Questo è vero, tranne che per un particolare di importanza fondamentale: ***Google, attualmente, non usa affatto PageRank (!!)***

Questo è in parte dovuto a un processo di adattamento naturale se vogliamo: parte della Società Web si è adattata a Google per avere successo, in molti casi in maniera subdola (SEP), e quindi una via d'uscita è che Google stesso evolva, per far fronte ai mutamenti che ha provocato. E anche per far fronte ai vari sfasamenti (si veda la sezione corrispondente in questo articolo) che inizialmente non erano stati considerati.

Quindi, un certo grado di evoluzione e "miglioramento" è, se vogliamo, del tutto naturale. Quello che però è molto meno naturale, da punto di vista delle regole democratiche, è che dopo l'introduzione di PageRank (circa 1998) Google non abbia più rivelato quale algoritmo usa.

Per essere precisi, Google ha usato una variante di una tecnica inizialmente esposta in [5], cioè una parte delle sue tecnologie (PageRank) è di pubblico dominio, mentre un'altra parte è tenuta gelosamente nascosta. Questo rende molto più difficile il SEP, che comunque avviene sempre (solo che ora, fare SEP è diventato sempre più costoso e quindi non tutti possono permetterselo). Ma l'aspetto più grave è che tutto questo pone il dubbio sul fatto che l'algoritmo oggi usato da Google sia veramente democratico oppure no. In altre parole:

Il Web (con Google) è almeno una ***demokrazia generalizzata*** per le p-ersone?

La risposta è purtroppo già molto chiara: NO!

Questa risposta è nota agli addetti ai lavori, che studiano il comportamento delle "regole segrete" che Google usa per dare la sua misura di successo.

Ad esempio, è ben noto che Google penalizza le p-ersone blog, cioè quelle pagine Web che usano le tecnologie di blogging per stilare diari personali che poi possono essere collegate alle idee di altre persone in altri diari. Se vogliamo, in un certo senso Google è razzista.

Un altro esempio è dato dal fatto che apparentemente Google, internamente, sembra assegnare una misura di successo maggiore di 1 (che è il massimo successo ottenibile da una p-ersona se fosse usato il PageRank) alle "sue" p-ersone, cioè alle pagine Web afferenti al suo *business*. E visto che il *business model* di Google, cioè il modo in cui Google si mantiene, è pubblicitario, ci sono fortissimi dubbi sul fatto che anche grosse aziende che sono partner pubblicitari di Google non ricevano trattamenti similari, *bonus* di successo totalmente antidemocratici.

Ancora, determinati comportamenti nella creazione dei link sono stati classificati come penalizzanti da Google: si è poi scoperto però che queste regole di penalizzazione non venivano applicate alle consociate di Google.

Google ha la sua schiera di "raccomandati".

E dualmente, ci sono forti dubbi sul fatto che aziende che non collaborano con Google o che sono in competizione con esso, non ricevano una penalizzazione rispetto agli altri (questo è già stato dimostrato per quanto riguarda i partner di mercato di Google nel suo programma pubblicitario di vendita di parole chiave).

Quello che inquieta in tutto questo è che per la stragrande maggioranza del pubblico, e anche tra molte persone informate, Google funzioni usando il PageRank, e quindi una misura sostanzialmente, di per sé, democratica, quando invece da anni questo non avviene più, e sono prese decisioni totalmente arbitrarie, in regime essenzialmente "dittatoriale", su come regolare il successo delle p-ersone nella Società Web. Per scardinare questa falsa impressione occorrerebbe una forte concorrenza di mercato, ma il pericolo è amplificato dalla posizione monopolistica di Google, che ormai ha una sua base di utenti acquisita. E l'introduzione di un altro grande motore di ricerca, quale potrebbe essere quello di Yahoo, difficilmente risolverà di molto il problema, visto che anche in quel caso le regole di assegnazione del "successo" (il ranking) sono tenute gelosamente segrete, e decise in regime dittatoriale. Quindi l'alternativa è fra uno, o due o tre, "dittatori benevoli".

L'enorme rischio è che i motori di ricerca (Google ora in quasi monopolio, forse due o tre in futuro) non siano per nulla specchi, o arbitri imparziali, ma giochino il ruolo di "moderni dittatori", dando l'impressione alle grandi masse che siano regole democratiche a regolare il gioco, quando invece decideranno loro come manipolare l'informazione. Friedman molto probabilmente si è sbagliato di grosso: invece di qualcosa che assomiglia un pochino a Dio, rischiamo di ritrovarci con qualcosa che assomiglia molto a un demonio ingannatore. Non una democrazia, ma una ***demoncrazia***: apparentemente solo una "n" di differenza, nella realtà, un mondo di informazione che rischia di essere distorto.

Specchio, specchio delle mie brame...

Bibliografia

[1] Sergey Brin e Larry Page (1998) The anatomy of a large-scale hypertextual Web search engine, in: *Proceedings of the Seventh WWW Conference*, Brisbane, Australia

[2] Massimo Marchiori (1997) Security of World Wide Web Search Engines", in: *Proceedings of the Third International Conference on Reliability, Quality and Safety of Software-Intensive Systems (ENCRESS'97)*, Chapman & Hall

[3] Albert-Laszlo Barabasi *Linked: How Everything is connected to everything else and what it means for business, science and everyday life*, New York, Plume

[4] Mark Buchanan (2002) *Nexus: Small Worlds and the Groundbreaking Science of Networks*, New York, W.W. Norton

[5] Massimo Marchiori (1998) Enhancing Navigation in the World Wide Web, in: *Proceedings of the 1998 ACM International Symposium on Applied Computing (SAC '98), World Wide Web Applications Track*, ACM Press

[6] Thomas L. Friedman (1998) *Is Google God?* in: The New York Times, 29 giugno 2003

Matematica e cellule: brevi racconti tra chemiotassi, neuroni e qualche divagazione

Giovanni Naldi

"Qual è il ruolo della matematica, professore?"
"La matematica ha un ruolo centrale nella cultura ..."
"Cioè a dire ... "
"...che l'ideale di tutta la scienza è di diventare matematica. L'ideale delle leggi fisiche è di diventare teoremi matematici, la matematica è the end of the science".
"Anche la biologia?"
"Sì anche la biologia [...] Il pensiero matematico è il pensiero chiaro ..."

Intervista a Giancarlo Rota

"... la matematica non è una scienza empirica, eppure il suo sviluppo è strettamente legato a quello delle scienze naturali... addirittura non si può negare che alcune delle migliori ispirazioni in matematica, in quelle parti di essa che costituiscono la matematica pura come uno se la può immaginare, vengano dalle scienze naturali..."

J. von Neumann (1947)

I rapporti tra matematica e biologia hanno una lunga storia a cui hanno partecipato, tra gli altri, G. Galilei, W. Harvey, R. Boyle, R. Hooke, L. Euler, T. Young, J. Poiseuille, H. von Helmholtz, D. Bernoulli, F. Gauss, N. Wiener, J. Von Neumann, V. Volterra... Certamente questi rapporti non sono, per vari motivi, tuttora facili, anche se lo sviluppo, l'analisi e la simulazione numerica di modelli matematici nell'ambito più generale delle scienze della vita si sta lentamente affermando come ulteriore strumento investigativo da affiancare ad altre metodologie sperimentali o teoriche. In un modello matematico il fenomeno reale che si vuole indagare viene rappresentato da quantità tipiche della matematica (funzioni, equazioni, ...) che vengono poste in relazione tra loro sulla base di ipotesi e nozioni note per il fenomeno. Tra i vantaggi che un modello matematico in biologia dovrebbe avere possiamo ricordare: predire l'evoluzione di un sistema biologico in condizioni differenti senza rifare esperienze o in situazioni non verificabili sperimentalmente; convalidare quantitativamente ipotesi biologiche; indagare proprietà di materiali biologici. In ogni caso vi è un rischio, per dirla con Manfred Eigen (premio Nobel per la Chimica nel 1967), "una teoria ha solo l'alternativa di essere giusta o sbagliata. Un modello ha una terza possibilità: potrebbe essere corretto ma irrilevante." La diffidenza sulla rilevanza di un modello, e quindi sulle capacità di previsione o di riproduzione di un fenomeno, è una delle cause della difficoltà nell'interazione tra matematica e biologia (in fondo la biologia si è sviluppata anche senza un consistente apporto della matematica, come invece ha fatto la fisica) ed è anche tema di varie barzellette in cui il matematico o il fisico teorico sono canzonati per le loro soluzioni.

In ogni caso, il rapporto tra il fenomeno (la realtà) ed il modello non può certamente essere quello di una descrizione precisa in ogni dettaglio, come avviene nel racconto di J.L. Borges in cui l'imperatore nell'intento di avere una mappa geografica precisa, pensò di chiedere al cartografo una descrizione minuziosa di ogni dettaglio, sì che nulla sfuggisse; la mappa sarebbe diventata un territorio di carta a grandezza naturale: completamente inutile per orientarsi. Partendo dalle conoscenze e dalle osservazioni biologiche, chimiche, fisiche, ecc. uno degli obiettivi di chi sviluppa modelli matematici consiste nella possibilità che questi siano predittivi (partendo dall'osservazione del fenomeno reale poter fare previsioni o deduzioni o rafforzare ipotesi teoriche; per dirla con Anassagora "la visione delle cose nascoste è data dalle cose manifeste"). A volte si cercano delle "postvisioni", ovvero dall'osservazione oggi di alcuni dati e da un modello si tenta di ricostruire il passato (è quello che si fa, per esempio, in cosmologia quando si tenta di risalire ai primi minuti di vita dell'universo).

Le interazioni tra matematica e biologia rappresentano contemporaneamente una sfida e una opportunità, sia per i matematici che per i biologici, in ambiti squisitamente multidisciplinari. Alcuni di questi ambiti, in base alla sottolineatura di determinati aspetti specifici, si stanno organizzando in discipline nuove (solo per citare qualche parola chiave: biomatematica, biologia teorica, biologia computazionale, system biology).

È inutile dire che il contenuto di questo articolo è ben lungi dall'illustrare tutte le possibili interazioni tra la matematica e le scienze della vita e la biologia in particolare. Si intendono solo raccontare brevemente due recenti esperienze, così come si racconterebbero dei piccoli episodi di una storia più grande e in continua evoluzione. In ambito biologico è evidente la presenza contemporanea di molte scale spaziali e temporali: si parte da una descrizione a livello molecolare (microscopico) e cellulare, passando al livello di singolo individuo fino ad arrivare a grandi ecosistemi complessi. Abbiamo quindi la presenza di diversi fenomeni, dalla biologia molecolare all'ecologia, e anche dal punto di vista dei dati a disposizione le differenze sono notevoli; per esempio nell'ambito della genomica (disciplina che si occupa della mappatura, del sequenziamento e dell'analisi dei genomi per lo studio dei geni e delle loro funzioni) occorre classificare e cercare algoritmi efficienti per una enorme quantità di informazioni, mentre per lo studio di alcune popolazioni in ecologia può capitare di reperire solo pochi dati.

Nel seguito i vari episodi su cui ci soffermeremo avranno come principali protagonisti le cellule, ovvero quelle unità strutturali e funzionali fondamentali degli organismi viventi. In particolare vedremo cellule che si muovono, che formano strutture, cellule che comunicano e che insieme elaborano informazioni. La scala di interesse è una scala intermedia (mesoscala); dalle scale minori a livello molecolare erediteremo indicazioni utili sui fenomeni in esame, ma non ne sarà necessaria una dettagliata descrizione formale.

Per la parte bibliografica sarebbe senza senso la pretesa di dare indicazioni esaustive anche per campi specifici; ci limitiamo, pur nella consapevolezza della forte "inadempienza", a suggerire il volume di V. Comincioli riguardo alle applicazioni della matematica nelle scienze applicate [1], il libro di G. Israel [2] per una visione più storica riguardo ai modelli matematici, alla recente ampia opera di V. Comincioli sulla Biomatematica [3] e, per un approccio rivolto agli studenti del triennio delle scuole secondarie superiori, al testo di A. Quarteroni, F. Saleri e A. Veneziani [4].

Primo episodio. Il senso delle cellule per la rete

In molti fenomeni biologi è coinvolta la migrazione di cellule (per esempio, nello sviluppo embrionale, dove la migrazione di cellule è essenziale nei processi di morfogenesi, dalla gastrulazione allo sviluppo del sistema nervoso e del sistema circolatorio). Qui vogliamo analizzare, in particolare, la formazione dei vasi sanguigni, i quali prendono origine da un processo di vasculogenesi o di angiogenesi. Per vasculogenesi si intende la formazione di vasi di tipo capillare a partire da cellule endoteliali, che si differenziano *in situ* da gruppi di cellule mesenchimali (emangioblasti o isole sanguifere) in fasi molto precoci dello sviluppo embrionale (Fig. 1). Dalla componente periferica delle isole prende origine l'endotelio, mentre dalla componente centrale prendono origine le cellule del sangue. Le cellule endoteliali si dividono e si fondono a formare un plesso vascolare primitivo che, con l'inizio della circolazione sanguigna, dà origine ad una rete vascolare arterovenosa. La crescita dei vasi sanguigni negli organi in via di sviluppo ha luogo prevalentemente come risultato di un processo di invasione degli abbozzi primitivi degli organi da parte di capillari, a partire dal plesso vascolare primitivo. I reticoli capillari (responsabili della distribuzione dei nutrienti nei vertebrati) sono caratterizzati da distanze intercapillari comprese tra 50 e 300 μm, dettate dalla necessità di realizzare uno scambio metabolico ottimale [5] e la dimensione delle strutture appare costante addirittura da una specie all'altra.

Per angiogenesi si intende invece la generazione di nuovi vasi da cellule endoteliali di vasi sanguigni preesistenti. Lo studio della angiogenesi è di particolare importanza per l'analisi della crescita tumorale. Questa correlazione è stata inizialmente ipotizzata da Folkman (1971). Il tumore all'inizio della propria crescita utilizza sia per il rifornimento di ossigeno e nutrienti, sia per l'eliminazione di sostanze nocive, la rete di capillari del tessuto di origine. Tale struttura non è più sufficiente quando il tumore solido supera una certa dimensione (in media 2 mm^3); in questo caso il tumore stimola l'angiogenesi attraverso opportuni fattori solubili per la proliferazione di nuovi vasi. Qui ci occuperemo della sola vasculogenesi (avvisiamo subito che i modelli per l'angiogenesi possono essere differenti).

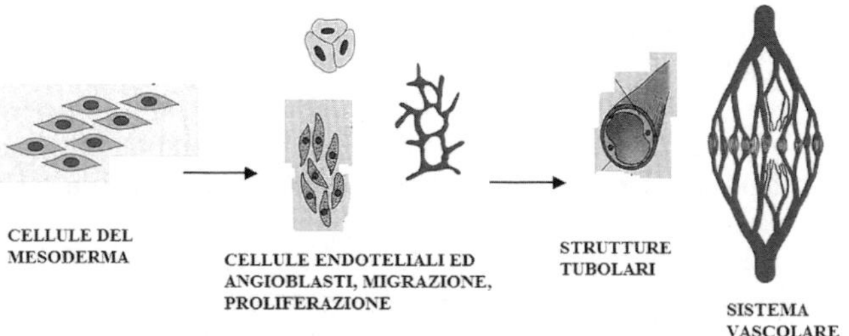

Fig. 1. Schematizzazione di alcune fasi nello sviluppo della vascolarizzazione

Quale meccanismo regola la dimensione delle strutture capillari? Limitiamo la nostra attenzione ad una descrizione fenomenologica del processo. Il processo di formazione di reticoli capillari può essere parzialmente riprodotto in laboratorio [6] e si può osservare mediante opportune tecniche di videomicroscopia [7]. Tramite queste osservazioni si può constatare che la formazione del reticolo vascolare procede attraverso tre stadi principali. Nella prima fase le cellule endoteliali (inizialmente sparse sul gel dell'apparato sperimentale) si muovono autonomamente e hanno dei contatti quando si incontrano formando un reticolo multicellulare continuo, la cui geometria non viene più modificata in maniera essenziale negli stadi successivi. Grazie alle tecniche di tracciamento delle traiettorie delle singole cellule [8] si osserva inoltre che il moto delle cellule è caratterizzato da un elevato grado di persistenza direzionale, ed è solo in parte casuale. Nel secondo stadio, il reticolo si deforma e si adatta. Infine, le singole cellule si ripiegano su sé stesse in modo da formare dei veri e propri tubi capillari lungo le linee del reticolo formatosi nel corso dei due stadi precedenti.

Recentemente, grazie una collaborazione multidisciplinare, è stato sviluppato un modello matematico per la descrizione della prima fase di migrazione cellulare [8] con la conseguente formazione della rete. Sperimentalmente il moto appare essenzialmente lungo le direzioni di più alta concentrazione di materiale cellulare; ciò ha suggerito l'esistenza di qualche forma di comunicazione intercellulare basata sulla trasmissione di segnali chimici. Questo tipo di movimento direzionale di cellule (o organi o altre entità biologiche) indotto da un agente chimico è detto chemiotassi. Il modello matematico sviluppato in [7] e [8] è bidimensionale, in quanto descrive la formazione dei vasi da parte delle cellule endoteliali in laboratorio e per la fase di sviluppo embrionale in cui tale ipotesi è ragionevole e realistica. Negli organismi viventi la formazione di reticoli capillari avviene o nei primi stadi dello sviluppo embrionale o nell'organismo adulto, per esempio durante il processo di guarigione delle ferite. In quest'ultimo caso l'ambiente in cui avviene la migrazione è la matrice extracellulare tridimensionale, che viene "perforata" dalle cellule endoteliali mediante particolari composti proteolitici. Durante la migrazione la cellula si polarizza, assumendo una forma allungata nella quale è possibile distinguere chiaramente una parte anteriore e posteriore. Ciò conduce nuovamente ad un modello che dovrà però ora essere "ambientato" nello spazio tridimensionale pur essendo formalmente simile a quello considerato in [8]. Il nostro gruppo di ricerca si sta occupando, sia dal punto modellistico che della simulazione numerica, della migrazione cellulare tridimensionale. Le cellule sono descritte come una densità n(x,t) che si muove con velocità v(x,t) che è influenzata dai gradienti di due fattori chimici, un chemoattraente ed un chemorepulsore, rappresentati attraverso campi scalari di concentrazione c(x,t) (chemoattraente creato dalle cellule stesse) e r(x,t) (chemorepulsore a corto raggio, che risulta inibitore e la cui presenza è stata più volte confermata sperimentalmente). La variabile temporale t varia da 0, tempo iniziale, ad un certo tempo T, mentre la variabile spaziale x varia in un dominio limitato dello spazio, quindi in R^3. Abbiamo quindi il seguente sistema di equazioni differenziali alle derivate parziali:

$$\begin{cases} \dfrac{\partial n}{\partial t} + \nabla \cdot (n\mathbf{v}) = 0 \\ \dfrac{\partial \mathbf{v}}{\partial t} + \mathbf{v} \cdot \nabla \mathbf{v} = \mu(n,c)\nabla c - \nabla p(n) - \nu \nabla r - \beta \mathbf{v} \\ \dfrac{\partial c}{\partial t} = D_c \Delta c + \alpha_c f(n) - \dfrac{c}{\tau_c} \\ \dfrac{\partial r}{\partial t} = D_r \Delta r + \alpha_r g(n) - \dfrac{r}{\tau_r} \end{cases}$$

In questo sistema le funzioni f e g e i coefficienti α_r e α_c sono legati alla produzione di agente chimico (repulsivo o attrattivo); le costanti di tempo τ_r e τ_c indicano i tempi di decadimento, mentre il termine $\nabla p(n)$ rappresenta una pressione per modellizzare le interazioni a corto raggio tra le cellule (si avvicinano, ma non si compenetrano). La funzione μ rappresenta invece la sensibilità del moto rispetto alla variazione della concentrazione di chemioattraente. Il sistema "piove dal cielo", ma possiamo osservare che la prima equazione è un'equazione di conservazione della massa totale nel tempo della popolazione di cellule; nella seconda equazione si trovano tutti i termini che influiscono sulla velocità e sulla sua variazione (quindi con essa si descrive il moto ameboide delle cellule), le ultime due equazioni, infine, rappresentano la diffusione dei principali fattori chimici presenti. Per il sistema considerato non si ha a disposizione una soluzione esplicita, ma occorre ricorrere ad una simulazione numerica.

Nei nostri esperimenti numerici il dominio spaziale è rappresentato da un parallelepipedo rettangolo con condizioni al bordo periodiche: non sono condizioni biologiche, ma si possono assumere per semplicità. Un esempio di simulazione è mostrato nella Figura 2.

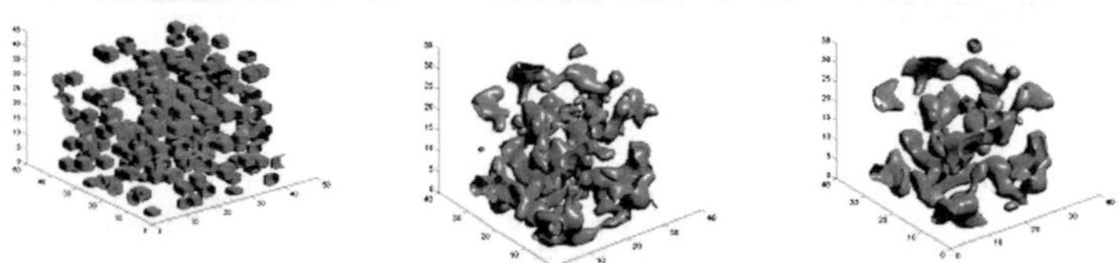

Fig. 2. Evoluzione della densità cellulare in una simulazione numerica di un modello 3D di vasculogenesi (a sinistra distribuzione iniziale di cellule)

Per l'approssimazione numerica del modello proposto abbiamo dovuto sviluppare un nuovo codice basato su alcune tecniche recentemente introdotte, come gli schemi di rilassamento per sistemi di reazione, diffusione, trasporto e i metodi IMEX per l'integrazione temporale. Mentre per le applicazioni biologiche e biomediche del modello siamo ancora all'inizio (pur promettente); per la parte specificatamente matematica diversi problemi rimangono ancora da investigare, quali l'analisi del modello e di eventuali stati di equilibrio e la stabilità della procedura numerica, solo per citare due aspetti. Può risultare utile il modello? Certamente. È per esempio importante poter controllare la geometria del reticolo vascolare nell'ingegneria dei tessuti, che rappresenta un importante e promettente filone di ricerca e di applicazioni biomediche.

Prima di concludere questo episodio possiamo fare alcune osservazioni. Prima di tutto, il modello proposto è strettamente fenomenologico e si basa su osservazioni macroscopiche in vitro relative alla migrazione delle cellule endoteliali. Un diverso approccio è rappresentato da un modello basato su automi cellulari (il famoso gioco vita, presente ancora in alcuni salvaschermo, è un esempio di automa cellulare) e su regole di evoluzione di tipo stocastico [9]. In questo tipo di approccio si possono caratterizzare le proprietà di una singola cellula e, in particolare, è possibile schematizzare meccanismi biochimici e determinare come variazioni di queste proprietà possano influire sulla formazione dei vasi. Nella Figura 3 si può vedere un esempio di esperimento virtuale fatto con un apposito automa cellulare e con una disposizione bidimensionale di cellule [10].

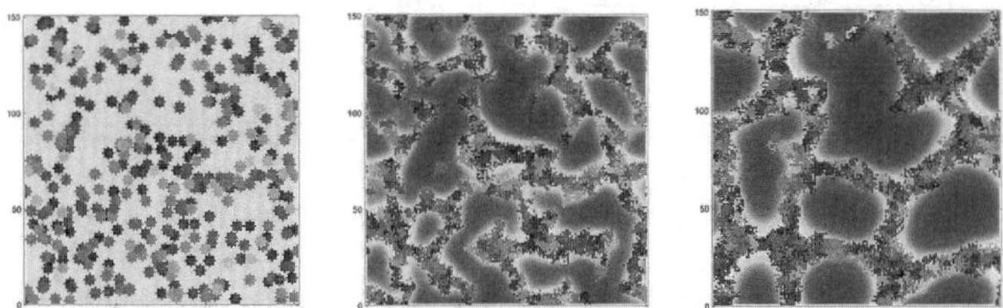

Fig. 3. Evoluzione di un automa cellulare di tipo Potts per la vasculogenesi (a sinistra distribuzione iniziale di cellule); la regola di evoluzione è in parte probabilistica

La regola di evoluzione si basa su una valutazione locale di un minimo di una funzione energia che dipende dalla disposizione delle singole cellule e dalle loro proprietà (la regola è in parte probabilistica).

La seconda osservazione riguarda invece lo sviluppo del modello sia per coinvolgere altri tipi di agenti chimici sia per procedere negli stadi successivi della formazione delle reti capillari. Il modello proposto, infatti, riguarda solo la prima fase di formazione della rete, mentre un diverso approccio, e un diverso modello, dovrebbe occuparsi del rimodellamento della rete.

Infine è possibile spostare la propria indagine cambiando scala di osservazione. Recentemente la ricerca biologica ha mostrato che in molti tipi cellulari la capacità della cellula di orientarsi nella direzione del segnale chemiotattico è conseguenza delle peculiari interazioni di alcune molecole segnalatrici che vivono nella superficie interna della membrana cellulare: i fosfolipidi PIP2 e PIP3. Partendo da questi dati biologici è possibile costruire un modello cinetico che descrive gli stadi iniziali della polarizzazione della cellula a partire da un gradiente chemiotattico [11]. Siamo ad un livello di descrizione microscopico, allargando l'inquadratura vedremmo scomparire questo mondo per osservare la popolazione di cellule in movimento. L'analisi e la simulazione del modello microscopico potrebbe suggerire varianti nel modello macroscopico o aiutare nell'identificazione dei coefficienti (costanti o funzioni) presenti.

Secondo episodio. Cellule, dinamica e robot

L'esplorazione del nostro sistema nervoso, quello del cervello in particolare, costituisce una delle frontiere più avanzate della ricerca; l'ambizione principale delle neuroscienze consiste proprio nel voler comprendere le basi biologiche della fisiologia e del funzionamento del cervello. A tal fine si radunano in un'unica famiglia discipline con tradizioni molto diverse: dalla neurobiologia molecolare all'elettrofisiologia, dalla biochimica alla genetica, dalla linguistica alla matematica, dalla neurofisiologia alla psicologia, dalla neuroanatomia alla biofisica.

Ogni disciplina, pur mantenendo la proprie specificità e i propri metodi, interagisce costantemente con le altre. Si diffonde quindi sempre più la consapevolezza che un risultato ottenuto in un certo campo di indagine può acquistare maggior significato solo se messo in relazione con gli altri campi e livelli di ricerca. Malgrado gli sforzi e i continui progressi, si sa comunque ancora poco del cervello e spesso si ricorre a metafore che coinvolgono la tecnologia più recente. Chi non ha sentito il paragone tra cervello e computer? Certamente nel cervello c'è molto di più; ancora una volta viene in mente il celebre monito dell'Amleto di Shakespeare "...Vi sono più cose in cielo e in terra, Orazio, di quante non ne sogni la tua filosofia...". Immensi problemi si spalancano poi nel rapporto tra mente e cervello, sui quali qui non ci soffermeremo, pur essendo molto affascinanti (tra i tanti spunti disponibili citiamo il libro, anche se non recente, di Sir J.C. Eccles, *Affrontare la realtà, le avventure filosofiche di uno scienziato del cervello* [13]).

Nel sistema nervoso la presenza di scale differenti e di una certa gerarchia nei sistemi coinvolti è evidente: si passa dai fenomeni molecolari e dalla descrizione della biofisica delle membrane cellulari al comportamento del singolo neurone (ne abbiamo circa 10^{12} nel nostro cervello) e delle connessioni tra neuroni (circa 10^{16} nel cervello), dalla dinamica di reti di neuroni all'analisi di parti del cervello, per arrivare alla percezione e al comportamento.

Abbiamo accennato a neuroni, reti, cervello; torniamo ora sui nostri passi e riprendiamo il racconto. I neuroni, o cellule nervose, sono i "mattoni" fondamentali, insieme alle cellule gliali, del sistema nervoso in generale e del cervello in particolare (Vedi [13] e [14]). Rispetto ad altre cellule, con cui condividono l'organizzazione generale e l'apparato biochimico, i neuroni possiedono caratteristiche uniche, tra cui la forma caratteristica della cellula, una membrana esterna in grado di produrre impulsi nervosi e le sinapsi (una struttura che permette il trasferimento dell'informazione da un neurone ad un altro). Pur essendoci neuroni con una morfologia diversa, esistono caratteristiche strutturali comuni: il corpo cellulare o soma, i dendriti e l'assone (si veda Fig. 4).

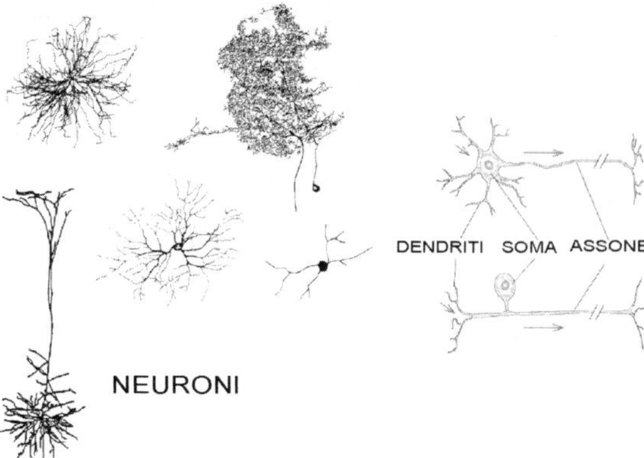

Fig. 4. Neuroni con diversa morfologia (a sinistra) e organizzazione di base di una cellula nervosa (a destra; le frecce rappresentano il verso di percorrenza del segnale attraverso il neurone)

Il corpo cellulare contiene il nucleo e il corredo biochimico necessari per la sintesi degli enzimi e di altre molecole essenziali per la vita della cellula (normalmente il corpo della cellula è approssimativamente di forma sferica o piramidale).

I dendriti sono sottili estensioni di forma tubolare che tendono a suddividersi per formare una struttura ramificata intorno al corpo cellulare; i dendriti costituiscono la principale struttura fisica per la ricezione dei "segnali in arrivo".

L'assone può estendersi a notevole distanza dal corpo cellulare e fornisce la struttura lungo cui viaggiano i segnali dal corpo cellulare di un neurone verso altre parti del cervello e del sistema nervoso. I segnali che i neuroni si scambiano e che, in un certo senso, elaborano sono segnali elettrochimici. Il lavoro che i neuroni compiono è reso possibile dalle proprietà delle membrane che ricoprono l'intera loro struttura. Un tratto di membrana è composto da un doppio strato di fosfolipidi (isolante), nel quale si aprono canali proteici (conduttori) che permettono il passaggio di specifici ioni. Il canale è composto da diverse subunità proteiche che permettono al canale stesso di passare da uno stato chiuso ad uno stato aperto e viceversa (tale processo può richiedere il passaggio attraverso stati intermedi).

Il canale deve essere in grado di rispondere a stimoli specifici; inoltre la maggior parte dei canali possiede una sorta di sensore di potenziale che permette loro di aprirsi in seguito ad una depolarizzazione, cioè una modifica del potenziale transmembranale dal valore di riposo, compreso mediamente tra -70mVolt e -80mVolt, a valori maggiori. La propagazione di un impulso nervoso lungo l'assone coincide con un flusso localizzato attraverso la membrana di ioni di sodio Na^+ in entrata, seguito da un flusso in uscita di ioni di potassio K^+. L'impulso inizia con una leggera depolarizzazione attraverso la membrana; questa leggera variazione provoca l'apertura di alcuni canali di sodio, con conseguente aumento del potenziale; il flusso di ioni di sodio in entrata aumenta fino a che la superficie interna della membrana è localmente positiva. L'inversione di potenziale, che parte da un valore a riposo negativo, chiude i canali del sodio e apre quelli del potassio, ristabilendo il potenziale negativo: si crea quindi la propagazione di un potenziale d'azione (Fig. 5).

Il potenziale d'azione è quindi un impulso elettrico che si propaga lungo la membrana neuronale.

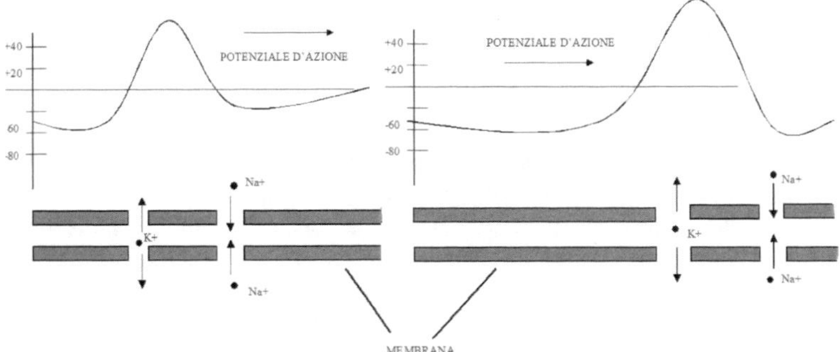

Fig. 5. Dinamica del potenziale d'azione (segnale elettrico che si propaga lungo la membrana del neurone nell'assone)

Il potenziale di azione si propaga attraverso l'assone, quindi il segnale viene passato ad altri neuroni attraverso le sinapsi e l'albero dendritico. Secondo un approccio introdotto da A. L. Hodgkin e A. F. Huxley (vincitori del premio Nobel per la Medicina nel 1963) e da altri ricercatori negli anni Cinquanta, si può utilizzare per descrivere il fenomeno un circuito elettrico equivalente, in cui la componente lipidica può essere rappresentata da un condensatore e i canali ionici da conduttanze non lineari connesse ad una batteria. Indichiamo con I_k la corrente dovuta ad un certo canale ionico; si ha:

$$I_k(t) = (V-E_k)\, g_k(t,V),$$

dove V è il potenziale transmembranale, E_k il potenziale di equilibrio di Nernst, $g_k(t,V)$ la conduttanza. Per un unità di lunghezza, o di area, abbiamo che la conduttanza $g_k(t,V)$, dovuta alla presenza di una certa popolazione di canali, può essere espressa come il prodotto di una conduttanza massima g_{max} per la frazione di canali aperti. Questa frazione di canali aperti è determinata da ipotetiche variabili di attivazione e disattivazione indicate usualmente con *m* e *h* rispettivamente. In generale abbiamo quindi:

$$g(t,v) = g_{max}\, m(t,V)^p\, h(t,v)^q,$$

dove *p* e *q* sono costanti intere non negative che modellano le componenti del canale. La dinamica delle variabili *m* e *h* obbediscono ad una cinetica del primo ordine, che porta ad un sistema di equazioni differenziali; i parametri del sistema sono identificabili sperimentalmente. In particolare le proprietà di membrana vengono dedotte in laboratorio attraverso la tecnica del *patch clamp*, in cui il blocco della differenza di potenziale di una piccola area della membrana cellulare serve a isolare i canali ionici e fornisce dati sui segnali cellulari [15]. Per ogni segmento di membrana si arriva ad una equazione del tipo:

$$\tau\partial_t V - \lambda^2\partial_{xx} V - I_{ion} + I_{app} = 0$$

dove τ e λ^2 sono le costanti di membrana, I_{app} l'eventuale corrente applicata e V_j il potenziale trasmembranale. Inoltre I_{ion} è la corrente totale dei canali ionici:

$$I_{ion} = \sum_{k=1}^{N} \bar{g}_k\, m_k^{p(k)} h_k^{q(k)}\, (V_j - E_k)$$

e per tutte le coppie (m, h) abbiamo le equazioni differenziali che ne descrivono la dinamica. Dato che per ogni segmento del singolo neurone abbiamo relazioni simili a quelle sopra scritte, si ottiene un sistema di equazioni di diffusione non lineari accoppiate alla dinamica non lineare dei canali ionici e con opportune condizioni al bordo (di raccordo) tra i vari segmenti del neurone. Questo per un singolo neurone; ma come sono interconnessi tra loro i diversi neuroni? Che "linguaggio" viene usato nella comunicazione?

Che relazione c'è fra schemi di interconnessione, dinamica dei neuroni e comportamento?

Le connessioni tra neuroni sono stabilite grazie alle sinapsi, che rappresentano i punti di collegamento in cui il segnale cellulare viene trasferito: dall'assone di un neurone ai dendriti di un altro. Esistono sinapsi chimiche (le più rappresentante nel sistema nervoso) e sinapsi elettriche, più rare e che consentono una rapida propagazione della depolarizzazione. Nelle sinapsi chimiche il neurone che trasferisce l'impulso nervoso (neurone presinaptico) termina con il bottone sinaptico, contenente numerose vescicole piene di specifiche molecole di trasmettitore chimico (neurotrasmettitore), che all'arrivo dell'impulso nervoso viene liberato nello spazio compreso tra i due neuroni (fessura sinaptica) e si lega a specifici recettori sulla membrana postisinaptica, trasmettendo l'impulso nervoso al neurone postsinaptico. I neuroni comunicano attraverso sequenze di brevi variazioni stereotipate del potenziale della membrana cellulare (*spike* o potenziale d'azione). Recenti esperimenti hanno evidenziato che la struttura spazio-temporale di questi treni d'impulsi gioca un ruolo fondamentale nella codifica degli stimoli sensoriali, nell'elaborazione dell'informazione nel cervello e nei processi d'apprendimento. I neuroni del nostro cervello si connettono e formano reti di cellule che costituiscono le varie zone del cervello stesso (si veda Fig. 6). Qui ci occuperemo del cervelletto, detto anche "il cervello minore", ovvero della zona che si trova nella parte posteriore del nostro cranio, sopra il tronco cerebrale e sotto i due grandi emisferi cerebrali.

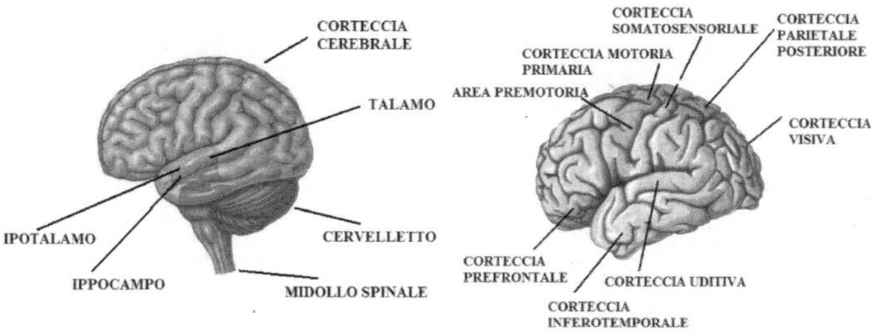

Fig. 6. Semplice schema dell'organizzazione del cervello e della corteccia cerebrale

Per molto tempo il cervelletto è stato considerato solamente il coordinatore dei movimenti corporei, oggi invece vi sono delle evidenze che esso è attivo anche durante l'esecuzione di diverse attività cognitive e percettive. Come la corteccia cerebrale umana, così il cervelletto si ripiega numerose volte su se stesso, compattando un enorme numero di circuiti nervosi in uno spazio ridotto. Le caratteristiche di base di questi circuiti nervosi sono noti fin dai primi lavori del neuroanatomista Santiago Ramón y Cajal, che risalgono alla fine dell'Ottocento, e del fisiologo Camillo Golgi. Il cervelletto ha un ruolo fondamentale nelle funzioni di coordinazione e di controllo motorio, posturale e dell'equilibrio. In particolare, la sua estesa parte corticale (corteccia cerebellare) è importante per l'integrazione tra le informazioni sensoriali e i comandi motori e per la capacità di fare predizioni sensoriali e motorie su scale temporali brevi. Il cervelletto riesce a integrare informazioni provenienti da differenti canali sensoriali e permette, come conseguenza, l'elaborazione di una rappresentazione utile per l'apprendimento senso-rio-motorio adattativo. Dal punto di vista anatomico, la costruzione di una tale rappresentazione è permessa dall'enorme numero di cellule granulari del cervelletto, che ricevono la maggior parte dei segnali afferenti alla corteccia cerebellare (tramite le fibre muscoidi). I segnali efferenti delle cellule granulari convergono in seguito sulle cellule del Purkinje, presenti in quantità molto minore, che producono il segnale uscente dalla corteccia cerebellare. La connessione cellula granulare - cellula del Purkinje si presume essere il sito principale dove le associazioni tra contesto sensoriale ed azione motoria sono memorizzate. Le cellule del Purkinje ricevono un segnale afferente addizionale dalle fibre rampicanti, che si pensa giochino un ruolo importante nella formazione di tali memorie (segnale di apprendimento) (Fig. 7).

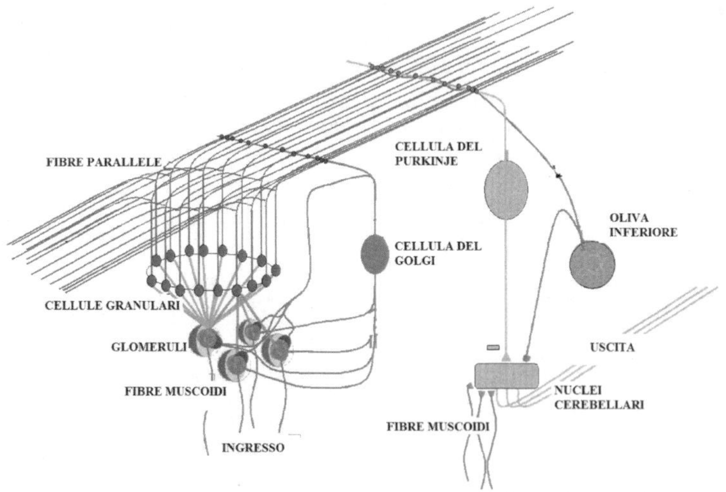

Fig. 7. Schematizzazione dei principali circuiti neuronali del cervelletto

Il cervelletto utilizza diverse strategie per la codifica e l'apprendimento sensoriale e motorio. Queste strategie possono essere trasferite, almeno in parte, su sistemi artificiali di reti neurali che possono permettere il controllo la verifica di ipotesi biologiche. Di particolare rilevanza per l'elaborazione dell'informazione nel cervelletto è il fatto che lo strato granulare, che raccoglie la maggior parte dei segnali afferenti che raggiungono la corteccia cerebellare, è costituito da un numero enorme di piccole cellule, dette granulari (10^{11} nell'uomo), le informazioni multimodali in ingresso costituiscono una rappresentazione completa del contesto sensoriale e motorio secondo la teoria classica di Marr (1969) e Albus (1971), ricodificata in una rappresentazione sparsa (caratterizzata, cioè, da una percentuale di cellule granulari attive molto inferiore rispetto alla percentuale di fibre muscoidi attive allo stesso tempo). Questa codifica permette di migliorare le capacità di discriminazione tra contesti sensoriali molto simili.

Come primo passo è interessante caratterizzare la dinamica delle cellule granulari e delle loro sinapsi: dal punto di vista sperimentale attraverso esperimenti di *patch-clamp* (si veda per esempio [15-17]), dal punto di vista modellistico si utilizza la teoria di teoria di Hodgkin e Huxley per la descrizione dei canali, la toeria del cavo di Rall per la descrizione delle proprietà passive e i modelli a compartimenti, con cui si suddivide l'intero neurone in zone con caratteristiche omogenee (in questo modo si realizza una discretizzazione spaziale). Nella Figura 8 è mostrato il comportamento del potenziale d'azione della cellula granulare sotto diverse condizioni.

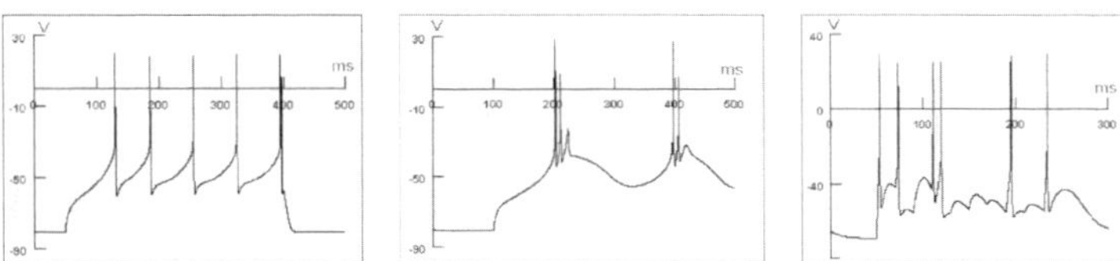

Fig. 8. Comportamento del potenziale d'azione sotto diverse stimolazioni: *firing* (a sinistra) con ripetizioni periodiche; *bursting* (al centro) con una fase di attività seguita da fasi di riposo; dinamica stocastica (a destra) ottenuta da una stimulazione con un segnale casuale

Queste simulazioni numeriche sono da confrontare con i dati sperimentali e permettono di aumentare la comprensione biologica delle funzioni della cellula granulare. Per quanto riguarda l'approccio teorico dell'elaborazione della cellula granulare va osservato che, recentemente, si stanno adottando tecniche tipiche della teoria dell'informazione. In questo senso sono allo studio misure legate all'entropia e alla mutua informazione [18]. Ulteriore attività di ricerca è rivolta alle sinapsi e alla loro descrizione.

Con questo siamo rimasti concentrati "solo" su una singola piccola cellula: la cellula granulare. Tutte le deduzioni ricavate vanno integrate all'interno della rete cerebellare. La conoscenza dell'architettura anatomica della rete neuronale del cervelletto e della dinamica delle interazioni tra i suoi componenti ha permesso lo sviluppo di un modello completo del cervelletto. Per una simulazione numerica di tale modello occorre però procedere ad una semplificazione nella descrizione delle cellule coinvolte (in caso contrario si arriva rapidamente ad un enorme sistema di equazioni differenziali di difficile gestione).

Questo modello del cervelletto è stato utilizzato per realizzare un sistema di controllo motorio, al fine di studiare la pianificazione ed il controllo di movimenti complessi e precisi per applicazioni alla robotica autonoma all'interno del progetto europeo *Spikeforce*[1].

[1] *Per maggiori informazioni si veda il sito dedicato al progetto, http://www.spikeforce.org*

Il modello è relativo al controllo di un braccio artificiale e comprende un modello del cervelletto, in grado di generare predizioni circa il contesto sensoriale e motorio; un sistema di controllo, basato su un algoritmo di apprendimento euristico; un braccio simulato e un sistema visivo simulato, che assicura il *feedback* al cervelletto.

Quello appena fatto è solo un cenno di possibili applicazioni, ma una speranza certo si apre: la possibilità di poter contribuire allo studio di eventuali malattie del sistema nervoso.

Epilogo

Abbiamo fatto una rapida corsa attraverso due storie, certo approfondire poteva produrre paesaggi immensi.

L'universo (che altri chiama la Biblioteca) si compone di un numero indefinito, forse infinito, di gallerie esagonali... Quando si proclamò che la Biblioteca comprendeva tutti i libri, la prima impressione fu di straordinaria felicità. Tutti gli uomini si sentivano padroni di un tesoro intatto e segreto. Non v'era problema personale o mondiale la cui eloquente soluzione non esistesse: in un qualche esagono. L'universo era giustificato, l'universo attingeva bruscamente le dimensioni illimitate della speranza... Alla speranza smodata, com'é naturale, successe una eccessiva depressione. La certezza che un qualche scaffale d'un qualche esagono celava libri preziosi e che questi libri preziosi erano inaccessibili, parve quasi intollerabile... Sappiamo anche di un'altra superstizione di quel tempo: quella dell'Uomo dell'Approfondimento. In un certo scaffale d'un certo esagono (ragionarono gli uomini) deve esistere un approfondimento che sia la chiave e il compendio perfetto di tutti gli altri: un bibliotecario l'ha letto, ed è simile a un Dio...Come localizzare l'esagono segreto che l'ospitava? Qualcuno propose un metodo regressivo: per localizzare l'approfondimento A, consultare previamente l'approfondimento B; per localizzare l'approfondimento B, consultare previamente l'approfondimento C; e cosi' all'infinito... In avventure come queste ho prodigato e consumato i miei anni.

J.L. Borges, 1941, *Biblioteca di Babele*

Come si diceva all'inizio le possibilità di cooperazione tra matematica e biologia sono una sfida e un'opportunità. Certo che anche in questo ambito al matematico torna in mente (o torna la speranza di) quanto scriveva Leonardo, in fondo un grande insospettabile:

...O studianti studiate le matematiche, e non edificate senza fondamenti... Chi biasima la somma certezza delle matematiche si pasce di confusione, e mai porrà silenzio alle contradizioni delle sofistiche scienzie, colle quali s'impara uno eterno gridore.

Leonardo da Vinci, *Fogli di Windsor*, Royal Library

Bibliografia

[1] V. Comincioli (2004) *Metodi Numerici e Statistici per le Scienze applicate*, e-book, Università degli Studi di Pavia, *http://www.multimediacampus.it*

[2] G. Israel (1996) *La visione matematica della realtà. Introduzione ai temi e alla storia della modellistica matematica* (nuova edizione), Laterza, Roma-Bari

[3] V. Comincioli (2005) *BIOMATEMATICA. Interazioni fra le scienze della vita e la matematica*, nuova edizione in formato e-book, Apogeo, Feltrinelli, Milano, *http://www.apogeonline.com*

[4] A. Quarteroni, F. Saleri, A. Veneziani (2005) *La modellistica matematica va a scuola*, Springer-Verlag Italia, Milano

[5] P.D. Chilibeck, D.H. Paterson, D.A. Cunningham, A.W. Taylor, E.G. Noble (1997) Muscle capillarization, O2 diffusion distance, and V,&O2 kinetics in old and young individuale, *Journal of Applied Physiology* 82, pp. 63-69

[6] D.S. Grant, K. Tashiro, B. Segui-Real, Y. Yamada, G.R. Martin, H.K. Kleinman (1989) Two different laminin domains mediate the differentiation of human endothelial cells into capillary-like structures in vitro, *Cell* 58, pp. 933-943

[7] A. Gamba, D. Ambrosi, A. Coniglio, A. de Candia, S. Di Talia, E. Giraudo, G. Serini, L. Preziosi, F. Bussolino (2003) Percolation, morphogenesis, and Burgers dynamics in blood vessels formation, *Physical Review Letters* 90, 118101

[8] G. Serini, D. Ambrosi, A. Gamba, E. Giraudo, L. Preziosi, F. Bussolino (2003) Modeling the early stages of vascular network assembly, *EMBO J.* 22, pp. 1771-1779

[9] R.M.H. Merks, S.A. Newman, J.A. Glazier (2004) *Cell-Oriented Modeling of In Vitro* Capillary Development in P.M.A. Sloot, B. Chopard, and A.G. Hoekstra (Eds.), ACRI 2004, LNCS 3305, pp. 425-434, Springer-Verlag Berlin Heidelberg

[10] A. Bravi (2006) Tesi di laurea in preparazione, Dipartimento di Matematica, Università degli studi di Milano

[11] A. Gamba (2004) Phase ordering model of directional sensing in the eukaryotes. *It. J. Biochem* 53, p. 68

[12] C. Koch, I Segev (1998) *Methods in Neural Modeling*, MIT Press

[13] Sir J. C. Eccles (1996) *Affrontare la realtà, le avventure filosofiche di uno scienziato del cervello*, Armando Editore

[14] M.A. Arbib, P. Érdi, J. Szentágothai (1998) *Neural Organization*, MIT Press

[15] E. Neher, B. Sakmann (1992) La tecnica del Patch clamp., *Le Scienze* 285 Vol. XLVIII

[16] E. D'Angelo, T. Nieus, A. Maffei, S. Armano, P. Rossi, V. Taglietti, A. Fontana, G. Naldi (2001) Theta-frequency bursting and resonance in cerebellar granule cells: experimental evidence and modeling of a slow K^+-dependent mechanism, *Journal of Neuroscience* 21, pp. 759-770

[17] E. D'Angelo, P. Rossi, D. Gall, F. Prestori, T. Nieus, A. Maffei, E. Sola (2004) Long-term potentiation of synaptic transmission at the mossy fiber - granule cell relay of cerebellum, *Progress in Brain Research* 148, pp. 71-80

[18] M. Bezzi, A. Arleo, T. Nieus, O. Coenen, E. D'Angelo, *Quantitaive characterization of information transmission in a single neuron,* sottoposto a Nature

Coincidenze "sorprendenti" ed alcuni malintesi su eventi "rari"

Fabio Spizzichino

Strade e piazze d'una città, a quanti diversi appuntamenti assistono ogni giorno? Fra amici, fra parenti, fra colleghi, fra rivali.... Tanti appuntamenti e di vario tipo. Appuntamenti diversi appunto, ma spesso fissati negli stessi posti: in punti di incontro attraenti, o magari soltanto comodi e naturali, consolidati da qualche tradizione. Non ci si meraviglia di qualche eventuale coincidenza fra più appuntamenti, fissati contemporaneamente e indipendentemente, in uno di questi luoghi.

Ma quali sono le *coincidenze* che determinano invece uno stato di "meraviglia"? Quanto è giustificata la meraviglia creata da una coincidenza? È su questo tema che svolgeremo alcune specifiche considerazioni, fornendo qualche esempio basato su modelli probabilistici elementari.

La tematica delle coincidenze, affascinante per i suoi risvolti filosofici, psicologici e letterari, può comunque dar luogo ad equivoci e malintesi. In molti casi tali malintesi riguardano questioni di probabilità e, in particolare, questioni su eventi di probabilità molto piccola. I semplici casi che qui illustreremo potranno servire quale spunto per qualche riflessione interessante.

Come ben noto, in proposito è stato scritto moltissimo, in tanti campi e sotto ottiche diverse. Si tratta di una tematica complessa, che può essere analizzata da vari punti di vista e per cui sarebbe azzardato non solo arrischiare risposte, ma anche soltanto riassumere in poche pagine gli aspetti essenziali della letteratura e dei vari interventi in proposito. Limitiamoci intanto a qualche schematica osservazione di carattere generale.

Innanzitutto ci sarebbe da precisare che cosa si può intendere esattamente per *coincidenza sorprendente*. Non vale però la pena di tentare una definizione rigorosa; ci basterà pensare subito a qualche esempio e accennare qualche ulteriore chiarimento nel seguito. Molti esempi e vari commenti si possono ottenere semplicemente attraverso una ricerca su internet della parola *coincidenza*. Una delle prime voci che si presenta sarà già nota a molti lettori e riguarda alcune "analogie" fra Abraham Lincoln e John F. Kennedy:

> Lincoln fu eletto al Congresso degli Stati Uniti per la prima volta nel 1846 e Kennedy nel 1946. Lincoln fu eletto Presidente degli Stati Uniti nel 1860 e Kennedy nel 1960. Entrambi i loro successori si chiamavano Johnson (Andrew Johnson,

nato nel 1808 e Lyndon Johnson, nato nel 1908). La segretaria di Lincoln si chiamava Kennedy e quella di Kennedy si chiamava Lincoln. John W. Booth, assassino di Lincoln era nato nel 1839, mentre Lee H. Oswald, presunto assassino di Kennedy, era nato nel 1939. Entrambi i presidenti furono assassinati davanti alle loro mogli, di venerdì: Kennedy si trovava su un'auto di tipo Lincoln e Lincoln si trovava in un teatro chiamato Kennedy; ecc.

Coincidenze di qualche tipo si sono comunque presentate ad ognuno di noi (sogni premonitori, incontri fortuiti, numeri con un significato, ecc.). Una classe di coincidenze, che potremmo anche aver sperimentato personalmente, va sotto il nome di *serendipity*: si tratta di casi in cui accidentalmente si trova qualcosa che poi si rivela importante, ma che non si stava neanche cercando. Ci sono stati esempi notevoli di questo tipo anche nella storia del progresso scientifico [1].

Ritornando agli appuntamenti in città, riporterò un episodio avvenuto qualche anno fa:

Non si può proprio dire che l'angolo fra Via A. A. e Via della B., nel quartiere Balduina a Roma, sia un punto abituale per fissare appuntamenti, ma è qui che, ogni martedì alle tre del pomeriggio, Giancarlo S. passava in macchina per prendere il suo amico Tommaso e andare insieme a raggiungere un gruppo di altri amici per un'attività sportiva settimanale.
S. è un cognome piuttosto raro in tutta Italia e rarissimo a Roma: sull'elenco telefonico urbano vi potreste trovare, oltre a quella di Giancarlo S., solo un paio di altre famiglie con questo stesso cognome, famiglie comunque che egli stesso neanche conosce.
Un martedì, a differenza dal solito, Tommaso ritarda all'appuntamento e Giancarlo si ferma ad aspettarlo pazientemente. Dopo un'attesa oramai abbastanza lunga, si avvicina un'altra macchina, ne scendono due persone sconosciute e gli si rivolgono con un gentile "Buongiorno. È lei il Sig. S.?"
"Sì, certamente, sono io. Che cosa è successo?" domanda Giancarlo, quasi sicuro a questo punto che fosse stato Tommaso a mandarli per avvertirlo di qualche imprevisto. "Che cosa è successo?"- risponde uno degli altri due - "Ma niente, siamo qui per l'appuntamento che da ieri avevamo fissato con lei". Qualche parola di chiarimento e G. così apprende che uno sconosciuto, che porta il suo stesso cognome, ha fissato, con quelle due persone, un appuntamento, anche lui nello stesso posto quindi, nello stesso giorno, più o meno alla stessa ora; e comunque G. non lo avrebbe mai saputo se Tommaso, di solito così puntuale, non avesse ritardato proprio quella volta.
Qualche ora più tardi Giancarlo, raccontandomi al telefono questo episodio, mi domanda, quasi testualmente: "Tu che ti occupi di probabilità, che cosa mi puoi dire su questa coincidenza?"
Che cosa gli avrei dovuto rispondere? Abbiamo un po' commentato insieme l'episodio, e ho buttato lì soltanto qualche considerazione generica; nel seguito mi è capitato di ripensarci varie volte, a questo e ad altri episodi analoghi, e alle risposte che, a tali domande, avrei potuto dare...

Ma, per cominciare, invece che a possibili risposte, guardiamo piuttosto a quanto viene messo in luce proprio dalla domanda:

- l'episodio è stato percepito come una *coincidenza sorprendente*;
- la singolarità (o, diciamo, l'effetto "meraviglia") di una coincidenza è associata, nella cultura corrente, all'osservazione di eventi di probabilità, a priori, *molto piccola*.

È noto che, su tematiche connesse alle coincidenze, vi sono studi sviluppati da Kammerer, Jung e Pauli; qualche illustrazione su questi studi si può trovare per esempio all'interno dei riferimenti [2] e [3], letture interessanti e piacevoli anche su altre questioni. Numerosi contributi e commenti riguardano più specificamente aspetti probabilistici e statistici di tale tematica. Alcuni di questi sono interessanti dal punto di vista matematico e molto approfonditi dal punto di vista tecnico (si veda in particolare [4], una cui illustrazione parziale e divulgativa è contenuta anche in [5]).

Il tema delle coincidenze fortuite ci riporta anche a discussioni di tipo metafisico circa predeterminazione/libero arbitrio, esistenza del *destino* ecc., oppure, sulle prime, viene associato ad esperienze esoteriche o paranormali proprie di una cultura che percepiamo come orientale; fra l'altro questa tematica è stata resa popolare negli ultimi anni dalla diffusione della "filosofia New Age".

A ben pensarci però si riconosce che narrazioni e variazioni su questo stesso tema sono comunque ricorrenti nella produzione letteraria di tutta la cultura occidentale; pensiamo al teatro (forse ancor più classico che moderno), alla narrativa di ogni tempo (ed in particolare contemporanea), al cinema. Insomma le coincidenze sorprendenti permeano tutta la nostra cultura letteraria.

Ma che cosa possiamo dire di sostanziale, passando dalla creazione letteraria all'analisi scientifica o alla realtà quotidiana?

Un aspetto rilevante nell'analisi di una coincidenza risiede certamente nel carattere psicologico che vi è insito; siamo noi che, osservando una serie di fatti oggettivi, vi riconosciamo o meno il verificarsi di una coincidenza e, in caso affermativo, ne elaboriamo la significatività. Il fenomeno ha cioè un carattere essenzialmente soggettivo: una stessa serie di fatti non può dar luogo, di per sé, ad alcuna coincidenza senza la presenza di un soggetto che la riconosca e la elabori come tale.

Il presentarsi, tanto per fare un esempio, della cinquina 52-49-18-25-79 nelle estrazioni del lotto sulla ruota di Venezia non sembra presentare alcunché di particolarmente significativo per la maggioranza delle persone, ma potrebbe apparire come un evento significativo e particolare ad una ipotetica persona nata nel 1952 a Venezia, la cui famiglia è costituita da un coniuge nato nel 1949, un padre nato nel 1918, una madre nata nel 1925 e un'unica figlia nata nel 1979.

Dunque, ovviamente, la concomitanza di alcuni eventi può rappresentare una coincidenza per una persona e non per un'altra. E, per una stessa persona, con un dato stato di informazione e in un certo stato psicologico e non con un diverso stato di informazione o in un altro stato psicologico. Supponiamo, d'altra parte, che si siano verificate delle coincidenze; il notarle, l'elaborare un'analisi circa il fatto che esse possano o meno essere casuali, l'analizzare se vi siano delle ragioni che le motivino, ecc., insomma il riflettere sulle coincidenze osservate può essere alla base di uno sviluppo della conoscenza, anche scientifica, come detto a proposito della *serendipity*. Emerge quindi, in particolare, il problema di valutare se una serie di coincidenze osservate è compatibile con un'ipotesi di pura casualità oppure tende a contraddirla.

È a questo punto che intervengono considerazioni di tipo probabilistico e statistico-matematico: se si valuta che la serie delle coincidenze osservate ha una probabilità estremamente bassa sotto l'ipotesi di indipendenza fra i vari fenomeni coinvolti (cioè se la serie è valutata come "significativa" da un punto di vista statistico), ci si chiede se sia valido piuttosto un modello probabilistico, alternativo, che preveda qualche forma di interdipendenza. Qui potrebbero intervenire però alcuni fraintendimenti o errori di valutazione.

Innanzitutto va notata una cosa ovvia, ma che talvolta può sfuggire all'attenzione: eventi di probabilità "bassissima" si verificano continuamente: nei fenomeni naturali, nei giochi di azzardo, in ambito economico-finanziario-assicurativo, nella vita quotidiana così come nelle grandi questioni esistenziali di ciascuno di noi.

Fra gli innumerevoli esempi e le considerazioni possibili, pensiamo qui ad un caso molto semplice e schematizzato: nelle estrazioni del Lotto, in cui (quasi contemporaneamente) si estraggono senza reinserimento 11 "cinquine" indipendenti di numeri compresi fra 1 e 90, si verificherà un risultato fra

$$N = (90 \times 89 \times 88 \times 87 \times 86)^{11}$$

risultati equiprobabili possibili[1]; dunque la probabilità (a priori) del risultato è data da $p=\frac{1}{N}$ ed è ovviamente piccolissima.

Occorre tener presente che la valutazione delle probabilità varia al variare dello stato di informazione: in particolare tutti gli eventi hanno probabilità 1, quando oramai si sa per certo che si sono effettivamente verificati e al contempo, per molti di essi, la probabilità sarebbe stata quasi nulla se valutata in un tempo opportunamente anteriore.

Nel valutare la significatività di una coincidenza non basta dunque notare che si è verificato un evento che aveva *a priori* una probabilità bassissima; occorre anche confrontare tale probabilità, valutata sotto un'ipotesi di "casualità", con quella valutata (a parità di stato di informazione) sotto possibili ipotesi alternative e tenere anche conto della probabilità a priori delle varie ipotesi.

[1] *Tradizionalmente, nel gioco del lotto, venivano eseguite le estrazioni di 10 cinquine: una per ogni "ruota"; e ogni "ruota" corrispondeva ad una città. Ora sono 11 in quanto è stata recentemente introdotta anche una "ruota nazionale".*

Un altro tipo di fraintendimenti sta nel giudicare, per errori di valutazione o per effetti "psicologici", la probabilità di un evento osservato come più piccola di quanto si dovrebbe (a fronte dell'attuale stato di informazione) o nel valutare più grande del dovuto la probabilità di altri eventi che si sarebbero potuti osservare e non sono stati osservati.

È alla discussione su qualche esempio circa questo ultimo punto cui essenzialmente ci limiteremo. Sarà utile comunque aggiungere qualche ulteriore discussione su alcune nozioni di base; nella prossima sezione, nell'introdurre gli esempi che successivamente analizzeremo, verrà brevemente illustrato il tema dei *modelli di occupazione*, mentre l'ultima sezione verrà dedicata a qualche breve considerazione inerente i *fondamenti della probabilità*, connessa anche con l'analisi delle coincidenze.

Modelli di occupazione

Molte applicazioni del calcolo delle probabilità, in diversi campi, portano allo studio dei cosiddetti *modelli di occupazione*. Tali modelli ci forniranno uno schema utile entro cui presentare gli esempi nel campo delle coincidenze; ad una concisa descrizione di questa tematica dedichiamo quindi questa sezione (per dimostrazioni ed approfondimenti si veda, per esempio, [6]).

Consideriamo r *oggetti* che vengono disposti in m diversi *siti*; supporremo che tale disposizione avvenga in modo aleatorio. Indichiamo con il simbolo N_j $(1 \leq j \leq m)$ il numero di oggetti che si dispongono nel sito j. $N_1, \ldots, N_m$ sono dunque delle variabili aleatorie tali che, in formule[2],

$$P\{N_1 + N_2 + \ldots + N_m = r\} = 1$$

La modalità con cui gli oggetti si dispongono nei siti determina in particolare la distribuzione di probabilità congiunta delle variabili $N_1, \ldots, N_m$, cioè l'assegnazione della probabilità

$$P\{N_1 = n_1, N_2 = n_2, \ldots, N_m = n_m\}$$

per ogni generica m-upla $(n_1, n_2, \ldots, n_m)$, dove ciascun n_j sarà ovviamente un numero intero compreso fra *0* ed r e le m-uple possibili appartengono all'insieme

$$A_{m,r} \equiv \{\mathbf{n} = (n_1, n_2, \ldots, n_m) \mid 0 \leq n_j \leq r; \Sigma_j n_j = r\}.$$

[2] *A parole, diremo che vi è una probabilità uguale a 1 che la somma $N_1 + N_2 + \ldots + N_m$ assuma proprio il valore r.*

È noto[3] che il numero $|A_{m,r}|$ degli elementi che costituiscono l'insieme $A_{m,r}$ ($|A_{m,r}|$ indica dunque la *cardinalità* di $A_{m,r}$) è dato da

$$|A_{m,r}| = \binom{m+r-1}{m-1}$$

Le variabili aleatorie $N_1,\dots, N_m$ vengono dette *numeri di occupazione* e ciascuna possibile distribuzione di probabilità congiunta per $(N_1,\dots, N_m)$ viene detta *modello di occupazione*. Dunque un modello di occupazione non è altro che una distribuzione di probabilità su un insieme del tipo $A_{m,r}$.

Non è difficile immaginare che i modelli di occupazione possano intervenire in tutti i settori scientifici, in molte applicazioni e in molti aspetti dell'esperienza quotidiana. Nei vari esempi e nelle diverse applicazioni possono venir considerati, quali *oggetti*, elementi del tipo più disparato; di tipo altrettanto disparato sono i *siti* entro cui gli oggetti vengono *inseriti*. Prima di continuare consideriamo tre particolari esempi che ci permettono di visualizzare alcuni aspetti dell'argomento e che daranno poi anche lo spunto per una discussione sul tema delle coincidenze.

Rilevazione di compleanni

Numeriamo progressivamente da 1 a 365 i giorni di un anno non bisestile. Consideriamo quindi un gruppo di persone e indichiamo con N_1 il numero di quelle nate il 1° gennaio, con N_2 il numero di persone nate il 2 gennaio ecc. (supponiamo per semplicità che non vengano registrate le nascite avvenute il 29 febbraio).

Considerando ciascuna persona come un oggetto e ciascun giorno dell'anno come un sito, l'associare a ciascuna persona del gruppo il giorno del suo compleanno porta a vedere $(N_1,\dots ,N_{365})$ come un vettore di numeri di occupazione a valori nell'insieme $A_{365,r}$ (avendo indicato con r il numero complessivo di persone registrate).

Colonna vincente al Totocalcio

Il risultato di una giornata al gioco del Totocalcio attualmente consiste in una colonna di 14 elementi, appartenenti all'insieme dei simboli {1, X, 2}. Ogni elemento della colonna corrisponde ad una partita del campionato di calcio, dove 1 significa la vittoria della squadra che "gioca in casa", 2 ne significa la sconfitta, X indica un pareggio e vengono considerati i risultati di 14 partite prefissate[4].

[3] *La dimostrazione si basa sull'osservazione che il generico elemento $n = (n_1, n_2,\dots, n_m)$, appartenente all'insieme Am,r si può rappresentare graficamente attraverso un disegno del tipo*

*** ... ***|*** ... ***| ... ... |*** ... ***|*** ... ***

*dove compaiono (m-1) barrette | ed r asterischi *: metteremo n_1 asterischi a sinistra della prima barretta, n_2 asterischi fra la prima e la seconda barretta, e così via, fino a mettere n_m asterischi a destra della (m-1)-esima barretta. D'altra parte ad ogni disegno di questo tipo possiamo far corrispondere uno ed uno soltanto degli elementi di $A_{m,r}$.*

La conclusione si ottiene quindi osservando che vi sono esattamente

$$\binom{m+r-1}{m-1}$$

possibili modi di costruire disegni di tale tipo.

[4] *Tradizionalmente, fino a qualche anno fa, nel gioco del Totocalcio venivano considerate 13 partite.*

Indichiamo con N_1 il numero dei risultati 1, N_2 il numero dei risultati 2 ed N_X il numero dei risultati X nella colonna vincente, relativa ad una fissata giornata.

Qui possiamo vedere le partite come degli oggetti e i simboli 1, X, 2, come dei siti; gli oggetti sono quindi 14 e i siti sono 3. I risultati della giornata porteranno ad attribuire un sito a ciascun oggetto e a vedere (N_1, N_2, N_X) come il vettore dei relativi numeri di occupazione; la distribuzione di probabilità di (N_1, N_2, N_X) è quindi un modello di occupazione con $m = 3$, $r = 14$.

Lotterie

In una lotteria vengono venduti r biglietti ad altrettanti giocatori e supponiamo vi siano m classi di premi, ciascuna corrispondente ad una diversa entità della vincita. In questo caso possiamo vedere i biglietti (o i giocatori che li hanno acquistati) come oggetti e le classi di vincita come siti: al momento delle estrazioni dei premi ogni biglietto verrà attribuito ad una classe. Di solito m è molto più piccolo di r e la classe più numerosa è costituita da premi di valore 0. Ma per quanto seguirà, ci converrà immaginare lotterie in cui i premi siano tutti diversi fra loro e siano in numero di r, cioè tanti quanti i biglietti venduti. Si deve notare che, in questo caso, i numeri di occupazione non sono aleatori in quanto essi certamente assumeranno tutti il valore 1; resta però aleatorio quale sia l'oggetto (cioé il biglietto) che si andrà a collocare dentro il generico sito.

Riprendiamo ora con qualche considerazione di carattere generale circa i modelli di occupazione.

Due modelli fondamentali sono quelli detti di *Maxwell-Boltzmann* e di *Bose-Einstein.* Entrambi contemplano una situazione di simmetria fra i diversi siti, ma differiscono per il fatto che il primo descrive una situazione in cui gli oggetti risultino fra di loro *distinguibili*, mentre il secondo può emergere in modo naturale quando gli oggetti siano *indistinguibili.* Parleremo di oggetti *indistinguibili* quando l'osservatore non ha possibilità di scorgere diversità fra i diversi oggetti. Per visualizzare la differenza fra i due casi di distinguibilità di indistinguibilità, pensiamo ad esempio agli oggetti come palle da biliardo tutte uguali e dello stesso colore oppure come biglie numerate con numeri tutti diversi da 1 a r.

Consideriamo ora l'esperimento casuale consistente nel disporre, in qualche modo aleatorio, gli r oggetti negli m siti. Notiamo che, quando gli oggetti sono distinguibili, l'evento *elementare* che verrà osservato corrisponde alla descrizione del sito in cui si è disposto ciascuno degli r oggetti; tale descrizione viene espressa attraverso la r-upla $s \equiv (s_1, s_2, \ldots, s_r)$, in cui s_k indica quale fra gli m siti sia stato scelto dall'oggetto contrassegnato con il numero k ($k = 1, 2, \ldots, r$). Ciò mostra in particolare che il numero di tali eventi elementari possibili è dato da m^r. Si può dimostrare d'altra parte che, fra tali eventi elementari, il numero di quelli che danno luogo precisamente ad un evento composto del tipo

$$\{N_1 = n_1, N_2 = n_2, \ldots, N_m = n_m\}$$

è uguale al *coefficiente multinomiale*

$$\binom{r}{n_r \dots n_m} = \frac{r!}{n_1! \dots n_m!}$$

Indichiamo con $\Omega_{m,r}$ lo spazio *campione*, costituito da tutti gli eventi elementari $s \equiv (s_1, s_2, \dots, s_r)$.

Consideriamo ora il caso in cui ciascuno degli r oggetti *distinguibili* sceglie con uguale probabilità $1/m$ un sito fra gli m siti in cui disporsi, indipendentemente dalla scelta effettuata dagli altri oggetti. Tale ipotesi è equivalente alla condizione che ciascun evento elementare $s \equiv (s_1, s_2, \dots, s_r) \in \Omega_{m,r}$ si possa presentare con probabilità uguale a quella di tutti gli altri e che quindi gli eventi elementari abbiano tutti probabilità $\frac{1}{m^r}$; scriveremo

$$P(s) = \frac{1}{m^r}, \forall\, s \in \Omega_{m,r}$$

È la corrispondente distribuzione di probabilità congiunta per i numeri di occupazione $N_1, N_2, \dots, N_m$ a prendere il nome di modello di *Maxwell-Boltzmann*; essa è data da

$$P\{N_1 = n_1, \dots, N_m = n_m\} = \frac{\binom{r}{n_1 \dots n_m}}{m^r}$$

A giustificazione della precedente formula basta notare che, partendo da una distribuzione di probabilità *uniforme* sullo spazio $\Omega_{m,r}$ la probabilità dell'evento composto $\{N_1 = n_1, N_2 = n_2, \dots, N_n = n_m\}$ si ottiene semplicemente dividendo il numero $\binom{r}{n_1 \dots n_m}$ di eventi elementari favorevoli per il numero complessivo m^r degli eventi elementari possibili.

Nel caso in cui invece gli r oggetti sono indistinguibili gli eventi elementari che possiamo osservare nell'esperimento non sono altro che quelli del tipo $\{N_1 = n_1, N_2 = n_2, \dots, N_n = n_m\}$[5] e quindi lo spazio degli eventi elementari coinciderà questa volta con $A_{m,r}$.

In tale ambito il modello di Bose-Einstein è definito semplicemente come quello corrispondente a una distribuzione di probabilità *uniforme* su $A_{m,r}$; si ha quindi, per ogni vettore $(n_1, n_2, \dots, n_m) \in A_{m,r}$:

$$P\{N_1 = n_1, N_2 = n_2, \dots, N_m = n_m\} = \frac{1}{\binom{m+r-1}{m-1}}$$

Entrambi i modelli di Maxwell-Boltzmann e Bose-Einstein, dunque, vengono descritti da una distribuzione di probabilità uniforme, cioè, diciamo così, da una scelta puramente casuale; però il primo si ottiene da una scelta casuale fra gli elementi di $\Omega_{m,r}$, mentre il secondo si ottiene da una scelta casuale fra gli elementi di $A_{m,r}$.

[5] *Non abbiamo, cioè, la possibilità di distinguere quali, ma soltanto quanti oggetti vengono posti in ciascun sito.*

Si può verificare (si veda per esempio [7]) che per oggetti distinguibili il modello di Bose-Einstein corrisponde ad una situazione di simmetria fra i siti e di correlazione positiva nella scelta dei siti da parte degli oggetti; ricordiamo invece che il modello di Maxwell-Boltzmann corrisponde alla situazione di simmetria fra i siti e di indipendenza nella scelta dei siti da parte degli oggetti.

Una naturale generalizzazione del modello di Maxwell-Boltzmann è costituita dal modello *multinomiale*: si parla ancora di oggetti distinguibili e ciascun oggetto ancora sceglie il sito indipendentemente dal comportamento degli altri; ma non c'è più, necessariamente, una situazione di simmetria fra i diversi siti: il sito j ($j = 1, 2,\dots, m$) viene scelto dal generico oggetto con probabilità p_j, dove $p_1 + p_2 + \dots + p_m = 1$. In tal caso risulta

$$P(s) = p_1^{n_1} \cdot p_2^{n_2} \cdot \dots \cdot p_m^{n_m},\ \forall s \in \Omega_{m,r},$$

$$P\{N_1 = n_1, N_2 = n_2,\dots, N_m = n_m\} = \binom{r}{n_r \dots n_m} p_1^{n_1} \cdot p_2^{n_2} \cdot \dots \cdot p_m^{n_m}, \forall (n_1, n_2,\dots, n_m) \in A_{m,r}$$

Un'altra classe particolare di modelli di occupazione si ottiene con oggetti indistinguibili ed imponendo la condizione di *esclusione* fra gli oggetti: ciascuno sito può contenere al massimo un solo oggetto. Imponendo tale condizione e la simmetria fra i siti si ottiene, in particolare, il modello di Fermi-Dirac:

$$P\{N_1 = n_1, N_2 = n_2,\dots, N_m = n_m\} = \frac{1}{\binom{m}{r}}$$

qui ciascuno degli $n_1,\dots, n_m$ può assumere soltanto valore 0 oppure 1. Ovviamente nei casi di esclusione si dovrà avere $m \geq r$.

Un modello particolarissimo, ma interessante, si ottiene nel caso di esclusione, con oggetti distinguibili e $m = r$. Si vede che in tal caso l'evento elementare nell'esperimento è una *permutazione* $\boldsymbol{\pi} \equiv (\pi(1), \pi(2),\dots, \pi(r))$ di $\{1, 2,\dots, r\}$. Dunque il modello di occupazione consiste in una distribuzione di probabilità sull'insieme $\mathbf{P}_r$ di tutte queste permutazioni.

In tali modelli è interessante considerare la variabile aleatoria

$$C = \sum_{K=1}^{r} 1_{\{\pi(k) = k\}}$$

che conta il numero di *concordanze*, cioè il numero dei valori $k \in \{1, 2,\dots, r\}$ che vengono lasciati fissi dalla permutazione.

Per un esempio di situazione di questo tipo basta ripensare alla lotteria, in cui viene assegnato un premio a ciascun giocatore e i premi sono tutti diversi (e ciascun giocatore ha un solo biglietto). Per visualizzare il significato della variabile aleatoria C pensiamo al caso in cui sia i biglietti sia i premi sono numerati da 1 a r: in tal caso C indica quanti sono i giocatori che ricevono un premio contrassegnato dallo stesso numero impresso sul loro biglietto.

Un modello ancora più particolare è quello definito dalla distribuzione di probabilità *uniforme* su $\mathbf{P}_r$:

$$P(\boldsymbol{\pi}) = \frac{1}{r!} \quad \forall\, \boldsymbol{\pi} \in \mathbf{P}_r$$

Nel caso della lotteria si tratta comunque di una condizione abbastanza naturale: ciascun premio ha uguale probabilità di essere associato ad ognuno dei biglietti.

Alcuni esempi di coincidenze; sorprendenti o no?

Consideriamo ancora gli esempi accennati nella precedente sezione. Qui, tramite qualche loro variazione e qualche divagazione, illustreremo alcuni fra i vari tipi di malintesi o di errori di prospettiva psicologica che si possono creare nell'analisi di coincidenze osservate.

Coincidenze di compleanni

Consideriamo di nuovo un gruppo costituto da r persone e, numerando progressivamente da 1 a 365 i giorni dell'anno non bisestile, indichiamo con N_1 il numero di persone nate il 1° gennaio, con N_2 il numero di persone nate il 2 gennaio, ecc.

Se assumiamo che il compleanno di ciascuna persona si distribuisca uniformemente fra i 365 diversi giorni e supponiamo inoltre che tali compleanni siano stocasticamente indipendenti fra di loro, otteniamo che la distribuzione congiunta di $(N_1, N_2, \ldots, N_{365})$ corrisponde ad un modello di Maxwell-Boltzmann con r oggetti e $m = 365$ siti.

Sotto tale ipotesi calcoliamo ora la probabilità p_r che gli r compleanni cadano tutti in giorni diversi[6]:

$$p_r = P^{(r)}\{N_1 \leq 1, N_2 \leq 1, \ldots, N_{365} \leq 1\}.$$

Ovviamente si ha $p_1 = 1$, $p_2 = 364/365$, $p_{366} = 0$ e tale probabilità risulta strettamente decrescente, se vista quale funzione del numero r.

Ci chiediamo quale sia il minimo numero r tale che $p_r < \frac{1}{2}$.

In base all'ipotesi di indipendenza fra i compleanni delle diverse persone possiamo scrivere, per $2 \leq r \leq 365$,

$$p_r = \frac{364}{365} \cdot \frac{363}{365} \cdot \frac{362}{365} \cdot \ldots \cdot \frac{365-r+1}{365}$$

Da tale formula si ottiene facilmente $p_{22} > \frac{1}{2}$, $p_{23} < \frac{1}{2}$ [7].

[6] *Se E è un evento relativo all'esperimento della rilevazione dei compleanni, stiamo indicando con il simbolo $P^{(r)}(E)$ la probabilità che si verifichi E, avendo fissato uguale ad r il numero complessivo delle persone nel gruppo.*

[7] *Esattamente, risulta $p_{22} = 0{,}5244$; $p_{23} = 0{,}4928$.*

Dunque se il gruppo è costituito da più di 23 persone, allora risulta più probabile riscontrare qualche coincidenza di compleanni piuttosto che non averne nessuna.

Già questo risultato, prima di svolgere i calcoli, può risultare imprevisto; fra l'altro esso permette di immaginare (senza fare ulteriori calcoli) che, per r sufficientemente più grande di 23, è molto probabile osservare numerose coincidenze di compleanni.

Se il gruppo è costituito da persone che non si conoscevano prima e che si ritrovano ad esempio per intraprendere una avventura in comune, queste coincidenze potrebbero però apparire piuttosto sorprendenti e foriere di qualche significato recondito; mentre esse sono completamente compatibili con un'ipotesi di indipendenza fra i compleanni di persone diverse (e, invece che ai compleanni, si potrebbe pensare a qualche altra caratteristica emotivamente più connessa all'avventura da intraprendere, per immaginare quanto possa essere maggiore l'impressione psicologica tratta dalla coincidenza).

L'effetto coincidenza poi (sempre sotto l'ipotesi di indipendenza) verrebbe ovviamente amplificato se la distribuzione di probabilità dei compleanni sui diversi giorni non fosse uniforme.

Colonna vincente al Totocalcio

Nel gioco del Totocalcio ogni scommettitore, prima che vengano disputate le partite, propone un suo pronostico di colonna; nella realtà lo scommettitore "gioca" varie (e talvolta molte) colonne, ma per quanto qui ci interessa ipotizziamo che ciascuno ne giochi una soltanto.

Prima di proseguire è opportuno premettere un richiamo circa il comportamento statistico dei risultati delle partite: generalmente è favorita la squadra che gioca in casa; ciò in particolare è confermato dall'analisi statistica dei risultati delle partite di serie A e B degli ultimi anni, che mostra all'incirca un 50% di risultati 1, un 30% di risultati X ed un 20% di risultati 2.

Indicando con N_1 il numero dei risultati 1, N_2 il numero dei risultati 2 ed N_X il numero dei risultati X nella colonna vincente, relativa ad una fissata giornata la distribuzione di probabilità di (N_1, N_2, N_X), come già notato, è un modello di occupazione con $m = 3, r = 14$; notiamo che qui gli "oggetti" (le partite) possono essere ovviamente considerati distinguibili. Ciascuno scommettitore avrà un suo personale stato di informazione, espresso da una distribuzione di probabilità sull'insieme $\Omega_{m,r}$ delle possibili colonne $\mathbf{s}$, con un conseguente modello di occupazione per (N_1, N_2, N_X).

È abbastanza naturale, escludendo situazioni eccezionali, che venga assunta l'indipendenza fra i risultati delle diverse partite. Quindi, per descrivere in modo completo lo stato di informazione di uno scommettitore, basterà che vengano espresse le sue probabilità $p_1(k), p_2(k), p_X(k)$ per i tre risultati, relativamente a ciascuna partita k $(1 \leq k \leq 14)$:

$$P(s) = p_{s_1}(1) \cdot p_{s_2}(2) \cdot \ldots \cdot p_{s_{14}}(14), \forall\, s \in \Omega_{m,r} \equiv \{1, X, 2\}^{14}$$

Consideriamo ora quattro diversi scommettitori ***A, B, C, D***, con diversi tipi di informazione.

A è uno scommettitore (magari un turista dell'estremo oriente) che gioca una volta occasionalmente, senza nemmeno informarsi sulle regole del Totocalcio e sul diverso significato delle diverse partite e dei diversi simboli 1, X, 2; supponiamo che ponga, per $1 \leq k \leq 14$,

$$p_1(k) = p_X(k) = p_2(k) = \frac{1}{3}$$

B (magari un italiano che vive da molti anni all'estero) gioca anche lui una volta occasionalmente; ***B*** conosce bene la natura del gioco e le statistiche generali sulle partite, ma non è più informato sul rendimento recente delle diverse squadre; supponiamo che, basandosi appunto soltanto sulle statistiche, ponga

$$p_1(k) = 0{,}5, p_X(k) = 0{,}3, p_2(k) = 0{,}2$$

C è lo scommettitore tipico, che conosce molto bene tutte le statistiche sulle partite; ma ha, in più, informazioni sempre aggiornate sul rendimento delle diverse squadre ed anzi elabora in proposito idee sue proprie, che spesso costituiscono argomento di articolate discussioni e revisioni; nel suo caso $p_1(k)$, $p_X(k)$ e $p_2(k)$ dipendono in modo determinante dalla specifica giornata calcistica e, per una fissata giornata, variano nettamente con k.

D è uno scommettitore piuttosto atipico che guarda alle diverse partite come oggetti indistinguibili, con simmetria fra i diversi risultati e ipotizza un modello di Bose-Einstein per i numeri di occupazione N_1, N_2, N_X (fra l'altro ***D*** sta ammettendo una certa correlazione positiva fra i risultati delle diverse partite).

Supponiamo ora che si osservi il risultato $(1, 1, \ldots, 1, 1)$: *tutte le squadre che giocano in casa ottengono la vittoria!*

Indichiamo brevemente questo risultato con il simbolo **E** e notiamo innanzitutto che esso può anche essere scritto nella forma $(N_1 = 14, N_2 = 0, N_X = 0)$. Come reagiscono ***A, B, C, D*** di fronte al verificarsi di **E**?

A tale proposito, ***D*** non ha niente da dire: il modello probabilistico da lui assegnato per (N_1, N_2, N_X), come si è detto, corrisponde a quello di *Bose-Einstein*; sotto tale modello la probabilità di **E** è data da:

$$\frac{1}{\binom{m+r-1}{m-1}} = \frac{1}{\binom{16}{2}} = \frac{1}{120}$$

Pur se tale probabilità è piuttosto piccola, E viene considerato uno dei 120 eventi elementari equi-probabili che possono essere osservati.

Neanche per *A*, il cui stato di informazione corrisponde ad un modello di *Maxwell-Boltzmann* per (N_1, N_2, N_X), si dovrebbe creare uno stato di meraviglia. Pur se, nel suo schema, la probabilità di E è piccolissima (cioè uguale a $\frac{1}{3^{14}}$), *A* può dire che si è verificato uno dei 3^{14} possibili eventi elementari e un qualunque altro risultato avrebbe avuto la stessa probabilità (torneremo fra poco su questo punto).

La reazione di *C* dipende ovviamente dal suo specifico pronostico; se in particolare varie squadre ritenute deboli hanno giocato in casa contro rivali forti, *C* potrebbe rimanere, e a ragione, molto sorpreso dal verificarsi di E e sarebbe indotto a immaginare qualche fattore comune a tutte le partite che, contraddicendo la sua iniziale convinzione di indipendenza, abbia favorito tutte le squadre di casa contemporaneamente.

Lo stato di informazione di *B* corrisponde ad un modello *multinomiale* per (N_1, N_2, N_X). La possibile reazione di *B* di fronte al risultato E può essere quella più illuminante per la nostra discussione. Vediamo due tipi di argomentazione:

i) Siccome il suo pronostico vedeva nettamente favorite le squadre di casa, *B* non dovrebbe rimanere meravigliato dal risultato. Pur se la probabilità a priori di tale risultato è piccolissima $\left(\frac{1}{2^{14}}\right)$, questa risulta essere comunque maggiore di quella associata a ogni altra possibile colonna.
Ma alcuni, nella situazione di *B* (e ancor più nella situazione di *A*), potrebbero anche argomentare come segue.

ii) Scritto in termini dei numeri di occupazione, E equivale all'evento ($N_1=14$, $N_2=0$, $N_X=0$); la probabilità a priori di tale risultato è piccolissima ed un diverso risultato più equilibrato per i numeri di occupazione, ad esempio ($N_1=7$, $N_2=4$, $N_X=3$) avrebbe avuto una probabilità a priori di gran lunga maggiore, data da

$$\frac{14!}{7!\cdot 4!\cdot 3!}\cdot\frac{1}{2^7}\cdot\frac{1}{3^4}\cdot\frac{1}{5^3}$$

Quindi si è verificata una coincidenza estremamente improbabile e significativa: ci deve essere stata qualche correlazione che ha favorito contemporaneamente tutte le squadre di casa al di là di quanto prevedibile sotto l'ipotesi di indipendenza.

Dove sta la contraddizione fra le argomentazioni i) e ii)? Invece di dilungarci in una spiegazione analitica, diamo una risposta sintetica, da un punto di vista pratico.

Se, per vincere al Totocalcio, allo scommettitore venisse richiesto di azzeccare i valori assunti da N_1, N_2 ed N_X, allora, sotto lo stato di informazione di *A*, ma anche di *B* e verosimilmente anche di *C*, non ci sarebbero dubbi che sarebbe molto più conveniente puntare ad esempio sul risultato ($N_1=7$, $N_2=4$, $N_X=3$) piuttosto che su ($N_1=14$, $N_2=0$, $N_X=0$). Infatti l'evento ($N_1=7$, $N_2=4$, $N_X=3$) è composto da un grandissimo numero di eventi elementari, mentre il risultato ($N_1=14$, $N_2=0$, $N_X=0$) coincide esso stesso con un solo evento elementare (notiamo invece che per ***D*** i due risultati sono equiprobabili). Ma, per vincere, si richiede di indovinare dettagliatamente tutta la colonna dei singoli risultati; si richiede cioè non solo di azzeccare *quante*, ma anche *quali* partite danno luogo ai risultati 1, 2 e X rispettivamente e quindi, sotto lo stato di informazione di ***B***, dovendo giocare una sola colonna, converrebbe puntare sulla colonna (1,1,... ,1) piuttosto che su qualunque altra.

Ciò evidenzia un fatto: non si dovrebbe cadere nel tranello di confrontare la probabilità di una singola colonna (cioè, diciamo, di un risultato *microscopico*) con la probabilità di un insieme definito in termini dei numeri di occupazione (risultato *macroscopico*)!

Questa possibilità di confusione fra due diverse situazioni di osservazione (diciamo *microscopica* una e *macroscopica* l'altra) può aiutare a spiegare alcuni dei malintesi nell'analisi di coincidenze, anche più in generale[8].

Permutazioni casuali e lotterie

Consideriamo di nuovo il caso di una permutazione casuale di r oggetti, come nel caso di una lotteria (non truccata) in cui vi sono r biglietti contrassegnati da 1 a r, r premi contrassegnati da 1 a r e ciascun premio può essere assegnato a ciascuno dei biglietti , con uguale probabilità.

Parlando in generale, qui indicheremo con C_r il numero di *concordanze*. Che cosa possiamo dire circa la distribuzione di probabilità di C_r?

Nel caso $r = 2$, possiamo avere soltanto i due risultati equiprobabili (1,2) e (2,1), quindi entrambi con probabilità $\frac{1}{2}$.

Il primo risultato comporta $C_2 = 2$, il secondo $C_2 = 0$. Quindi C_2 è una variabile aleatoria che può assumere soltanto i due valori 0 e 2, con uguali probabilità $\frac{1}{2}$ e $\frac{1}{2}$; il suo valore atteso è dunque dato da:

$$E(C_2) = \frac{1}{2} \times 0 + \frac{1}{2} \times 2 = 1$$

[8] *Pensiamo, introducendo per semplicità qualche schematizzazione, all'osservazione di R fenomeni diversi: un primo fenomeno che può presentarsi in h_1 diverse modalità $m_1(1),\ldots, m_1(h_1)$, un secondo fenomeno che può presentarsi nelle modalità $m_2(1),\ldots, m_2(h_2),\ldots$, un R-esimo fenomeno che può presentarsi nelle modalità $m_r(1),\ldots, m_R(h_R)$.*
Supponiamo anche che sussistano, nella nostra personale psicologia, delle corrispondenze fra alcune modalità per fenomeni diversi; tali modalità fra loro corrispondenti siano, ad esempio, proprio $\{m_1(1), m_2(1),\ldots, m_R(1)\}$, $\{m_1(2), m_2(2),\ldots, m_R(2)\},\ldots$.
Così facendo pensiamo, insomma, al caso in cui noi percepiremmo come coincidenze singolari il verificarsi contemporaneo di $m_1(1), m_2(1),\ldots, m_R(1)$ o di $m_1(2), m_2(2),\ldots, m_R(2)$, ecc.
Vi siano m-1 classi di questo tipo; alcune modalità non apparterranno a nessuna classe.
Questa situazione può determinare, nel nostro inconscio, dei numeri di occupazione $N_1, N_2,\ldots, N_{m-1}, N_m$, dove N_1 è il numero di fenomeni che si presentano nelle modalità di classe 1,..., N_{m-1} è il numero di fenomeni che si presentano nelle modalità di classe m-1, N_m è il numero di fenomeni che si presentano in modalità che non stanno in nessuna classe.
Può accadere che, in presenza di un risultato abbastanza "equilibrato" per i numeri di occupazione, non si noti che si stia effettivamente osservando un risultato microscopico; ciò invece viene notato quando, per qualche j, N_j assume un valore molto più grande rispetto agli altri.
Un ulteriore "effetto di coincidenza" può essere determinato dal fatto che non ci si renda conto che stiamo osservando un fenomeno, fintanto che questo non si presenti nella modalità appartenente ad una classe il cui numero di occupazione associato assuma un valore elevato; cioè, fra gli R fenomeni, si notano soltanto quelli che si presentano con una modalità presentatasi con un'alta frequenza.

Nel caso $r = 3$, possiamo avere i sei risultati (1,2,3), (2,1,3), (1,3,2), (3,2,1), (2,3,1) e (3,1,2), ciascuno con la stessa probabilità $\frac{1}{6}$.

In particolare, per (1,2,3) risulta $C_3 = 3$; per (2,1,3), (1,3,2), (3,2,1) risulta $C_3 = 1$; infine nei casi (2,3,1) e (3,1,2) si avrà $C_3 = 0$. Quindi C_2 è una variabile aleatoria che può assumere soltanto i valori 0, 1 e 3, con rispettive probabilità $\frac{1}{3}, \frac{1}{2}$ e $\frac{1}{6}$ e il suo valore atteso sarà dunque dato da:

$$E\,(C_3) = \frac{1}{3} \times 0 + \frac{1}{2} \times 1 + \frac{1}{6} \times 3 = 1$$

Si potrebbe dimostrare facilmente che, anche all'aumentare di r, il valore atteso di C_r resta sempre uguale a 1[9].

La distribuzione di probabilità di C_r, invece, varia ovviamente con r, ma si può dimostrare che tale distribuzione converge rapidamente ad una *distribuzione di Poisson* di valore atteso 1, cioè, all'aumentare di r, si avrà

$$P\{C_r = n\} \rightarrow \frac{e^{-1}}{n!}$$

e, in particolare

$$P\{C_r \geq 1\} \rightarrow 1 - e^{-1}$$

Torniamo ora al tema delle lotterie. Varie volte potrebbe capitare, magari senza neanche comprare alcun biglietto, di giocare ad una lotteria, anche se di tipo un po' particolare. Semplificando, possiamo ancora dire che c'è un gruppo di r "giocatori" e che a ciascuno toccherà in sorte un premio, ma il valore del premio sia ora "soggettivo": per ciascun giocatore c'è un solo premio da lui valutato come "fortunato" (o interessante, notevole, ecc.) e tutti gli altri per lui non hanno valore; supponiamo qui per semplicità che il premio considerato fortunato sia diverso da giocatore a giocatore. Sia i premi che i giocatori siano ancora contrassegnati da 1 a r, e precisamente sia contrassegnato con k il premio giudicato fortunato dal giocatore k. Se l'assegnazione dei premi è casuale, si verrà a determinare una permutazione casuale ed il numero dei "vincitori" (dei giocatori cioè che si sentiranno toccati dalla fortuna) coincide con il numero di concordanze C_r.

Facciamo ora un confronto fra una normale lotteria, in cui uno stesso premio (ed uno soltanto) è di valore e tutti gli altri hanno valore nullo, e la lotteria qui descritta; indichiamole rispettivamente come *lotteria a* e *lotteria b*. Dal punto di vista del singolo giocatore non vi è alcuna differenza fra i due casi: la sua probabilità di risultare "vincitore", in entrambi i casi, è uguale a $\frac{1}{r}$.

Dal punto di vista "collettivo" c'è invece una differenza: nel caso *a* il numero dei "vincitori" è uguale ad 1 con certezza; nel caso *b* il numero dei vincitori è una variabile

[9] *Sostanzialmente ciò dipende dal fatto che vi sono r elementi e ciascuno di essi ha probabilità $\frac{1}{r}$ di dar luogo ad una concordanza. Per ottenere la conclusione desiderata basta tener conto della proprietà di linearità del valore atteso.*

aleatoria che, per i motivi cui si è appena accennato, ha valore atteso uguale ad 1 e la cui distribuzione di probabilità è approssimativamente quella di Poisson.

È stato notato spesso un particolare effetto psicologico a posteriori che si può verificare per il vincitore di un ingente premio ad una lotteria del tipo *a*: questi ripenserà a tutto quello che gli è accaduto prima di acquistare il biglietto e noterà una serie di circostanze che l'hanno portato ad acquistare proprio quel biglietto: può avvertire, insomma, una sorta di "effetto destino".

Possiamo immaginare allora che, nella "lotteria" di tipo *b*, a causa dell'aleatorietà nell'esistenza di un vincitore, un tale effetto si possa avvertire in modo ancora più marcato. Ciò, però, non è giustificato; infatti, a livello individuale, non vi è alcuna differenza fra le due situazioni.

A livello collettivo si potrebbe avere un effetto di "coincidenza sorprendente" nell'osservare diverse "concordanze". E si potrebbe essere fuorviati dall'impressione intuitiva che la probabilità di un dato numero di concordanze possa dipendere dal numero complessivo r. Tale impressione sarebbe però ingiustificata, in quanto, come si è detto, la distribuzione di probabilità di C_r varia di poco al crescere di r.

Analisi di coincidenze e fondamenti della probabilità

Al termine *probabilità* possono venir attribuiti vari significati diversi e ciò, naturalmente, è causa di frequenti equivoci. Sarà utile un brevissimo *excursus* circa alcuni di tali significati e le loro reciproche relazioni, in vista di alcune connessioni che si vengono a creare con la tematica delle coincidenze.

Il significato matematico del termine *probabilità* è generalmente quello formalizzato nella teoria assiomatica fondata da Kolmogorov [8], dove la probabilità $\boldsymbol{P}$ è una misura (numerabilmente additiva) su una Ω-algebra di sottoinsiemi di uno spazio Ω (*spazio campione*) e tale che $\boldsymbol{P}(\Omega) = 1$ (assioma di *normalizzazione*) (per un testo in proposito si veda anche, per esempio, [9]).

Gli elementi di Ω vengono "interpretati" come gli *eventi elementari* che possono essere osservati in un esperimento aleatorio.

Nel caso in cui Ω sia un insieme finito (diciamo $\Omega \equiv \{\omega_1, \omega_2, \ldots, \omega_N\}$), qualunque sottoinsieme E di Ω può essere visto come un evento (che verrà detto *composto* se contiene più di un elemento) e, come conseguenza immediata dell'assioma di additività, si ha che la probabilità $\boldsymbol{P}(E)$ risulta uguale alla somma delle probabilità degli eventi elementari (elementi dello spazio Ω) che compongono E.

Un caso particolarissimo, ma di importanza fondamentale, si ha quando oltre ad essere Ω un insieme finito, risulti naturale prefigurare una situazione di *simmetria* fra i diversi eventi elementari, cioè si *imponga* che tutti gli eventi elementari siano equiprobabili fra di loro.

In tal caso, come conseguenza immediata dell'assioma di normalizzazione, si ha:

$$\boldsymbol{P}(\omega_i) = \frac{1}{N}, \; i = 1, 2, \ldots, N$$

e per un generico sottoinsieme $E \subseteq \Omega$, in virtù dell'assioma di additività,

$$\boldsymbol{P}(E) = \frac{|E|}{N},$$

avendo indicato con $|E|$ la cardinalità di E.

Una tale situazione si presenta spesso, ed in modo naturale, in molte applicazioni (in particolare nell'ambito della Fisica, della Genetica, dei Giochi di azzardo, ecc.) e la precedente formula viene tradotta nel linguaggio comune attraverso la ben nota frase:

la probabilità di un evento E è data dal rapporto fra casi favorevoli e casi possibili.

In questi casi il calcolo delle probabilità si riduce sostanzialmente a questioni di *calcolo combinatorio*; la teoria matematica che ne deriva (sostanzialmente elementare, ma non per questo priva di complessità) trova un riscontro immediato nelle applicazioni, che a loro volta vi trovano perfetta corrispondenza. Si parla in tal caso di probabilità *combinatoria,* oppure di probabilità *classica,* in quanto questa costituisce l'idea di probabilità alla base dei primi sviluppi della teoria a partire dal 1500 - 1600.

Pur rimanendo nell'ambito di uno spazio campione Ω finito, la situazione invece cambierebbe notevolmente nei casi in cui si avesse una palese forzatura nell'imporre una uguale probabilità fra tutti gli eventi elementari.

Nell'affrontare dei problemi applicativi e concreti, specialmente di tipo statistico, si può essere costretti, in tali casi, ad esprimere che cosa effettivamente si intenda per *probabilità* nella specifica questione; occorrerà cioè precisare come si interpretino e come si "misurino" le probabilità degli eventi (pur volendo mantenere che il comportamento matematico e le "regole" del calcolo della probabilità siano quelle codificate dagli assiomi di Kolmogorov). Questa è una situazione diversa da quella della probabilità combinatoria, nella quale si poteva dire "non so che cosa sia *fisicamente* la probabilità, ma **so** che *essa è la stessa* per tutti gli eventi elementari". A questo punto possono venir fuori molteplici significati diversi, con diverse logiche di misurazione. Tali differenze possono essere spesso determinate dal tipo di problematica e di applicazione concreta che si sta specificamente considerando.

Questioni di questo tipo mostrano ulteriormente la loro rilevanza nei casi in cui Ω non è uno spazio finito. Si giunge così alla questione dei "fondamenti della probabilità". Come ben si sa, si è sviluppato su queste problematiche un dibattito vasto e molto approfondito, ben difficile da riassumere e da conoscere in tutta la sua estensione.

Si può però dire brevemente che nel pensiero scientifico e nelle applicazioni sono emerse, fra tante altre, due fondamentali linee di interpretazione della probabilità: una ("frequentista") che misura una probabilità sulla base di certe frequenze osservate di successi, e una ("soggettivista") che connette la probabilità all'organizzazione mentale e al comportamento di un individuo di fronte ad una situazione di incertezza, o, in altre parole, di uno stato di informazione incompleta.

A parte la definizione assiomatica, abbiamo quindi sostanzialmente tre diversi modi di "interpretare" che cosa sia la probabilità di un evento: un'interpretazione combinatoria (rapporto fra casi favorevoli e casi possibili); un'interpretazione frequentista (rapporto fra numero di successi e numero di prove, su un gran numero di prove analoghe ed "indipendenti"); un'interpretazione soggettivista (grado di fiducia, da parte di un soggetto, nell'avverarsi dell'evento).

Tali diverse interpretazioni essenzialmente differiscono per il loro ambito di applicabilità:

- l'interpretazione combinatoria è valida soltanto nel caso di spazio campione finito e con simmetria fra gli eventi elementari
- l'interpretazione frequentista prescinde da tali condizioni restrittive, ma comunque richiede che gli eventi, cui si vuole assegnare una probabilità, siano "ripetibili"
- l'interpretazione soggettivista non ha invece alcuna restrizione di applicabilità. Anche se, a prima vista, potrebbe apparire priva di un significato concreto, essa dà luogo invece ad una impostazione molto realistica, alla luce del fatto che un individuo (ma anche una società, un organismo politico, una compagnia di assicurazioni, ecc.) deve comunque elaborare regole normative nella scelta di decisioni a fronte di situazioni di incertezza, relative ad eventi non necessariamente ripetibili.

C'è da notare come, nelle situazioni in cui si possa parlare di probabilità combinatoria, la probabilità frequentista effettivamente venga a coincidere con essa; così come la probabilità soggettivista coincide con quella frequentista nei casi in cui quest'ultima possa essere definita e risulti *conosciuta* (quest'ultimo punto è comunque un po' delicato e una spiegazione in proposito ci farebbe deviare troppo dalla presente esposizione).

Un elemento caratteristico dell'impostazione conseguente all'interpretazione soggettivista sta nel fatto che con essa si mira a formalizzare il meccanismo secondo cui la probabilità di un evento si modifica al variare dello stato di informazione; ed è tale impostazione che è sostanzialmente stata sottintesa nelle considerazioni qui svolte.

Da un punto di vista matematico, la teoria della probabilità, fondata sugli assiomi di Kolmogorov e sulla *Teoria della misura*, ha avuto al contempo uno sviluppo di dimensioni vastissime nel corso del '900. Lo sviluppo di tale teoria, forte dei successi straordinari che venivano man mano ottenuti, in particolare nello studio dei processi aleatori, si è realizzato lasciando in qualche modo a margine il dibattito sul significato fisico del termine *probabilità*.

Come in qualunque teoria matematica, si può evitare di preoccuparsi del significato fisico degli oggetti che si stanno studiando, una volta che si sono stabiliti gli assiomi cui essi debbono obbedire.

Sta di fatto però che, nello studio della probabilità e delle sue applicazioni, si presentano situazioni in cui l'assiomatica di Kolmogorov viene trascesa, oppure, comunque, si rivela troppo restrittiva. Sostanzialmente vi sono due aspetti di cui tener conto (si veda [10]):

a) in taluni casi l'assunzione dell'additività numerabile si rivela troppo forte e potrebbe rendersi opportuna l'applicazione di una teoria della probabilità, più debole e più generale, basata soltanto sull'assioma di additività finita;
b) in altri casi è l'idea stessa di poter individuare a priori lo spazio *campione* (costituito da tutti i possibili eventi elementari) a risultare poco realistica. Può accadere infatti che, nell'osservazione di un esperimento, si presenti un evento che non era stato a priori contemplato e ciò alza un sipario su un ventaglio di varie altre possibilità cui non si era pensato (e che effettivamente non si sono presentate) ma che comunque passano a dover essere considerate come potenzialmente osservabili.

L'esigenza di uno studio di questo secondo aspetto può in particolare emergere in quelle situazioni cui si renda naturale un'interpretazione soggettivistica della probabilità, e potrebbe fra l'altro affacciarsi nelle analisi cui siamo qui interessati.

Altri fenomeni, nel cui studio emerge una parziale inadeguatezza dell'assiomatica di Kolmogorov (e che potrebbero anche avere una certa rilevanza nell'analisi delle coincidenze), sono quelli analizzati nell'ambito della "probabilità quantistica" (si veda [11]).

Sul piano metodologico c'è comunque da sottolineare che i precedenti punti non possono assolutamente portare a sminuire il ruolo fondamentale che l'assiomatica di Kolmogorov ha ed ha avuto nella teoria delle probabilità.

I casi contemplati nel punto b) d'altra parte possono avere, come si detto, una certa rilevanza proprio nello studio delle coincidenze. Gli esempi cui abbiamo accennato nella precedente sezione non sono comunque esempi di questo tipo: abbiamo infatti analizzato casi in cui non veniva messa in discussione l'individuazione di qualche opportuno spazio campione "preconfezionato".

Potrebbe essere interessante però approfondire l'analisi di qualche esempio anche nel senso suddetto.

Bibliografia

[1] R. K. Merton (2001) *Viaggi e avventure della serendipity*, Il Mulino
[2] A. Koestler (1972) *Le radici del caso*, Astrolabio
[3] P. Oddifreddi (2001) *C'era una volta un paradosso*, Einaudi
[4] P. Diaconis, F. Mosteller (1989) Methods for studying coincidences, *J. American Statistical Association* 84, pp. 984-987
[5] I. Peterson (2005) *Un safari matematico*, Longanesi e C.
[6] W. Feller (1968) *An Introduction to Probability Theory and its Applications*, Vol. I, Wiley
[7] F. Spizzichino (2005) *Introduzione alla probabilità; con aggiunte a cura di G. Nappo*, dispense ad uso degli studenti del C. L. T. in Matematica, Dipartimento di Matematica, Università "La Sapienza" di Roma (2005) disponibile su *www.mat.uniroma1.it/people/nappo/CPE-appunti/versione-30-maggio-2005.pdf*
[8] A. N. Kolmogorov (1933) *Grundbegriffe der Wahrscheinlichkeitsrechnung*, Erg. Math, Vol. 2, No. 3, Springer-Verlag
[9] P. Billingsley (1979) *Probability and Measure*, Wiley
[10] B. de Finetti (1970) *Teoria delle Probabilità*, Einaudi
[11] P S. P. Gudder (1988) *Quantum Probabilità*, Academic Press

matematica e design

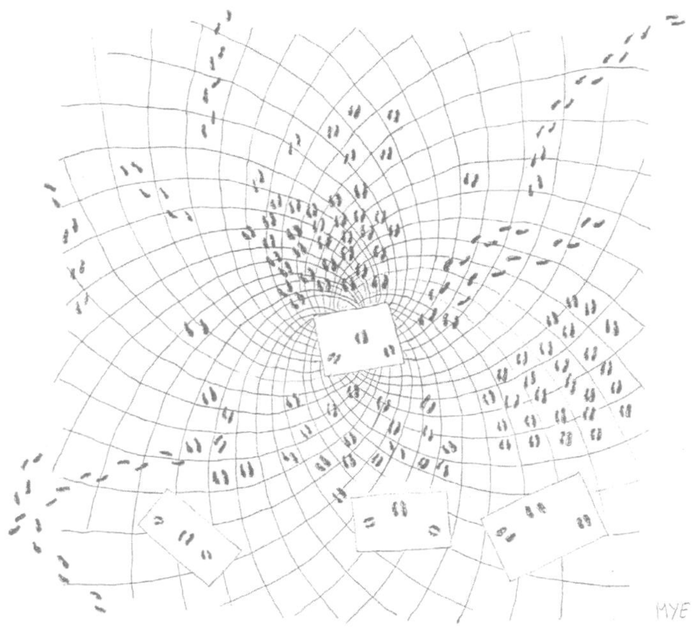

Il pesce quadrato

Marco Campana

Il pesce quadrato è una favola illustrata e, come in tutte le favole illustrate, anche in questo caso le immagini hanno la funzione di rendere visibile il racconto. Si tratta, però, solo di una prima impressione. In realtà, nei momenti decisivi, le immagini non solo raffigurano, ma "dimostrano", per così dire, sul piano percettivo e in senso geometrico la verità dell'enunciato. Sul piano percettivo in quanto il pesce quadrato vede le singole figure in un nuovo insieme, coerente e diverso da come lo vedono gli altri pesci. In senso geometrico, per la divisibilità del quadrato in figure geometriche dello stesso tipo. Risulta così che testo e immagini sono strettamente necessari l'uno all'altro.

Ho provato qui a raffigurare sinteticamente l'iter compositivo del racconto che descrive il percorso creativo che mi ha portato a realizzare questa favola. Tutto è nato dall'idea che, in un campo di rappresentazione, gli elementi possono configurarsi in modo diverso se mettiamo in gioco, per esempio, la percezione del contorno del campo rappresentativo. Immaginando e disegnando un sole nero e dei tagli trasversali, che potevano essere una porta di accesso ad un altra dimensione, ho considerato, in seguito, il contorno della pagina come se fosse un disegno. Ciò era, ovviamente, solo una possibilità (quando osserviamo un quadro o la pagina di un libro non ci interessa, in genere, la forma del loro contorno in relazione a quanto è in essi contenuto) ma, se utilizzata, cambiava completamente l'insieme ed il senso della visione: il sole è diventato un occhio e le fessure delle branchie di pesce e, poiché la pagina era quadrata, mi sono trovato davanti ad un grande pesce quadrato. Passare dal grande quadrato al piccolo quadrato, per suddivisione, è stato un attimo.

Il pesce quadrato

Scena 1 Nelle acque calme e trasparenti di un mare lontano arrivò, quando fu il suo tempo, la corrente del sud e passò leggera fra le uova dei pesci fra le alghe.

Scena 2 Nacquero così i nuovi pesci dell'anno e subito si misero insieme per famiglie. Solo uno non sapeva dove andare e tutti gli chiedevano: "Che pesce sei?"

Scena 3 Il piccolo pesce non rispose e solitario se ne andò per una via del mare fino a quando arrivò a un grande sasso. Salì sulla sua cima e lì finalmente si fermò.

Scena 4 Poi cominciò a guardare il mondo e giorno dopo giorno, se ne stava su quel sasso sempre più triste e solo mentre tutto cambiava e cresceva intorno a lui. Passarono le anguille. Una di esse lo vide e gli si avvicinò.

Scena 5 Il pesce solitario domandò: "Tu mi conosci?" L'anguilla si distese, poi si piegò in quattro parti uguali fino a toccarsi la testa con la coda e disse: "Vedi? Tu sei un pesce quadrato". Poi si riallungò e riprese il suo viaggio.

Scena 6 Poco tempo dopo, in pieno giorno, l'acqua si oscurò e alle lumache che fuggivano aggrappate alle alghe il piccolo pesce domandò: "Perché ve ne andate?" "Strane cose accadono nel nostro mare – risposero – scappa anche tu".

Scena 7 Il pesce quadrato invece andò incontro agli altri pesci e li trovò uno vicino all'altro, pieni di paura. "Che cosa sono quelle fessure che si aprono e si chiudono e muovono tutta l'acqua intorno?" chiedeva uno. "E' la porta del mare dei morti" gli rispondeva un altro.

Scena 8 "E quel cerchio in alto che ogni tanto appare è il suo sole sempre nero" diceva un altro ancora. Ma il pesce quadrato disse: "Ciò che si apre e si chiude è il respiro e quel cerchio scuro è l'occhio. Ora guardate tutto, insieme al contorno: è un pesce molto grande, un pesce quadrato come me".

Scena 9 Quindi si fece un poco più avanti e domandò: "Tu sei un pesce cattivo o un pesce buono?". Il grosso pesce lo guardò e sorrise. "Sei buono – disse il piccolo pesce – ma troppo grande".

Scena 10 Allora il grosso pesce si trasformò e tutto il mare si riempì di occhi.

Scena 11 Poi, uno dopo l'altro, presero forma tanti piccoli pesci quadrati

Scena 12 e si sparsero in tutti i mari del mondo.

Scena 13 Alcuni però restarono e da quel giorno il pesce quadrato visse insieme a loro, per sempre felice, nella grande famiglia dei pesci.

Fig. 1. Il pesce quadrato - le illustrazioni
(*vedi la sezione a colori*)

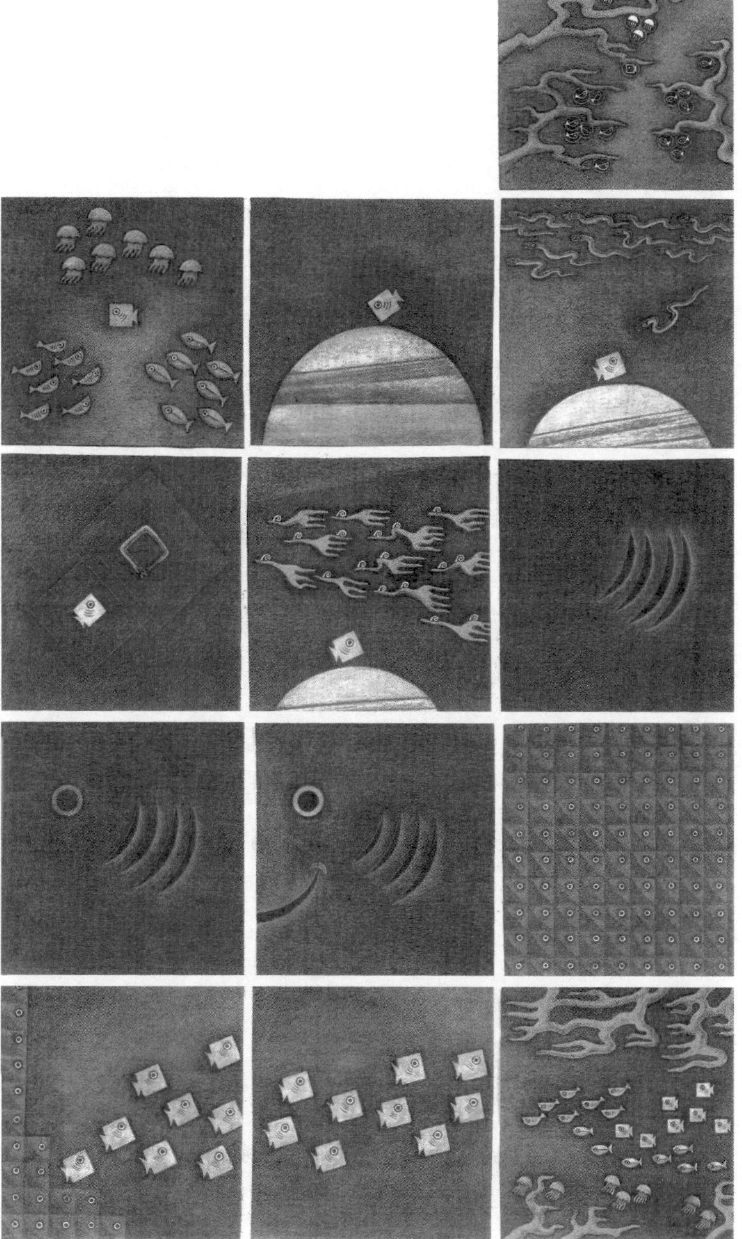

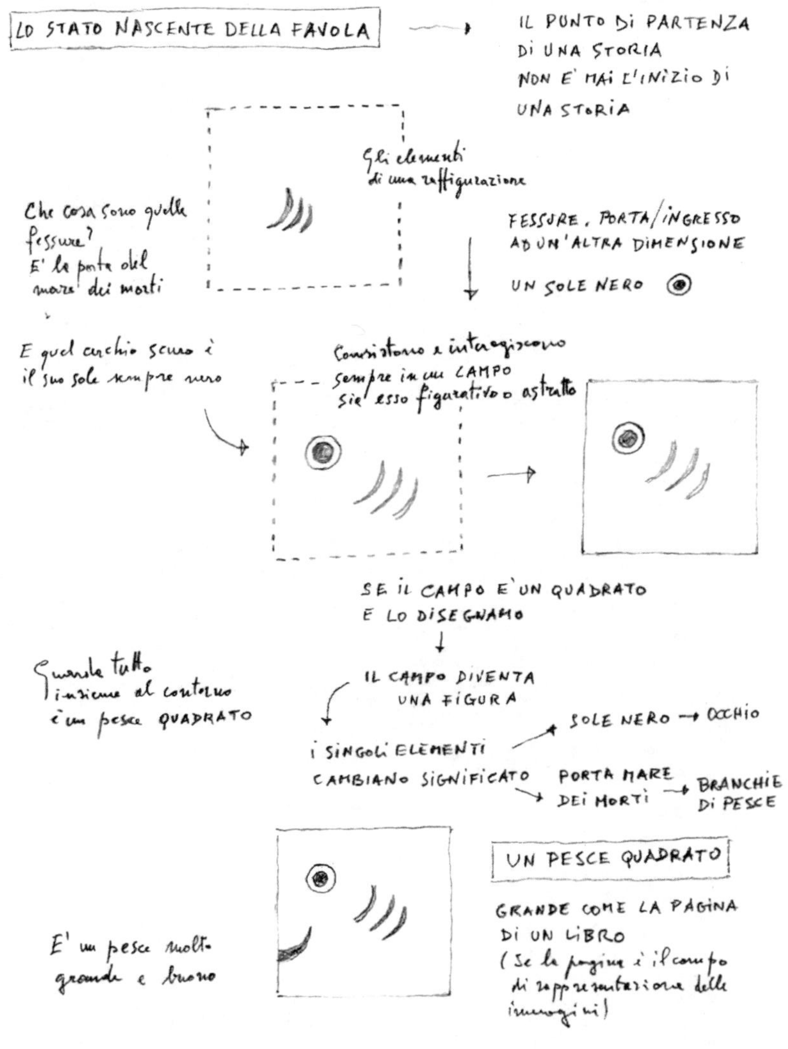

LO STATO NASCENTE DELLA FAVOLA → IL PUNTO DI PARTENZA DI UNA STORIA NON E' MAI L'INIZIO DI UNA STORIA

Gli elementi di una raffigurazione

Che cosa sono quelle fessure? E' la porta del mare dei morti

FESSURE. PORTA/INGRESSO AD UN'ALTRA DIMENSIONE

UN SOLE NERO

E quel cerchio scuro è il suo sole sempre nero

Consistono e interagiscono sempre in un CAMPO sia esso figurativo o astratto

SE IL CAMPO E' UN QUADRATO E LO DISEGNAMO

↓

IL CAMPO DIVENTA UNA FIGURA

Guarda tutto insieme al contorno è un pesce QUADRATO

I SINGOLI ELEMENTI CAMBIANO SIGNIFICATO

SOLE NERO → OCCHIO

PORTA MARE DEI MORTI → BRANCHIE DI PESCE

UN PESCE QUADRATO

GRANDE COME LA PAGINA DI UN LIBRO (Se la pagina è il campo di rappresentazione delle immagini)

E' un pesce molto grande e buono

Fig. 2. Il percorso creativo della favola - pesce quadrato 1

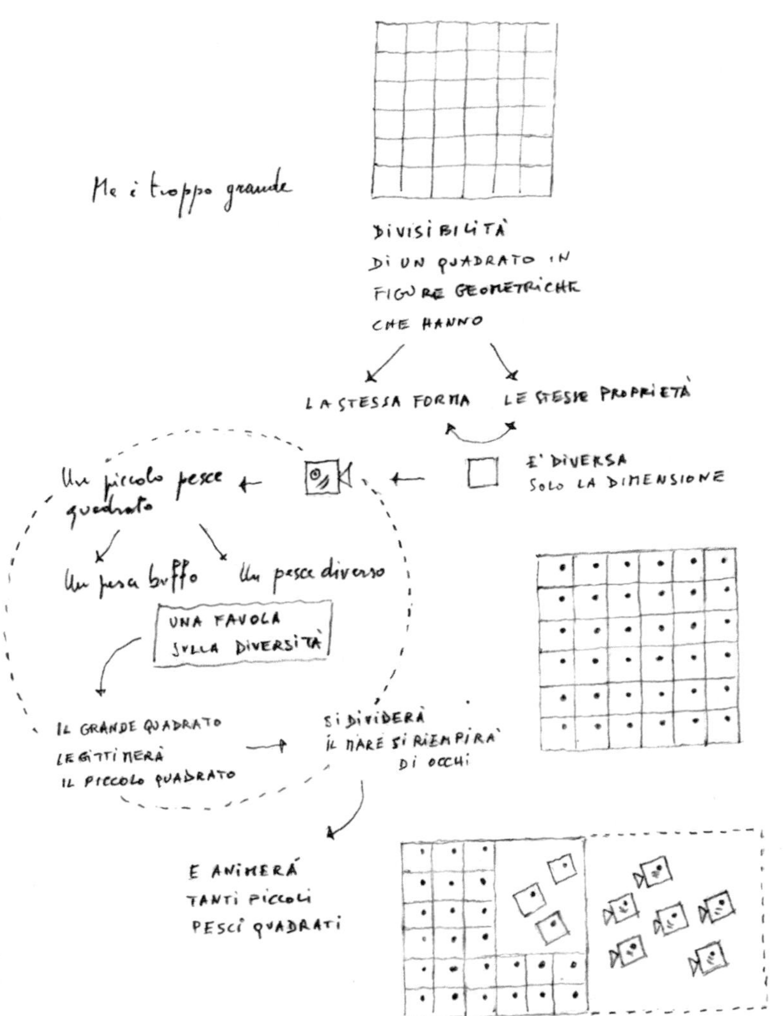

Fig. 3. Il percorso creativo della favola - pesce quadrato 2

LA SCOPERTA DELLA
IDENTITÀ PERSONALE

CHE PESCE SEI?

IL PESCE QUADRATO NASCE
UNICO E SOLO

↓

HA ELEMENTI PER
CAPIRE CHE APPARTIENE
ALLA CLASSE DEI PESCI

MA NON HA UNA FAMIGLIA
IN CUI RICONOSCERSI

NON HA
NOME

TU MI CONOSCI?

L'ANGUILLA E' IL PESCE
DEI LUNGHI VIAGGI
IL PESCE DELLA CONOSCENZA

→ PRENDE LA FORMA
DI UN QUADRATO

IL PESCE QUADRATO
ORA CONOSCE LA SUA
FORMA E IL SUO NOME

↓

IL PICCOLO QUADRATO
RICONOSCE COSÌ
IL GRANDE QUADRATO

VEDI?
TU SEI UN PESCE QUADRATO

GUARDATE TUTTO
INSIEME AL CONTORNO
E' UN PESCE QUADRATO
COME ME

IL PICCOLO PESCE
CHE SI MUOVE SUL PIANO
DELLE IMMAGINI
IN REALTÀ NON PUÒ VEDERE
IL GRANDE QUADRATO

IL PASSAGGIO CI APPARE
CONGRUENTE PERCHÉ AVVIENE
UNA TRASLAZIONE IMMEDIATA
DAL PICCOLO QUADRATO A NOI

→ SIAMO NOI ORA CHE PROCEDIAMO
NEL PERCORSO NARRATIVO

↓

CIASCUNO DI NOI È IL PICCOLO
PESCE QUADRATO, IL DIVERSO

Fig. 4. Il percorso creativo della favola - pesce quadrato 3

ORA CI SONO GLI ELEMENTI
PER UNA SEQUENZA NARRATIVA
ORDINATA PER TESTO ED IMMAGINI
SECONDO LO SCHEMA DI PROPP

NELLE ACQUE CALME
E TRASPARENTI
DI UN MARE LONTANO
...

a) L'EROE VIVE IN UNA CONDIZIONE DI STABILITÀ → IL PESCE QUADRATO NASCE FRA TANTI ALTRI PESCI IN UN MARE TRANQUILLO

CHE PESCE SEI?

b) QUALCOSA SCONVOLGE QUESTA CONDIZIONE → IL PESCE QUADRATO NON HA APPARTENENZA NON HA UN NOME

c) L'EROE INTRAPRENDE UN VIAGGIO PER RESTAURARE LA STABILITÀ → IL PESCE QUADRATO SE NE VA

d) INTERVIENE UN AIUTANTE MAGICO CHE GLI CONSENTE DI AFFRONTARE UNA SFIDA → UN'ANGUILLA VIENE IN SOCCORSO DEL PESCE QUADRATO

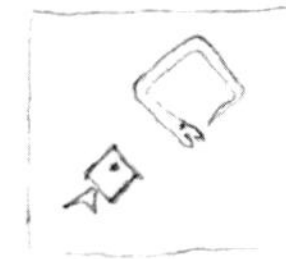

TU MI CONOSCI?
VEDI?
TU SEI UN
PESCE QUADRATO

e) LA SFIDA E' AFFRONTATA CON SUCCESSO

f) L'EROE PERVIENE AD UNO STADIO PIÙ ALTO DI STABILITÀ → ALL'IMPROVVISO IL MARE SI OSCURA TUTTI I PESCI HANNO PAURA E FANTASTICANO SULLE FIGURE

LA PORTA DEL MARE DEI MORTI

IL SUO SOLE SEMPRE NERO

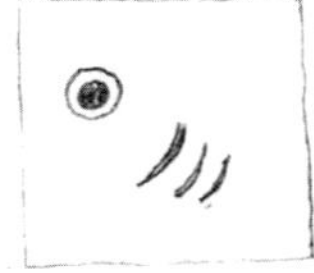

UN PESCE QUADRATO COME ME

MA IL PESCE QUADRATO DISSE:
GUARDATE TUTTO
INSIEME AL CONTORNO
E' UN PESCE QUADRATO
COME ME

E' UN PESCE BUONO MA TROPPO GRANDE

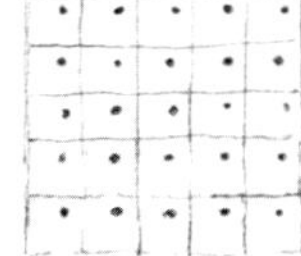

IL GRANDE QUADRATO SI DIVIDE E SI RIEMPIE DI OCCHI

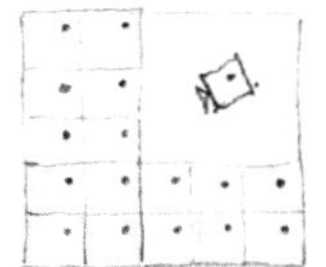

PRENDONO FORMA TANTI PICCOLI PESCI QUADRATI

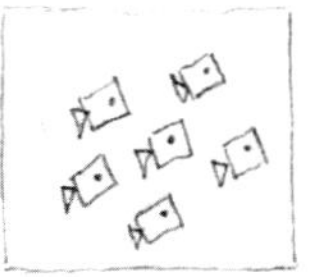

E SI SPARGONO IN TUTTI I MARI DEL MONDO

Fig. 5. Il percorso creativo della favola - pesce quadrato 4

Il quadrato: omaggio a Bruno Munari

Michele Emmer

Il quadrato non è una forma subconscia.
È la creazione della ragione intuitiva.
Il volto della nuova arte!
Il primo passo della creazione pura in arte.
K. Malevich

Malevich e il "Quadrato nero"

Nel dicembre del 1913, nel teatro Luna-park di via Oficerskaja, a San Pietroburgo, andava in scena per la prima volta la *Vittoria sul sole*. Il progetto dello spettacolo era stato messo a punto in un incontro in Finlandia, dal 18 al 20 luglio dello stesso anno, tra il poeta Aleksj Krucenych, il compositore Mihail Matjusin e il pittore Kasimir Malevich. Il testo verrà scritto da Krucenych, la musica composta da Matjusin, le scene e i costumi realizzati da Malevich. Di quella rappresentazione, oltre al testo, sono rimaste oggi pochissime immagini.

Assistette allo spettacolo Benedikt Livsic, che così ne scrisse:

> L'impostazione di Malevich mostrava la propria novità e originalità prima di tutto nell'uso della luce, come principio che crea la forma [...] Entro i confini della scatola scenica nasceva una stereometria pittorica, determinando un rigoroso sistema di volumi, tale da ridurre al minimo gli elementi di causalità che il movimento delle figure umane le procurava dall'esterno. Le figure stesse erano tagliuzzate da rasoiate di luce: di volta in volta perdevano mani, piedi, testa, perchè per Malevich erano solo entità geometriche, che potevano non solo essere scisse nelle rispettive componenti, ma anche dissolte del tutto nello spazio pittorico [1].

Quello spettacolo, mai più replicato, resterà un momento importante nell'arte del ventesimo secolo; ne è stata realizzata da parte del *County Museum* d'arte di Los Angeles una ricostruzione sulla base del testo e dei pochi materiali scenici e scenografici rimasti. Ho avuto occasione di vedere quello spettacolo in video, ovviamente nella versione in inglese, durante la mostra delle opera di Malevich nel 2005 al Museo del Corso a Roma.

La serata a San Pietroburgo non fu un successo indiscusso, alcuni amarono lo spettacolo, altri lo rifiutarono del tutto. Lo spettacolo era cubo-futurista, ma, come scrive nel catalogo della mostra romana Josef Kiblickij:

> Solo un po' più tardi Malevich avrebbe compreso la grande importanza di quel momento, e che proprio allora, nel dicembre del 1913, stava tastando il terreno alla ricerca di una nuova via: un'uscita dal futurismo. Vagliando l'impercettibile soglia costituita dal fondale con il quadrato nero, lacerato direttamente in scena, Malevich precipitò in un mondo e in una dimensione del tutto nuova: il futuro. Si rese conto di aver raggiunto una tappa significativa solamente in seguito, quando reinterpretò e rielaborò i disegni per i costumi, in cui erano contenuti alcuni schemi compositivi di quello che sarebbe stato il suprematismo [1].

Come ha scritto Jean-Hubert Martin, nella messa in scena

> l'unica realtà è la forma astratta. La messa in scena di Malevich ha mostrato in modo evidente quale importanza, nel trattare della forma astratta, ha la logica interna alla forma artistica concepita prima di tutto come la sua composizione. Fin dalla prima scena, e poi nella seconda e nella terza, appariva l'indicazione schematica di un quadrato suprematista. Nella quinta scena lo sfondo consisteva in un quadrato nero, che risaltava sulla superficie bianca [2].

Sarà solo due anni dopo che per la prima volta Malevich espone in una mostra *Il quadrato nero* (Fig.1).

Fig. 1. K. Malevich *Quadrato nero*

Scrive Malevich a Matjusin, autore delle musiche dello spettacolo:

> Sarei molto riconoscente se poteste pubblicare uno dei miei schizzi per la scenografia. Questo disegno avrà una importanza enorme per la pittura. Rappresenta un quadrato nero, l'embrione di tutte le possibilità che nel loro sviluppo acquistano una forza sorprendente. È il progenitore del cubo e della sfera e la sua dissociazione apporta un contributo culturale fondamentale alla pittura [2].

Nel dicembre 1915 gli artisti di Mosca e di Pietroburgo allestirono una mostra che venne indicata con la denominazione simbolico-numerica "*0, 10*" (il titolo completo era *Ultima esposizione futurista di quadri*); per l'occasione Malevich pubblica un opuscolo in cui compare per la prima volta la parola "suprematismo" e tra le opere di Malevich esposte spiccava il *Quadrato nero*. Come scrive Kiblickij era "nata una nuova religione della rappresentazione. Si ricominciava a contare da zero". Quasi rifacendosi al titolo della mostra, Malevich affermava il concetto di *punto zero della forma*: "Mi sono trasfigurato nel punto zero della forma".

Nel catalogo della mostra Malevich faceva notare che, nel dare un titolo a questi quadri, non desiderasse suggerire quale forma bisogna cercarvi, ma indicare che le forme reali sono state spesso considerate come punti di partenza per masse pittoriche indefinite, che hanno dato vita ad un dipinto pittorico senza alcun riferimento alla natura.

Purezza delle forme, loro apparente chiarezza di percezione, una percezione dello spazio "fisicamente palpabile".

Vittoria sul sole era il titolo dell'opera, perché il sole è l'espressione simbolica dei valori cari alla tradizione poetica del passato, oramai divenuti banali stereotipi. Il sole, simbolo della vecchia estetica, ma anche della "gretta razionalità matematica".

Abbiamo estirpato il sole con le fresche radici
grasse puzzano di aritmetica
eccolo guardate

"Vittoria sul sole", 4° quadro, 1° agimento

Ma nella matematica vi è molto di più delle "radici che puzzano di aritmetica". Nell'opera *Vittoria sul sole*, in particolare nel 2° agimento (la seconda parte), sono abolite le leggi fisiche e le convenzioni sociali, sono scardinate le coordinate spazio-temporali, non valgono più le leggi logico-causali e di conseguenza anche le norme grammaticali che ne sono l'espressione: "il tempo corre al contrario, la causa può precedere l'effetto, non agisce più la forza della gravità". È il mondo alla rovescia. Una grande libertà anche nel considerare l'idea di spazio. Malevich arriverà a definirsi "Il presidente dello spazio".

Da dove derivano queste nuove immagini di un mondo alla rovescia, in cui non vigono le coordinate spazio-temporali della realtà abituale, né i modelli logici che ne regolano l'interpretazione? Come in tutti i tentativi di rintracciare i fili culturali che si intrecciano e producono le loro influenze nei settori e negli ambienti più diversi, non si tratta di individuare un legame esclusivo che ha una diretta influenza, sia esso di carattere matematico o no. Oltre alle ovvie reminiscenze del folklore e della tradizione carnevalesca, i futuristi russi attingono ad alcuni testi di carattere pseudo scientifico o parafilosofico: insomma il quadrato nero di Malevich ha una storia.

Ha scritto Linda Henderson:

> A-logico non fu la risposta finale al problema di rappresentare la quarta dimensione nell'arte, come succedeva nello stile letterario. Se l'abilità della scrittura di Krucenych di evocare una nuova forma di consapevolezza raggiunse i suoi vertici in *Vittoria sul sole* allo stesso tempo Malevich iniziava a sperimentare con le forme geometriche con le quali avrebbe ottenuto alla fine una espressione della quarta dimensione nel Suprematsimo del 1915. Nel dicembre del 1913 molti di questi esperimenti geometrici sembrano non avere alcuna connessione specifica con la quarta dimensione. Tuttavia, alcuni insiemi di disegni realizzati per l'opera possono essere associati alla quarta dimensione. Sia nello sfondo che rappresenta la casa del secondo atto della *Vittoria* che nel dipinto del 1913 *Strumento musicale/lampada* Malevich sembra aver incorporato la immagine popolare dell'ipercubo a quattro dimensioni nel suo disegnare [3].

Il quadrato, il cubo, l'ipercubo. Perché agli inizi del Novecento? Ha una storia quel quadrato nero? E il cubo a quattro dimensioni?

Il quadrato protagonista di "Flatland"

Io (il quadrato): Che cosa c'è, dunque, di più facile che condurre ora il suo servo in una seconda spedizione, questa volta verso la beata regione delle Quattro Dimensioni, donde ancora una volta mi chinerò con lui su questa terra delle Tre Dimensioni, e vedrò l'interno di ogni cosa tridimensionale, i segreti della terra solida, i tesori delle miniere di Spacelandia e le viscere di ogni creatura solida vivente, anche delle nobili e venerabili Sfere? In una dimensione un Punto in movimento non generava una linea con due punti terminali?

Sfera: Ma dov'è questa terra delle Quattro Dimensioni?

Io: Io non lo so, ma senza dubbio il mio maestro lo sa.

Sfera: No. Un paese simile non esiste. La sola idea che possa esistere è assolutamente inconcepibile.

Io: Non è inconcepibile per me, mio Signore, e perciò ancor meno inconcepibile per il mio Maestro. No, non dispero che anche qui, in questa regione delle Tre Dimensioni, l'arte della Signoria vostra possa rendermi visibile la Quarta Dimensione proprio come nella Terra delle Due Dimensioni l'ingegno del mio Maestro ha saputo aprire gli occhi del suo cieco servo alla presenza invisibile di una Terza Dimensione, benché io non la vedessi.

I personaggi di questo dialogo sono due figure geometriche regolari; il primo, il protagonista della storia, l'io narrante, è il Quadrato, abitante di Flatlandia; il secondo personaggio, trattato con grande deferenza dall'altro, è la Divina Sfera del regno a tre Dimensioni. Ci troviamo in Flatlandia, ovvero Flatland, come suona nell'originale inglese. Flat vuol dire piatto, land vuol dire terra, quindi il nome del paese ove vive il Quadrato è il mondo piatto, il mondo a due dimensioni. È il Quadrato stesso che ci suggerisce come farsi un'idea del suo mondo (Fig. 2).

Immaginate un vasto foglio di carta su cui delle Linee rette, dei Triangoli, dei Quadrati, dei Pentagoni, degli Esagoni e altre figure geometriche [...] si muovano qua e là, liberamente, sulla superficie o dentro di essa, ma senza potersene sollevare e senza potervisi immergere, come delle ombre, insomma consistenti, però, e dai contorni luminosi.

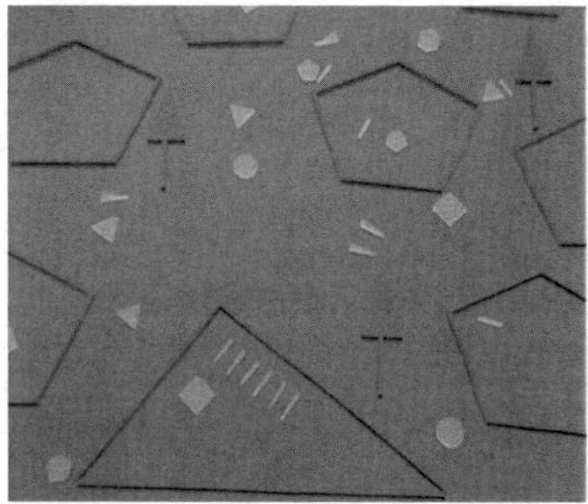

Fig. 2. Dal film "Flatlandia" di Michele Emmer

Naturalmente nel paese di Flatlandia è impossibile "alcunché di quel che voi chiamate *solido*". Gli abitanti di Flatlandia non possono nemmeno immaginare l'esistenza di oggetti a tre dimensioni, dato che per misurare un oggetto tridimensionale bisogna poter disporre di una unità di misura tridimensionale; dal loro punto di vista, è il caso di dire, esistono solo linee luminose che rappresentano loro stessi, cioè gli abitanti, le case, gli alberi di Flatlandia. Supponiamo di adagiare un triangolo su un piano, un tavolo, e immaginiamo di guardarlo con l'occhio a filo del tavolo; si vedrà solo una linea, un segmento. Conclusione: un quadrato di Flatlandia non può avere alcuna idea di una Sfera; il solo supporre l'esistenza di figure tridimensionali comporta un tale turbamento della tranquillità del paese che chi ha pensieri del genere viene subito arrestato. Non solo un abitante non può farsi un'idea di un Sfera, ma se, come nel nostro caso, una Sfera scendesse dallo spazio a visitare Flatlandia, nessuno la riconoscerebbe perché l'unica cosa visibile agli occhi bidimensionali sarebbe una linea, che rappresenta la sezione tra il piano dove vivono gli abitanti di Flatlandia e la Sfera. A meno che... un Quadrato non incontri una Sfera che lo fa uscire dal piano e salire in Spacelandia. Il Quadrato prova allora quello che proveremmo noi se qualcuno ci tirasse su nello spazio a quattro dimensioni:

> Un orrore indicibile s'impossessò di me. Dapprima l'oscurità; poi una visione annebbiata, stomachevole, che non era vedere; e vedevo una Linea che non era una Linea; uno Spazio che non era uno Spazio; io ero io, e non ero io [...] Questa è follia o l'Inferno!

Ma l'angoscia lascia presto spazio alla meraviglia:

> Un nuovo mondo! Ecco che avevo davanti a me, visibile e corporeo, tutto quanto prima d'allora avevo dedotto, congetturato, sognato intorno alla perfetta bellezza Circolare. Quello che pareva il centro della forma dello Straniero si apriva ora al mio sguardo: [...] un Qualcosa di bello e di armonioso che non sapevo come chiamare; ma voi, miei lettori di Spacelandia, lo chiamate la superficie di una Sfera.

L'incontro tra La Divina Sfera ed il Quadrato è l'avvenimento centrale di un libro molto famoso, particolarmente nel mondo anglosassone, libro il cui titolo completo è *Flatland: a Romance of Many Dimensions*; la prima edizione uscì anonima nel 1884 ([4]); ne era autore un teologo inglese, studioso di Shakespeare ed insegnante di matematica, di nome Edwin Abbott (1838-1926). La prima edizione uscì senza il nome dell'autore perché Abbott non era molto convinto che fosse una cosa conveniente per lui, uno studioso della Bibbia e di Shakespeare, aver scritto un libro del genere.

Un quadrato protagonista di una storia, di un romanzo. Un quadrato che sogna di vedere quello che nessuno aveva visto prima, un cubo divino a quattro dimensioni. Una storia che avrà una grande influenza sugli ambienti letterari ed artistici europei e russi. Quel quadrato diventerà uno dei protagonisti dell'arte moderna.

Arte del ventesimo secolo

Max Bill nel 1949 [5] scriveva che il punto di partenza per una nuova concezione dell'arte, in cui un ruolo importante lo aveva la matematica, era dovuto

Fig. 3. Max Bill nel suo studio di Zurigo, dal film "Ars Combinatoria" di Michele Emmer

probabilmente a Kandinsky ed era poi Mondrian ad allontanarsi più di ogni altro dalla concezione tradizionale dell'arte. Un approccio matematico all'arte, un nuovo approccio matematico all'arte, in cui, quasi paradossalmente, il fatto di aver avuto informazioni sulla crisi dello spazio euclideo, sulla nascita di una geometria a quattro dimensioni, delle geometrie non-euclidee e del fascino misterioso e a volte mistico che queste nuove idee sollevavano, spingeva alcuni artisti a riscoprire l'essenzialità e l'oggettività delle forme geometriche, delle forme geometriche elementari. Come scrive Jean Clair

> Tutto accade come se la teoria della quarta dimensione, sotto l'unicità apparente dello spazio euclideo, provochi "un brulichio" di spazi differenti, e finalmente attraverso la riflessione di Moebius, di Klein e di Poincaré, l'emergenza della topologia come scienza, spinga la pittura a considerare il *fallimento* dello spazio tridimensionale e della sua proiezione prospettica, portando gli artisti a considerare null'altro che le proprietà dello spazio del loro proprio discorso, detto in altre parole dello spazio piano della tela; il luogo necessariamente piano, senza spessore, dei puri effetti formali. Nel momento in cui l'analisi matematica sboccava nella topologia come scienza, la pittura non poteva che sboccare in una *tropologia* come arte. Quello che Marcel Duchamp chiamerà un *nominalismo pittorico* [5].

Non più, come ancora affermava Cezanne, delle forme geometriche ma viste in prospettiva, ma l'imposizione di una rotazione di 90° al quadro, sostituendo alla prospettiva una sorta di planimetria, che lo porta a confondersi con il piano del suolo. Come affermava Poincaré, il dipinto è una sezione, un taglio, una sezione operata da un mezzo bidimensionale, il quadro appunto, su un fenomeno a più dimensioni. Come scrive Clair, "Il quadro è la sezione piana della proiezione ortogonale del fenomeno considerato".

Insomma il mondo dove viveva il quadrato di Flatlandia diventa lo spazio privilegiato dell'arte e le forme che lo abitano sono quelle che vivono in Flatlandia. Ecco allora che si comprende l'influenza del libro di Abbott e di quelli a seguire di Hinton e Wells e il famoso *Quadrato nero su fondo bianco* di Malevich; non sarà più, sottolinea Clair,

> la manifestazione di qualche irrazionale eroismo come piace ancora oggi affermare ad una parte della critica d'arte, ma piuttosto, in questa nuova logica istaurata dalla topologia, il suo tropismo massimo, suprematista appunto, che si pone come la sineddoche estrema della scacchiera considerata in prospettiva Cavaliere. Effetto di stile che eccede la rappresentazione, è il nuovo quadrato la base da cui partire per fondare la prospettiva dell'arte futura. [...] Alla rappresentazione delle apparenze si sostituisce la manifestazione dell'essenza della cose [6].

La scacchiera non più vista in prospettiva, i quadrati non più visti in prospettiva, ma rappresentati come sezioni di oggetti a più dimensioni. E la rottura avviene dopo il 1910, per esempio, con Juan Gris che riutilizzando il motivo delle carte da gioco (dei rettangoli) le rappresenta rigorosamente identiche, sovrapponibili, "motivo, ma soprattutto simbolo" sottolinea Clair "di uno spazio perfettamente piano che il quadro è divenuto" (Fig. 4).

Fig. 4. M. Bill, "Variations", dal film "Ars Combinatoria" di Michele Emmer

Ecco allora divenire ovvio l'utilizzo delle forme geometriche, dei quadrati. È una delle caratteristiche dei nuovi rapporti tra matematica e arte ai primi del Novecento, come scrivono due storici dell'arte, Lucy Adelman e Michael Compton nel saggio *Mathematics in Early Abstract Art* [7], a proposito delle avanguardie artistiche:

> Benché la pittura e la matematica siano due discipline molto diverse, che spesso sono state considerate totalmente contrapposte, tra loro vi sono stati molti punti in comune.

Gli autori osservano come all'inizio del Novecento si abbia un riavvicinamento tra arte e matematica, che si dimostrò *fruitful to the former* (utile alla prima). Si possono distinguere differenti livelli di rapporti tra matematica e arte, livelli che i due autori individuano per comodità, dato che spesso livelli diversi si ritrovano insieme nell'opera di un artista o anche in una singola opera. Si sta parlando degli inizi dell'arte astratta.

> Innanzi tutto vi era un interesse diffuso per le geometrie non-euclidee e/o n-dimensionali [...] In secondo luogo, il periodo ha segnato la disfatta della prospettiva e la sua sostituzione con canoni diversi meno sistematici. Terzo, gli artisti facevano uso di proporzioni numeriche e di griglie che, come le figure geometriche, erano associate all'idea di ridurre l'arte ai suoi elementi specifici. Quarto, compaiono in pittura elementi che sono tratti da testi di matematica [...] Infine, semplici figure geometriche venivano associate alle macchine e ai loro prodotti ed in tal modo al *progresso* o alla *modernità*. [...] Le forme regolari in due e tre dimensioni e le proporzioni sono state studiate dalle civiltà più antiche e ritenute portatrici di speciali proprietà e bellezza, di universalità e persino santità.

Ecco allora che il tema della dama, sia per l'aspetto quadrato da rappresentare senza prospettiva sia per l'aspetto di griglia, diventa di grande interesse per gli artisti. E alla dama è riservato uno dei capitoli del libro che Jean Clair dedica a Marcel Duchamp [8]. La superficie piana, bidimensionale della dama si confonde, diventa tutt'uno con la superficie della tela; la tela, scrive Clair, cessa di essere, citando la definizione di Alberti della prospettiva "*la fenestra aperta per donde io miri quello che quivi sarà dipinto*", per divenire uno spazio piano, senza profondità, messo in verticale, una vera griglia sulla quale accostare elementi diversi, come si fa sulla scacchiera con le pedine.

Un esempio estremo lo dà Mondrian, che del quadro fa un reticolo ortogonale astratto, sino a realizzare nel 1917 una distribuzione di piani sulla tela secondo un ordine apparentemente aleatorio, sino a fare della superficie del quadro una vera e propria dama nel 1919.

Una forma essenziale, il quadrato, per l'arte a cavallo del Novecento; una sorta di forma archetipo, che, pur nella sua semplicità, sembra dare delle certezze, delle basi solide alla nuova pittura. Le nuove geometrie, le nuove libertà dello spazio che portano ad un grande interesse per una delle prime forma geometriche descritte negli elementi di Euclide, duemila anni prima.

Il quadrato e il design

I matematici sono creatori di forme; o scopritori, se si pensa che le idee matematiche come quelle Platoniche preesistano al nostro pensiero. Ai nostri giorni con la grande diffusione dei computer grafici è abbastanza facile per chiunque verificare che sia così. Basti pensare alla grande rivoluzione grafica operata dalla geometria frattale. La cultura, il design vengono profondamente toccati dalle nuove forme che creano i matematici. Un esempio abbastanza clamoroso è l'utilizzo della topologia, del nastro di Moebius e della bottiglia di Klein (basti ricordare l'influenza sulla architettura contemporanea).

Bruno Munari ha scritto di topologia e l'ha utilizzata, per esempio, nel suo libro *L'arte come mestiere* [9], dedicando un capitolo al "nastro di Moebius" e alla topologia. Una forma Munari ha utilizzato molto: il quadrato, appunto.

Nel 1978 nella collana *Quaderni di design* Munari pubblica il volume *La scoperta del quadrato: più di trecento casi di tutto ciò che ha una ragione per essere quadrato* [10]; così scrive nella introduzione (Fig. 5):

> Nelle più antiche scritture e nelle incisioni rupestri, il quadrato sta a significare l'idea di recinti, di casa, di paese, di campo. È una forma piuttosto rara in natura dove la si può trovare nella pirite cubica dell'isola d'Elba, in qualche cristallo e in alcune strutture che si rivelano al microscopio elettronico. Nell'architettura di vari popoli troviamo fin dai tempi remoti edifici a pianta quadrata, soprattutto negli edifici di uso collettivo, religioso e di difesa; molti castelli avevano pianta quadrata. un reticolo quadrato regola la pianificazione di molte città, ancora oggi molti architetti costruiscono i loro edifici a pianta quadrata.

Nel volume è riportata la poesia:

Il campo
quadrato
la piazza
quadrata
la città
quadrata
la prigione
quadrata
la tomba
quadrata
la tenda
quadrata
la pelle
quadrata
la pupilla
quadrata
il quadrato
è

la società

Carlo Bellolli (1959) *Delle poesie della geometria elementare*, Basilea

Fig. 5. *La scoperta del quadrato* di Bruno Munari

Qualche anno dopo, nel 1978, Gillo Dorfles in *Viaggio nel quadrato* ([11]) scriveva:

> Anche un semplice quadrato, anche un rettangolo, può vibrare, può essere vitale, può superare la sua natura essenzialmente geometrica e caricarsi di impulsi e di tensioni che lo traducono in elemento autonomo e - diciamola pure la pericolosa parola - *organico* [...] Un codice preciso, ben delimitato, chiuso ad ogni avventura formale, ad ogni ghiribizzo decorativo. E, appunto perciò, tanto più arduo da seguire, più severo, più circoscritto. Eppure, entro questa scarna possibilità compositiva - dove dominano il quadrato, il rettangolo, e raramente appare la sagoma del triangolo - notiamo subito la presenza di un elemento vivificatore; sia che si tratti delle qualità molto peculiari del colore o di certe nuove e inattese "aperture" della forma.

Fig. 6. Bruno Munari nel suo studio a Milano, dal film "L'avventura del quadrato" di Michele Emmer

E Munari, sempre nell'introduzione a *La scoperta del quadrato*, aggiungeva, parlando dell'arte moderna:

> Nel campo delle arti visive il quadrato è il modulo spaziale nel quale o col quale, operatori visuali, ricercatori e sperimentatori trovano vari modi di strutturare le loro opere. Queste misure, compresa la famosa sezione aurea, derivano da interventi sul quadrato, modificandolo in base a precise regole di scomposizione e di ricomposizione, derivate dalla suddivisione logica delle sue stesse dimensioni, sia dello spazio interno al quadrato sia riportando all'esterno alcune sue misure intere o frazionate con l'uso del compasso e della riga. Nel campo della grafica il quadrato aiuta a strutturare molti lavori, dai marchi di fabbrica, ai simboli e ai segnali.

Il libro è pieno di esempi, come dice il titolo sono trecento ovviamente, dai quadrati di Josef Albers all'architettura Maya, da Max Bill alla pianta del castello Sforzesco di Milano, da Franco Grignani a Klee a Le Corbusier, a El Lissitsky, da Morellet a Malevich. Non tralasciando la forma dell'ipercubo. Con alcune opere dello stresso Munari, come "Concavo-convesso" del 1948. Si prende un quadrato di rete metallica (si potrebbe considerare anche della pasta sfoglia con cui si fanno i tortellini, suggerisce Munari nel film "L'avventura del quadrato" [12] girato negli anni ottanta nel suo studio milanese) e lo si curva sino a far toccare gli angoli in punti prefissati. Le reti così piegate sono poi appese al soffitto e muovendosi sulle pareti producono effetti di *moiré* in trasformazione continua (Figg. 7 e 8).

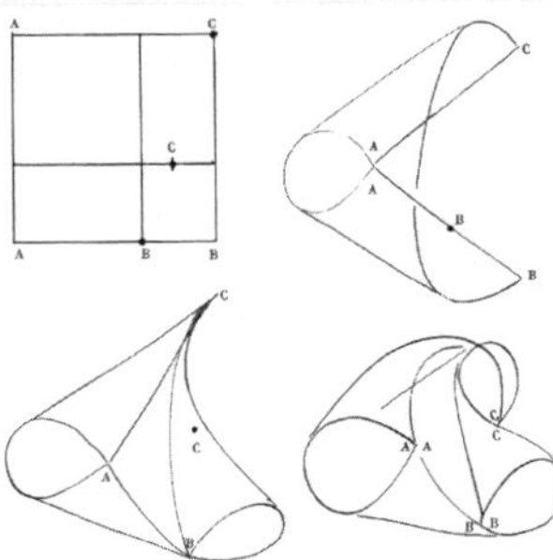

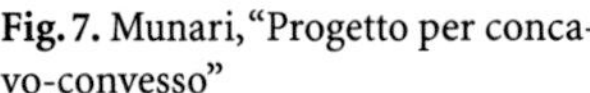

Fig. 7. Munari, "Progetto per concavo-convesso"

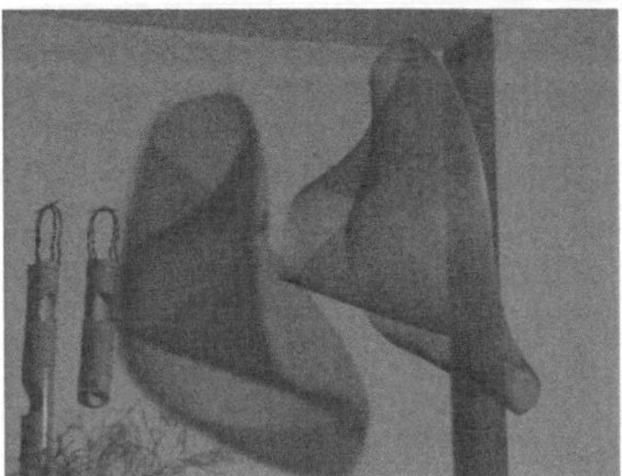

Fig. 8. "Concavo-convesso", dal film "L'avventura del quadrato" di Michele Emmer

Figura elementare, il quadrato, ma complessa, non semplice.

Munari considera anche il caso della curva di Peano:

Curva di Peano. I matematici ritenevano una volta che ogni curva dovesse avere delle tangenti perché questa proprietà ha una evidenza intuitiva. Ma il famoso matematico Peano nel 1890 dimostrò che può esistere un tipo di curva che non può avere tangenti in nessun punto. Poiché un cerchio può anche essere considerato come un poligono con un numero infinito di lati, e allora anche la linea spezzata può essere considerata curva. Con questa linea tracciata in uno spazio quadrato suddiviso in tanti quadrati minori e seguendo un andamento di addensamento progressivo nello stesso spazio, Peano dimostrò che al massimo addensamento la curva avrebbe riempito tutta l'area dello spazio quadrato. In questo caso non ci sarebbe spazio per le tangenti.

Una forma, il quadrato, che ha superato indenne le avventure artistiche dell'umanità perché "senza stile", come dice Munari nel film "L'avventura del quadrato".

Non poteva mancare tra gli artisti citati nel libro El Lissitsky.

El Lissitsky

Malevich considerava il quadrato la forma più pura, al contrario di Kandinsky che vedeva la purezza della forma nel cerchio. Come scrivono Adelman e Compton [7] El Lissitsky aveva chiaro che l'affermazione dell'idea assiomatica della geometria (come fondata da Lobatchesvky, Gauss, Riemann, Bolyai) era nel contestare alla radice la pretesa della geometria euclidea di essere l'unica "vera" geometria.

Sebbene Lissitsky utilizzasse forme tradizionali, angoli retti, triangoli, cerchi, è evidente che li considerava come variazioni nel tono, nel colore, nella composizione, nella rotazione, parte di un insieme di strumenti specifici con i quali lavorare sulla dimensione bidimensionale. Li combinava con curve più sofisticate come ellissi, parabole e iperboli che, sebbene bidimensionali, potessero rappresentare diversi tipi di spazio.

El Lissitsky era un altro degli artisti che guardava alla potenza della geometria di portare l'ordine nel mondo. Egli lavorò con Malevich per tre anni su un saggio intitolato *A e la Pangeometria*, ove *A* sta per "Arte" e si riferisce al titolo del libro di Lobatchesky. Lissitky riteneva che la concezione euclidea di uno spazio immobile era stata distrutta da Lobatchesky, Gauss e Riemann. "Egli identifica la matematica con il razionale, con il lato cosciente e con i mezzi dell'artista" hanno scritto Andelman e Compton. Scrive Jean Clair che Lissitsky ha operato una sorte di sintesi delle speculazioni sulla quarta dimensione che si erano sviluppate a partire dal 1880.

> Le ha presentate sotto forma di uno schema [...] da un lato traccia la piramide classica dei raggi visivi che hanno come vertice l'occhio dell'osservatore e per base l'oggetto considerato. Dall'altro traccia il nuovo sistema di proiezioni: sistema tale che i raggi della piramide sono divenuti paralleli, in altre parole, ove l'occhio è stato trasferito all'infinito [8].

In questo nuovo spazio le forme cessano di essere delle apparizioni che variano a seconda della posizione del soggetto - d'altra parte non saranno più soggette ad allungamenti o restringimenti, ma risiederanno in tutti i luoghi sempre uguali a loro stesse.

Il primo dipinto intitolato *Prouns* è del 1919 (*Prouns* sta per *proekt utverzhdeniya novogo*, progetto per l'affermazione del nuovo). Nella rivista *De Stijl* nel 1922 Lissitsky aveva scritto che

> *Prouns* avanza verso la costruzione dello spazio, lo divide in elementi di tutte le dimensioni e costruisce una nuova immagine, unitaria anche se dalle molte facce, della natura.

Lissistky arriva alla conclusione che, come scrive nel saggio *A e la Pangeometria*:

> Gli spazi multidimensionali che esistono matematicamente, non possono essere concepiti, non possono essere rappresentati e quindi non possono essere materializzati.

Nel 1922 Lissitsky pubblica su *De Stijl* la storia del "quadrato rosso che sconfigge il quadrato nero", che riporta l'ordine nel caos. Un quadrato rivoluzionario, come lo era stato qualche decina di anni fa il quadrato di Flatlandia che per questo era stato rinchiuso in prigione. Un quadrato bolscevico che sconfigge il male oscuro, nero. L'apoteosi del quadrato che, sulle note dell'Internazionale, cambia il mondo (Fig. 9).

Quella forma, così antica, così conosciuta, così banale verrebbe da dire. Una for-

Fig. 9. El Lissitsky, "Quadrato rosso", dal film "L'avventura del quadrato" di Michele Emmer

ma che diventa l'emblema della nuova geometria dell'arte del Novecento. O della fine dell'arte, come è scritto nel titolo del libro di Jean Clair dedicato a Duchamp.

Nella prefazione del libro di Munari è riportata una frase di Maxim Gorky:

È un artista colui che elaborando le proprie impressioni soggettive, sa scoprirvi un significato oggettivo generale ed esprimerlo in forma convincente.

Bibliografia

[1] J. Kiiblickij (2005) Sulla questione del quadrato nero nell'opera Vittoria sul sole, in: C. Beltramo, C. Zevi (a cura di) *Kazimir Malevic, oltre la figurazione e oltre l'astrazione*, Artificio Skira, Firenze, pp. 145-149

[2] J.-H. Martin (1978) Kasimir Malevich: fonder une ère nouvelle, in: P. Hulten, J-H. Martin (a cura di) *Malevitch*, centre George Pompidou, Parigi, pp. 9-20

[3] L. D. Henderson (1983) *The Fourth Dimension and Non-Euclidean Geometry in Modern Art*, Princeton University Press, Princeton, p. 277

[4] E. A. Abbott (1884) *Flatland: a Romance in Many Dimensions*, Seeley and Co., Londra

[5] M. Bill (1993) The Mathematical Way of Thinking in the Visual Art of Our Time, in: M. Emmer (ed.) *The Visual Mind*, MIT Press, pp. 5-9. Questo articolo è stato pubblicato la prima volta in tedesco nel 1949 nella rivista *Werk 3*. È stato ripubblicato varie volte anche con il titolo *The Mathematical Approach in Contemporary Art*. Nel volume citato è stato rivisto dall'autore con alcune piccole correzioni

[6] J. Clair (2000) *Sur Marcel Duchamp et la fin de l'art*, Gallimard, Parigi, p. 132

[7] L. Adelman, M. Compton (1980) Mathematics in Early Abstract Art, *Towards a New Art. Essays on the Background to Abstract Art 1910-20*, The Tate Gallaery, Londra, pp. 64-89

[8] J. Clair (2000) *L'echiquier à trois dimensions*, in *Sur Marcel Duchamp et la fin de l'art*, Gallimard, Parigi, pp. 111-133

[9] B. Munari (1975) *Arte come mestiere*, Laterza, Bari

[10] B. Munari (1978) *La scoperta del quadrato*, Quaderni di design, Zanichelli, Bologna

[11] G. Dorfles (1978) *M. L. de Romans viaggio nel quadrato*, Edizioni Bora, Bologna

[12] M. Emmer (1984) *L'avventura del quadrato*, film, video, DVD, 25 minuti, della serie *Arte e matematica*, © M. Emmer, Roma

matematica e *cartoon*

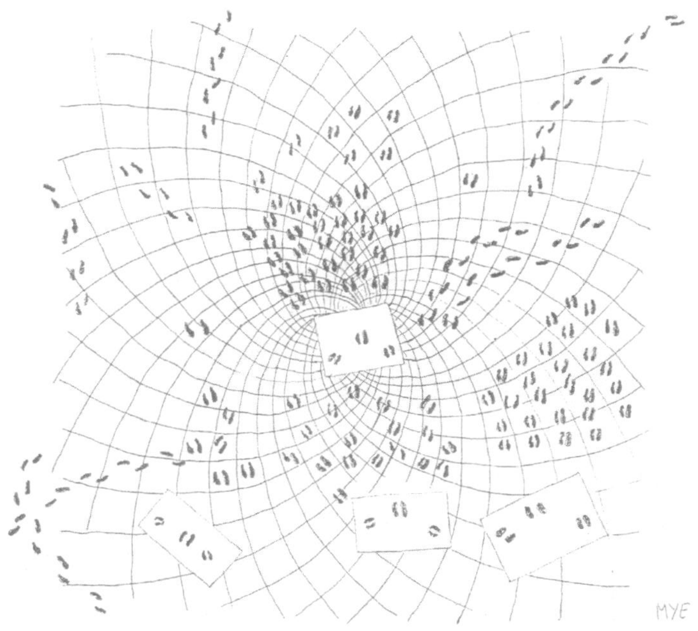

Évariste et Héloïse

MARCO ABATE

Più o meno un anno fa mi chiesero di proporre una storia su Évariste Galois, per il mercato fumettistico francese. Decisi fin dall'inizio che una semplice biografia non mi interessava; preferivo invece usare il personaggio storico come punto di partenza per qualcos'altro, qualcosa di più vicino alle mie ossessioni personali. Cominciai allora a mescolare alcune vicende che mi avevano raccontato, alcune persone che avevo incontrato, alcuni libri che avevo letto... e così è nata Héloïse, chiedendo a gran voce di raccontare la sua storia. E Auguste Dupin, il detective primigenio di Poe, era più o meno contemporaneo di Galois, una coincidenza che sentivo assolutamente di dover sfruttare. Inoltre, proprio in quel periodo talvolta mi capitava di pensare (oddio, pensare probabilmente è un termine troppo impegnativo per quanto davvero stavo facendo) a possibili rapporti fra magia e matematica, e alle modalità diverse, eppure talvolta sorprendentemente simili, che le due discipline usano per esplorare paesaggi mentali ancora sconosciuti...

Comunque sia, viste le mie abitudini come scrittore, il risultato finale sarà probabilmente completamente diverso da quello che descriverò qui, per cui ogni suggerimento sulle direzioni che potrei seguire (o che dovrei *non* seguire) sarà apprezzato, attentamente considerato, e poi brutalmente scartato, assieme al resto della storia quando il curatore scoprirà che sto scrivendo qualcosa di completamente diverso da quanto lui aveva in mente quando mi propose inizialmente il progetto, affiancandomi l'ottimo Paolo Bisi come possibile disegnatore (i disegni che illustrano questo articolo sono tutti suoi).

Ma basta chiacchiere, e concentriamoci su Galois, e sulle ragioni per cui mi interessa come personaggio.

GALOIS, ÉVARISTE (1811-1832) Matematico francese famoso per i suoi contributi all'algebra astratta, ha dato il suo nome alla teoria dei gruppi di Galois. Nasce il 25 ottobre1811 a Bourg-la-Reine, dove suo padre è sindaco. Nel 1823 inizia gli studi al Liceo Louis-le-Grand a Parigi. Nonostante il suo genio per la matematica, Galois è uno studente difficile. Per due volte non supera l'esame d'ammissione all'*École Polytechnique;* accettato all'*École Normale* nel 1830, è espulso lo stesso anno a causa di una lettera ai giornali sulle azioni del direttore della scuola durante la Rivoluzione del luglio 1830. Nel 1831 è arrestato per un discorso contro il re Louis Philippe, ma è assolto; poco tempo dopo è però con-

dannato a sei mesi di carcere per possesso d'armi e per aver indossato illegalmente un'uniforme. Muore il 31 maggio1832, a soli vent'anni, in seguito alle ferite ricevute in un duello, forse con un agente provocatore della polizia.
Galois pubblicò solo pochi articoli; i suoi tre lavori principali sulla teoria delle equazioni furono rifiutati dall'*Académie des Sciences* francese. La conoscenza dei suoi risultati matematici ci deriva principalmente da una lettera all'amico Auguste Chevalier scritta la vigilia del duello fatale, e da manoscritti postumi.

(*Encyclopædia Britannica, vol. 9, p. 989, edizione del 1962*)

Anche se probabilmente non lo ammetterebbe mai, Galois è un adolescente fino al midollo. Geniale, senza dubbio, ma con tutta la passione e la testardaggine tipica degli adolescenti. Se intraprende qualcosa, va fino in fondo, costi quel che costi. Niente incertezze o sfumature di grigio per lui. Non ha mai dubbi su se stesso o sulla correttezza di ciò che sta facendo, si tratti di matematica o di politica o di quant'altro lo interessa in quel momento (ok, non molto altro lo interessa, d'accordo, ma ci siamo capiti). Galois è profondamente appassionato e alquanto esplicito, e vive in un periodo in cui essere appassionati ed espliciti è pericoloso ed eccitante, in una Parigi attraversata da fervori rivoluzionari e controrivoluzionari a tutti i livelli. Sa di stare risolvendo un problema che ha eluso i migliori matematici per secoli, e allo stesso tempo è convinto che le sue azioni possano incidere direttamente sul mondo in cui vive – il sogno di qualsiasi adolescente. E qui troviamo il primo conflitto: contrariamente a quanto lui riterrebbe giusto e doveroso, il mondo non gli presta minimamente attenzione: i suoi articoli sono ignorati, respinti, perduti o, anche se pubblicati, non gli portano quel riconoscimento che anela. Galois crede fermamente nella necessità (e nella venuta) di una nuova Rivoluzione Francese nel nome della Repubblica; ma i suoi sforzi non producono alcun risultato, e lui rimane solo uno dei tanti giovani in una delle tante società più-o-meno-segrete che spuntano dal nulla in quegli anni. Tutto il suo genio, la sua passione, i suoi sforzi – inutili.

C'è un altro aspetto del personaggio che trovo interessante: non sembra avere alcuna vita sessuale. E questo non è standard. Per un giovane della sua età e condizione sociale frequentare prostitute era assolutamente normale. Invece Galois trasmuta tutta la sua energia sessuale (che certamente possiede in abbondanza, come ogni buon adolescente) in matematica e politica. In particolare, ha un approccio dionisiaco verso la matematica: vive il suo lavoro come una battaglia fisica, corporea, sensuale contro difficoltà logiche che lui percepisce come reali. Non è un pensatore apollineo che si destreggia con *nonsense* astratti; il mondo matematico che sta esplorando è per lui vivo e concreto quanto il cosiddetto mondo reale. E le sue scelte politiche rivelano un atteggiamento analogo. Inizialmente si associa alla società segreta dei saint-simoniani (che propugna il governo degli scienziati nel nome della ragione per il benessere del popolo), ma presto la trova troppo moderata per i suoi gusti e l'abbandona per rivolgersi a società segrete repubblicane ben più radicali. Vuol fare qualcosa per la repubblica *adesso e subito,* senza stare a preoccuparsi troppo di cosa succederà dopo. Non intendo enfatizzare eccessivamente le analogie fra il suo approccio alla matematica e il suo approccio alla politica, ma una cosa è chiara: affronta in modo profondamente passionale, emotivo e sensuale tutti gli aspetti importanti della sua vita – sesso escluso.

Auguste Dupin, invece, è l'incarnazione del pensatore apollineo; nessuna emozione, solo pura logica, pura analisi. Il che non vuol dire che non apprezzi usare le proprie abilità; anzi, lo apprezza proprio perché non emotivamente coinvolto.

> Come l'atleta esulta delle proprie abilità fisiche, gioendo di quegli esercizi che permettono ai suoi muscoli di agire, così l'analista si gloria nell'attività morale del disvelamento. Deriva piacere anche dalla più banale occupazione che gli conceda l'uso dei suoi talenti. Ama gli enigmi, gli indovinelli, i geroglifici; esibendone nella soluzione un acume che appare sovrannaturale alla percezione ordinaria. [...] In momenti simili non potevo evitare di notare e ammirare (benché la sua ricca idealità mi avesse preparato ad aspettarmelo) in Dupin una peculiare abilità analitica. Sembrava, inoltre, ricavare un'estrema gioia dall'esercitarla – se non proprio dal mostrarla – e non esitava a confessare il piacere che ne derivava. [...] Ma è tramite queste deviazioni dal piano ordinario, che la ragione trova la via, ove vi riesca, nella ricerca della verità. In investigazioni quali quella che stiamo effettuando, non bisogna chiedersi "cosa è accaduto" quanto piuttosto "cosa è accaduto che non era mai accaduto prima." [...] Ho detto "deduzioni legittime"; ma il mio pensiero non è espresso completamente. Intendevo implicare che tali deduzioni erano le uniche appropriate, e che il sospetto ne nasceva inevitabile quale unico risultato possibile. [...] Ora, portati a questa conclusione in modo così inequivocabile, non è nostro compito, quali argomentatori, respingerla sulla base di impossibilità apparenti. A noi rimane solo dimostrare che queste apparenti "impossibilità" non sono, in realtà, tali.
>
> (Edgar Allan Poe, *The Murders in the Rue Morgue,* 1841)

Secondo Dupin bisogna ridurre il mondo sensibile ai concetti essenziali e da lì partire a ricostruirlo. Dupin è la voce della razionalità (da non confondersi con la voce della ragione). Dupin è impermeabile alle emozioni, Galois è pura emozione. Galois affronta in maniera fisica e sensuale un argomento astratto quale la matematica; Dupin affronta in maniera astratta e cerebrale un argomento concreto quale l'omicidio. Solo di un paio d'anni più anziano, Dupin incontra Galois per la prima volta a una riunione dei saint-simoniani. Lui apprezza la vitalità dell'intelligenza di Galois, Galois ha bisogno della moderazione di Dupin: diventano amici (Fig. 1).

E poi, ci sono i sogni. O visioni. Molti matematici quando lavorano vivono in un mondo tutto loro. Galois (o, quanto meno, il mio Galois fittizio) va oltre: vi entra fisicamente. Nei sogni/visioni che lo avvolgono quando lavora (e non solo) è in grado di interagire fisicamente con questo universo ideale, questo universo di idee. Si tratta (o almeno lui lo percepisce come tale) di un universo concreto, dotato di massa e sostanza, e venti e tempeste. Ha terreni e territori, rilievi e crepacci, filari infiniti di alberi deformi fin appena oltre l'orizzonte e isolati fiori fosforescenti che implorano il viandante di prendersi cura di loro, per sempre. È modellato dalle sue ricerche, in modi che non può predire. Dirige le sue scoperte, in modi che non avrebbe potuto immaginare.

Fig. 1. Galois e Dupin. © 2005 Paolo Bisi

Quello che ho in mente è una specie di incrocio fra il mondo platonico delle idee che noi matematici potremmo stare esplorando e l'"ideaspazio" di cui parlano alcuni filosofi (e alcuni maghi), una dimensione abitata da tutti i concetti che umani (e alieni) possono, hanno potuto e potranno immaginare, in cui tutte le storie sono vere. Esiste al di fuori delle nostre nozioni limitate di spazio e di tempo, integro nella sua pienezza quanto lo spazio quadri-dimensionale relativistico di Einstein.

È importante notare che, anche se ha delle visioni, Galois non è pazzo. È una persona sana di mente, profondamente passionale, istintiva e disinibita, ma comunque sana di mente. Semplicemente vede qualcosa che altri non vedono, esattamente come altri non vedono (o non capiscono) la sua matematica. Sarà soggetto a notevole stress durante la storia, e verso la fine i confini fra ciò che è reale e ciò che non lo è saranno alquanto più confusi che all'inizio, ma questo è nella natura della vicenda e non ha nulla a che fare con la sua sanità mentale. Galois ed Héloïse non sono, e non diventeranno, pazzi, visioni o non visioni.

Nella storia non voglio soffermarmi troppo sugli aspetti filosofici dell'"ideaspazio", anche se sono sicuro che Dupin avrà qualcosa da dire al riguardo. Più prosaicamente, l'ideaspazio mi è utile per quattro ragioni diverse.

Primo, mi dà un modo di visualizzare metaforicamente la matematica di Galois e il modo in cui lui l'affronta. Mi immagino una specie di paesaggio *à la* Fomenko, impossibile e orribile eppure profondamente bello (Fig. 2).

Ci appare infernale perché non abbiamo sensi adatti a interpretarlo, come esseri euclidei immersi in uno spazio altamente non-euclideo. Ci causa un sovraccarico sensoriale, eppure ne intravediamo la bellezza interna, le simmetrie nascoste. Potrebbe essere una specie di proiezione tridimensionale di una varietà alge-

Fig. 2. Galois nell'ideaspazio. © 2005 Paolo Bisi (*vedi la sezione a colori*)

brica di dimensione ben più alta (come le tassellazioni non periodiche sono proiezioni di una griglia 5-dimensionale regolare), una varietà le cui simmetrie siano date dal gruppo di Galois di una qualche equazione.

Secondo, il lato *horror* dei sogni di Galois si fonde molto bene, sia visivamente sia metaforicamente, col terribile scenario della Parigi durante l'epidemia di colera del 1832 (quasi ventimila morti in meno di cinque mesi). Nella parte finale della storia, Galois passerà dalla realtà alle visioni e viceversa quasi senza soluzione di continuità. Dagli incomprensibili orrori dei cadaveri lasciati a marcire ai bordi delle strade di Parigi (Fig. 3) agli orrori dei paesaggi alieni nell'ideaspazio, incomprensibili eppure forse domabili, un giorno. Ancora non so precisamente co-

Fig. 3. L'epidemia di colera. © 2005 Paolo Bisi

me ci arriveremo, ma so con certezza che mentre giace nell'erba aspettando la morte dopo il duello fatale, Galois sarà immerso nelle visioni, dove alfine...

Terzo, la storia di superficie è un giallo che ha a che fare con l'ideaspazio. Uno degli elementi che condurranno al duello fatale sarà una sotto-setta di saint-simoniani che mescola magia e architettura (romanticismo e illuminismo) con lo scopo di raggiungere l'ideaspazio. Per motivi assolutamente scientifici e razionali, s'intende. Non è bizzarro come sembra; idee ben più bizzarre sono state "scientificamente" investigate nel diciannovesimo secolo (e non solo).

Quarto, mi permette di far interagire Galois ed Héloïse. Perché Galois non è solo nelle sue visioni. C'è qualcuno con lui. Una donna. Lui non sa chi lei sia; lei alla fine scoprirà chi è lui. Non dovrebbe essere lì. Distrae. Attira. Non si può dimostrare la sua scomparsa. Influenza le visioni, rendendole... migliori? Lentamente, cominciano a interagire, a comunicare. E l'ideaspazio cambia con loro. È come una danza, un corteggiarsi di idee e anime che modifica il loro paesaggio mentale. A poco a poco Galois non può più farne a meno; vuole che lei sia lì, la desidera intensamente. Prenderà decisioni cruciali in momenti cruciali grazie a lei; e lei imparerà molto da lui. E alfine...

Riparleremo presto di Héloïse. Prima però è necessario descrivere almeno approssimativamente la metà di Galois della storia. Il punto di partenza è il suicidio (realmente avvenuto) del padre di Galois, Nicholas, nel suo appartamento di Parigi, spinto a questo gesto estremo (apparentemente) dalla pubblicazione a suo nome di volgari epigrammi che ne insultavano parenti e amici (gli epigrammi erano stati in realtà scritti da un gesuita che, per motivi politici, voleva che il padre di Galois si dimettesse dall'incarico di sindaco – sto brutalmente riassumendo una vicenda complicata). Galois è molto colpito dalla morte del padre, che amava profondamente; non riesce a capacitarsi di come abbia potuto decidere di uccidersi. E, infatti, l'opinione di Dupin è che Nicholas Galois non si sia ucciso: non aveva alcun motivo logico per farlo, gli epigrammi sono un pretesto troppo debole. L'unica possibilità logica è che sia stato assassinato, e Galois e Dupin hanno la responsabilità di scoprire perché, e da chi.

L'idea quindi è di strutturare la metà di Galois della vicenda come un'investigazione, in qualche modo parallela alle sue investigazioni matematiche. Galois e Dupin scopriranno che l'edificio in cui ha vissuto il padre di Galois a Parigi è stato costruito seguendo precise simmetrie mistiche (che ben si accordano con le scoperte di Galois sui gruppi di simmetria delle equazioni, e quindi con l'aspetto visuale della parte di ideaspazio che si trova a visitare) dai seguaci di una sotto-setta di saint-simoniani, intenzionati a usare l'edificio come punto di partenza per la loro esplorazione dell'ideaspazio. La tecnica da loro elaborata richiede di portarsi in un preciso stato mentale, raggiunto tramite l'influenza esercitata dalla particolare architettura interna del palazzo sui partecipanti a morbosi rituali coinvolgenti cittadini parigini recentemente deceduti. Naturalmente, è tutto solo a beneficio del popolo – e per soddisfare l'inarrestabile necessità umana di esplorare l'ignoto. Non voglio rappresentare i componenti della sottosetta come "cattivi" tradizionali; al contrario, fanno quello che fanno per motivi altruistici, perché ritengono sia giusto. Ci sono spesso situazioni in cui ottime ragioni conducono a comportamenti opposti, e incompatibili, e ogni scelta è sbagliata.

La congettura di Galois è che suo padre sia stato ucciso per aver tentato di impedire ai saint-simoniani di raggiungere il loro obiettivo. E quindi Galois decide di completare l'opera del padre ostacolandoli apertamente. Ovviamente la sotto-setta non apprezza il suo intervento. Durante un incontro di ardenti repubblicani Galois propone il famoso brindisi "A Louis-Philippe!", bicchiere in una mano, pugnale nell'altra. Il giorno successivo è arrestato per oltraggio al re, il suo nome suggerito alle autorità dai saint-simoniani.

La prigione è un incubo. L'orribile bellezza delle visioni il suo unico conforto. Lei è lì, nelle visioni. Dupin continua a investigare. Il colera sferza Parigi. Inaspettatamente Galois è rilasciato per motivi sanitari (il governo teme che la prigione possa diventare un focolaio d'infezione per il colera). Esce dalla prigione distrutto, sostenuto solo dalla matematica – e da lei. Ma lei esiste solo nelle visioni. Galois affronta di petto la sotto-setta dei saint-simoniani, e la loro reazione porta al duello. Le visioni si fondono con gli infernali vicoli di Parigi devastati dal colera.

La notte prima del duello, Galois scrive alcune lettere.

> Trascorse le ore fuggenti della notte stendendo febbrilmente il suo testamento scientifico, scrivendo contro il tempo, per salvare almeno alcune delle grandi cose che affollavano la sua mente prima che la morte che vedeva potesse raggiungerlo. Più volte si interruppe per scribacchiare nel margine "Non ho tempo, non ho tempo," e passare poi a tracciare freneticamente il riassunto successivo. Quanto scrisse in quelle ultime ore disperate prima dell'alba terrà occupati generazioni di matematici per centinaia di anni. Aveva trovato, una volta per tutte, la vera soluzione a un enigma che aveva tormentato i matematici per secoli: sotto quali condizioni si può risolvere un'equazione?
>
> E.T. Bell, *Men of Mathematics* (1937)

Questa famosa descrizione non è storicamente accurata. Galois in realtà scrisse solo un sommario dei suoi lavori precedenti, condito da qualche nuova osservazione e dall'indicazione di alcuni dettagli mancanti che "non aveva il tempo" di sistemare; ma il nucleo matematico principale delle sue ricerche era contenuto nelle memorie che aveva già inviato per pubblicazione all'*Académie des Sciences* francese (dove erano state respinte o perdute). Quella notte Galois scrisse inoltre un paio di brevi lettere ad amici, spiegando concisamente le ragioni del duello, che, in realtà, non aveva nulla a che fare con la politica o i saint-simoniani, ma pare fosse dovuto a una ragazza di cui si era innamorato non ricambiato; ironicamente, il suo primo incontro col sesso lo condusse alla morte.

Ma qui non siamo (principalmente) interessati al Galois storico. La notte insonne e febbricitante ci servirà per condurlo invece alla fusione finale di realtà e visioni, all'alba, al duello, alla morte. In un campo abbandonato alla periferia di Parigi, da solo. E in prorompenti ondate di impensabili simmetrie, con lei. Dupin giunge troppo tardi per salvarlo, per rivelargli di avere prove inconfutabili che suo padre si è davvero suicidato, probabilmente perché la particolare struttura dell'appartamento aveva ingigantito una sua naturale tendenza alla depressione; la sottosetta saint-simoniana non c'entrava. La vendetta, la prigione, il duello, la morte, è stato tutto inutile. O no?

La storia di Galois sarà intercalata alla storia di Héloïse, in modo che gli eventi principali di una siano riflessi (ampliati, distorti, simmetrizzati – ammesso che una tale parola esista) nell'altra. Héloïse (Fig. 4), trent'anni circa, è un'insegnante liceale di matematica nella Parigi contemporanea.

Fig. 4. Héloïse. © 2005 Paolo Bisi

Sì, conosco bene Héloïse, anzi, nessuno la conosce meglio di me. Sono la sua migliore amica dai tempi delle elementari... Da piccola assomigliava a un topino – e guardala invece adesso! Ma il modo di fare del topino un po' le è rimasto... tende a fare ciò che ci si aspetta da lei, ad assecondare le decisioni altrui. Anche se talvolta è testarda come un mulo, quando vuole davvero qualcosa non c'è verso di fermarla. Pensi a come ha accalappiato François. Tutte noi ragazze gli sbavavamo dietro, e chi ha vinto il primo premio? Lisette! La schiva, modesta Lisette... ma dalla sua aveva più di un bel faccino. E non sto parlando del cervello, che pure non le manca, e François l'ha sempre ammirata per questo. Lei era, non so se mi spiego, un po' scatenata a letto. Solo un poco; troppo François non l'avrebbe apprezzato; giusto quanto bastava per accalappiarlo. E c'è riuscita! Le è rimasto fedele da allora, e dire che avrebbe potuto avere tutte le ragazze che voleva. Cinque anni più grande di noi, quegli occhi, quelle spalle, ottime prospettive prima e quel lavoro incredibile che si è trovato poi...
Certo che è sempre stata un po' strana. Un modello di brava ragazza, rispettosa, studiosa, gentile, mai un cruccio per i genitori o gli insegnanti... e poi bang! D'improvviso se ne veniva fuori con qualcosa di completamente inaspettato, così, di punto in bianco. E ne era incredibilmente orgogliosa, di quel qualcosa, qualunque cosa fosse, pronta a difenderlo contro il mondo intero. Ma lo sa che a sedici anni si è fatta un *piercing* al capezzolo sinistro? Incredibile. E la sua mate-

matica! Santo cielo, voleva diventare una matematica! Una *MATEMATICA!* Ma si rende conto? Neppure François riusciva a dissuaderla - beh, alla fine c'è riuscito ma, non so se mi spiego, la bambina non era esattamente quel che si dice prevista... Lei ha dovuto adattarsi, e l'ha fatto, bisogna dargliene atto. François è stato fantastico; si sono sposati subito, e poi lui ha comprato quell'appartamento stupendo in centro... adesso è un pezzo grosso, sa, in quella finanziaria importante, come si chiama... un sacco di lavoro ma è in gamba, glielo assicuro io. Proprio non riesco a capire perché Héloïse abbia voluto andare a insegnare. Con quell'appartamento, e quel marito, io me ne starei a casa tutto il giorno... e tutta la notte... Ma è un'ottima madre, gliene do atto, e tutti mi dicono che è anche una brava insegnante.
No, non la vedo più molto spesso. Fra il lavoro, e la bambina, e la casa, e il marito, non ha più tempo per le vecchie amiche, o almeno così dice lei... Felice? Se è felice? Ma che razza di domanda è questa? Certo che lo è! Vorrei averla io quella casa, e quel marito! Guardi dove sono costretta a vivere ora; non è proprio quello che mi aspettavo quando mi sono messa con Henri... Héloïse accalappiò François per prima, e Henri a quel tempo era il suo migliore amico... Ma per favore non mi faccia parlare di Henri, non cominciamo neppure... Certo che è felice, deve esserlo! Non le pare?

Estratto da un'intervista con Denise Marchand, *Ici Paris* (2004)

Héloïse vive, assieme al marito e alla figlia di sei anni, nello stesso appartamento in cui aveva vissuto il padre di Galois. Lei avrebbe voluto diventare una matematica, ed era piuttosto brava, ma durante il dottorato rimase in cinta, e si sa come vanno queste cose. Si ritrovò a casa a badare alla bimba mentre il suo futuro marito faceva carriera in una importante ditta di consulenze finanziarie. Non appena ha potuto è andata a insegnare, come precaria, ma non è quanto aveva sperato di diventare. La sua vita è tutta sfumature di grigio. È una brava insegnante, una brava madre, cerca di essere una brava moglie - e non resta tempo per i suoi bisogni e i suoi desideri. Che è qualcosa di cui suo marito non si rende conto; lui non immagina neppure vi sia un problema. Dal suo punto di vista, ritiene di essere un buon marito, proprio non capisce come possa mancarle qualcosa.

Héloïse (probabilmente a causa dell'edificio in cui vivono) ha un sogno ricorrente; non spesso, ma abbastanza da ricordarlo. Sogna un luogo, incoerente, informe, orribile eppure affascinante. Dove c'è qualcun'altro. Un'ombra. Un'incoerente informe attraente ombra.

Questa è la sua vita: la figlia, il lavoro, la casa, il marito, talvolta i sogni. E poi Antoine, un vecchio amico, ricompare.

CHEVALIER, ANTOINE (1973). Nato a Tolosa il 4 maggio 1973, da Louis Chevalier, giornalista, e Marie Lagrange, segretaria in un ufficio legale. Studente brillante, fu ammesso alla École Normale nel 1991, dove completò il *doctorat* in Matematica nel 1998, sotto la direzione del Prof. François Berteloot. I suoi risultati innovativi sull'applicazione di tecniche algebriche allo studio dei sistemi dinamici olomorfi gli procurarono una borsa Post-Doc presso la University of California, Berkeley, per il biennio 1999-2000 e poi un posto di ricercatore per 4 anni pres-

so l'Institute for Advanced Study, Princeton. Nel 2005 accettò una posizione di professore associato presso l'Institut Henri Poincaré a Parigi, diventando uno dei professori più giovani dell'Istituto.
A parte occuparsi di matematica, ama passeggiare la notte per Parigi, e creare figure origami irreali.

American Mathematical Monthly (2005) vol. 111, p. 327

Antoine ed Héloïse sono stati studenti di dottorato insieme; poi lei rimase in cinta, lui si trasferì in America e si persero di vista. Tornato a Parigi, Antoine le telefona. Si incontrano, iniziano a parlare, ed è la cosa più naturale, come se il tempo non fosse mai passato. Lui s'informa a che punto sono le ricerche matematiche di Héloïse (che avevano qualcosa a che fare con la teoria di Galois); stava facendo un buon lavoro a suo tempo e, da allora, nessuno ha proseguito le sue ricerche, che ora sembrano anche più promettenti; perché non ci riprova? Sì, deve completare il suo lavoro: ce la può fare!

Héloïse tentenna, ma alla fine decide di provare. E non appena rientra nella matematica si rende conto di quanto le era mancata. Potersi muovere in un mondo che sente suo, in cui riuscire dipende solo dalle sue forze, in cui non dipende da nessun altro, e nessuno dipende da lei... Ma la matematica richiede tempo, che dev'essere sottratto ad altro. Suo marito non capisce, si sente respinto – la loro vita sessuale ne soffre.

Nello stesso periodo i sogni divengono più forti, più strutturati. Lei ne è spaventata, e attratta. Capisce presto che c'è una connessione fra il ritorno alla matematica e i sogni. La presenza informe che aveva avvertito prima diventa più concreta, e riconoscibile: Galois. Non parlano, nei sogni; comunicano manipolando il paesaggio in modi che poi traducono in matematica (e idee, ed emozioni). Lei conosce la sua storia (tutti i matematici la conoscono) e sa che morirà presto. O è già morto? Dopo tutto, è solo un sogno, no?

Un modo per esaminare la razionalità nei sogni consiste nel classificare diversi livelli di lucidità. Al livello più alto, il sognatore non solo è cosciente di stare sognando, ma comprende a pieno le implicazioni di questo fatto, e si comporta in accordo con questa conoscenza a tutti i livelli, dal pensiero all'azione. Il livello più basso, minimale, di lucidità può essere realizzare di stare sognando, ma senza comprendere in che modo il sogno sia diverso dalla veglia, e senza agire sfruttando la lucidità, e anzi confondendo eventi, conseguenze e personaggi con quelli della vita da svegli. D'altronde, il grado di razionalità nei sogni varia da momento a momento, per cui chi desiderasse usare una scala di livelli di lucidità dovrebbe valutare indipendentemente ogni decisione o reazione del sognatore. Mediare i livelli di lucidità in un sogno potrebbe essere un modo di assegnare un "punteggio" di lucidità al sogno. Sarà compito di future ricerche stabilire tutto ciò.

Lynne Levitan (Summer 1994) *A Fool's Guide to Lucid Dreaming,* NIGHTLIGHT 6(2)

Héloïse accetta i sogni, come ha accettato tutto quello che le è successo nella vita: la figlia, le decisioni del marito, il suggerimento di Antoine di tornare a occuparsi di matematica... È uno dei motivi per cui penso che Galois ed Héloïse si complementino bene. Galois è azione incarnata, tenta in tutti i modi di dirigere la propria vita nella direzione che vuole lui. Héloïse, invece, è guidata dalla propria vita; cerca di ricavare il meglio da quanto le capita, ma non tenta quasi mai di indirizzare gli eventi nella direzione in cui lei vorrebbe andassero. D'altra parte, Galois è incapace di organizzare la propria vita e i propri sforzi in maniera produttiva, mentre Héloïse è una grande esperta di organizzazione (come quasi ogni donna che lavora ed è contemporaneamente madre).

Non può parlare col marito della matematica, o dei sogni. A poco a poco la distanza fra loro aumenta, anche se in superficie apparentemente nulla è cambiato. E poi succede. Il marito è via, Antoine è lì, iniziano a parlare, a bere, diventano intimi, finiscono a letto.

Héloïse trova in lui qualcosa che fino a quel momento quasi non sapeva le mancasse. La sua matematica, il suo amante... ora ha una vita tutta sua, non importa cosa accadrà, non importa quanto difficile sia, lei ne ha bisogno, e ne ha bisogno ora. Anche se gestire la sua vita è diventato un incubo. Tenere tutti gli elementi insieme e separati allo stesso tempo è quasi impossibile, ma lei non sa come (e non vuole) lasciare nulla indietro.

Forse a causa delle proprietà dell'edificio, suo marito scopre qualcosa – e la situazione precipita. Lui non vuole perderla (ma neppure darle più spazio – lei ha sempre avuto, *io* le ho sempre dato tutto lo spazio che le serviva, no? Non ho fatto nulla per meritarmi questo!), vuole soltanto che tutto sia come prima. Non capisce cosa ha sbagliato – cerca sinceramente di capirlo, ma non riesce. Di nuovo, non è un cattivo tradizionale, sta cercando di fare del suo meglio; ma talvolta il meglio di qualcuno conduce nella direzione sbagliata per altri. E non voglio fare prediche; vorrei ritrarli realisticamente, con i loro pregi e difetti, non come modelli da seguire o disprezzare.

Durante una litigata particolarmente aspra, lui la colpisce – per la prima e unica volta. Lei cade, batte la testa, sviene, e si ritrova nell'ideaspazio, assieme a Galois. Lui sta morendo, colpito da una pallottola nel petto, la mattina del duello. Lei gli si avvicina; si toccano. Si abbracciano e, travolti dall'emozione, scardinati dalla loro vita ordinaria, fanno l'amore. Lei gli dona quel riconoscimento profondo di cui lui aveva così disperatamente bisogno, un riconoscimento totalmente istintivo e totalmente appagante; e lui le dona la forza di cui lei aveva così disperatamente bisogno per guidare se stessa. Al termine della sua vita, Galois ottiene infine ciò che più desiderava, e dà ad Héloïse ciò di cui lei ha più bisogno in quel momento. Sarà una visione, un sogno, o forse è davvero reale, non importa; la vita di lui si è conclusa come voleva si concludesse, e la vita di lei ricomincia, come non si era mai neppure concessa di immaginare potesse succedere.

Héloïse si risveglia in ospedale; una lieve commozione cerebrale, nulla di serio. Quando lascia l'ospedale, lascia anche il marito, portando la figlia con sé. Non va a vivere con Antoine, almeno non per il momento. Vuole gestire la propria vita, ora; ha passato troppo tempo a sognarlo soltanto. Ed Héloïse lascia anche qualcos'altro in ospedale, volutamente. Non ne ha più bisogno. Il suo *piercing*. Era sul capezzolo sinistro. Sopra il cuore. Della forma di un piccolo, ma perfettamente riconoscibile, proiettile.

FINE

Matematica e cartoni animati[1]

Gian Marco Todesco

Il cartone animato è una forma artistica straordinariamente flessibile che permette all'autore una totale libertà espressiva. Non ci sono vincoli legati al rispetto della prospettiva o delle leggi fisiche e alla forma e all'aspetto dei personaggi. È difficile che lo spettatore, immerso in un mondo totalmente fantastico, si renda conto di quanto lavoro e quanta rigida organizzazione siano necessari per dare corpo alla fantasia. Eppure, come vedremo in seguito, la realizzazione di un lungometraggio a cartoni animati è un'opera titanica che richiede un enorme impegno. Non stupisce che, negli ultimi quindici anni, il computer sia andato giocando un ruolo sempre più importante anche in questo campo. Ovviamente ciò ha richiesto l'invenzione e lo sviluppo di programmi dedicati. Tante *software house*, in tutto il pianeta, si sono specializzate in questo settore, ma a livello professionale i programmi maggiormente utilizzati sono meno di cinque. Fra questi si annovera *Toonz*, realizzato da una società italiana. Chi scrive è tra i creatori del programma, il che gli permette di osservare il mondo del cartone animato da una prospettiva insolita. Questa conferenza si propone lo scopo di illustrare tale prospettiva e svelare, con qualche esempio, la matematica e l'informatica che operano, non viste, dietro le quinte della scena.

Toonz e il cartone animato tradizionale

Nei suoi quasi dodici anni di vita il programma Toonz è stato utilizzato da centinaia di compagnie in tutto il mondo per realizzare cortometraggi, spot pubblicitari, giochi interattivi, serie televisive e lungometraggi. Citerò qui solo tre lungometraggi, fra i più noti.

Balto (Simon Wells, Amblimation, 1995) fu il primo ad essere realizzato con il nostro software. Il programma era ancora in fase di rodaggio e, durante la lavorazione, c'è stata un'intensa e proficua interazione fra il nostro gruppo e gli esperti di *Amblimation*. È una splendida fase quella in cui l'artista non sa ancora imma-

[1] *Una versione ridotta di questo articolo è stata pubblicata in: Matematica e cultura in Europa, M. Manaresi (a cura di), Springer-Verlag Italia, 2005, pp 131-143.*

ginare cosa sia possibile ottenere dal programma, mentre l'esperto di computer non ha la più pallida idea di cosa l'artista trovi utile. Trovare un linguaggio comune con cui intendersi è stato al tempo stesso difficile e molto soddisfacente.

Un'altra pietra miliare è stata *Anastasia* (Don Bluth & Gary Goldman, Fox Animation, 1997). Il film, girato in cinemascope, ha comportato la gestione di immagini "enormi" in termini di occupazione di memoria e di potenza di calcolo richiesta. Gli sfondi erano spesso fino a 100 volte più grandi di una comune foto digitale.

Infine posso citare con orgoglio il film *La città incantata* (Hayao Miyazaki, Studio Ghibli, 2002) che ha vinto l'Orso d'oro a Berlino nel 2002 e il premio Oscar come miglior film animato nel 2003. Il regista ha ricevuto nel 2005 il Leone d'oro alla carriera al Festival del Cinema di Venezia. Lo stesso anno è uscito in Italia il suo film *Il castello errante del mago Howl*, sempre realizzato con Toonz.

Tutti gli esempi citati sono realizzati con la tecnica dell'animazione tradizionale, detta anche *cel animation*, dal nome dei fogli trasparenti di celluloide o di acetato su cui venivano fotocopiati i disegni, prima dell'introduzione del digitale. In questi film l'artista disegna direttamente i personaggi, utilizzando spesso tecniche tradizionali, come il pennello o la matita. Oggi il termine cartone animato è utilizzato in un'accezione molto ampia che comprende anche l'animazione 3D. In un film 3D i personaggi, gli oggetti e gli sfondi non sono direttamente disegnati, ma ne vengono invece creati virtualmente dei modelli tridimensionali che il computer è poi in grado di "fotografare" e "filmare" utilizzando le leggi della prospettica e dell'ottica. Questa tecnica, che ha permesso la creazione di splendidi film come *Toy Story* (Pixar, 1995) o *Shrek* (Dreamworks, 2001), è completamente diversa dalla precedente e, per quanto affascinante, non verrà trattata qui.

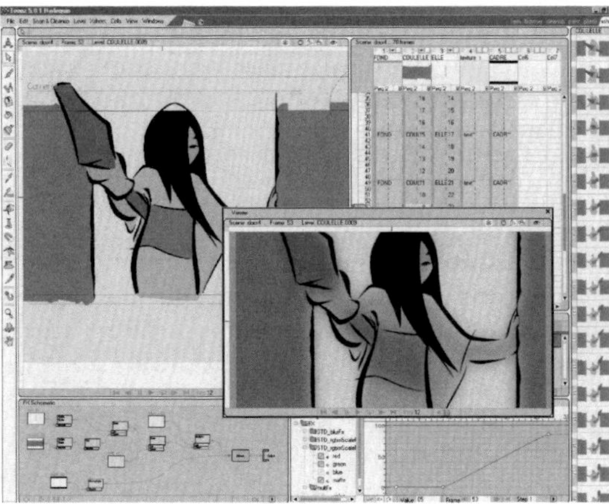

Fig. 1. Il programma Toonz 5.0 Harlequin, per gentile concessione di Digital Video s.p.a., *http://www.toonz.com*

Il processo produttivo

La produzione di un cartone animato coinvolge centinaia di persone ed è rigidamente organizzata in diverse fasi. Lo schema generale si è solidamente delineato fin dai primi anni dell'animazione, quando tutta la produzione era manuale. L'introduzione del computer non ha stravolto il procedimento, limitandosi a modificare la modalità di esecuzione di alcune fasi. Nei paragrafi seguenti farò un breve (e parzialissimo) riassunto dei passi più importanti del processo. La procedura reale è molto più complessa e varia molto da studio a studio.

Per prima cosa dal soggetto si crea una specie di sceneggiatura disegnata, chiamata *story board*. Nello story board sono riportate, come in un lunghissimo fumetto, tutte le scene del film, complete di inquadrature, movimenti di camera, informazioni sulla musica e i dialoghi.

Poi viene definito l'aspetto dei vari personaggi. Ognuno viene riassunto in una tavola che lo ritrae in differenti pose ed espressioni. Utilizzando come base queste tavole, che garantiscono l'uniformità stilistica del personaggio lungo tutto l'arco del film, gli animatori disegnano le lunghe sequenze di immagini che sono l'essenza del cartone animato. Per ogni movimento del personaggio l'animatore crea pochi fotogrammi fondamentali: l'inizio, la fine e altri eventuali momenti salienti. Un assistente utilizza questi disegni come guida e aggiunge delle immagini intermedie. A loro volta gli *intercalatori* aggiungono altre immagini in modo da arrivare al numero voluto di fotogrammi al secondo: in genere 12 o 24.

L'audio è già stato inciso e la sincronizzazione fra la voce e i movimenti delle labbra dei personaggi è assicurata da una specie di doppiaggio alla rovescia: sono i disegni a seguire il parlato e non viceversa. Poi, quando un film straniero arriva in Italia, subisce un vero doppiaggio che ovviamente peggiora la sincronizzazione.

I disegni vengono poi colorati. Questa è una delle fasi più laboriose e lo era in particolar modo prima dell'utilizzo dei computer. Si tratta di un lavoro che richiede grande pazienza e precisione, ma che può essere affidato a personale non particolarmente qualificato. Era una pratica comune spedire le risme di fogli con i disegni da colorare e precise istruzioni di colorazione all'altro capo del pianeta, in paesi con un costo della mano d'opera sensibilmente inferiore. Adesso con il computer basta un click per campire con precisione un'area chiusa dandole il colore prescelto. È possibile anche colorare automaticamente un certo numero di aree correlate. Ciononostante questa attività richiede sempre molte ore di lavoro di un operatore umano. Oggi i fogli non viaggiano più, ma al loro posto vengono sempre trasmessi i bit che li rappresentano.

I fondali sono realizzati da veri pittori, utilizzando le tecniche più varie: acquarello, acrilico, olio, pastelli, carta ritagliata, ecc.

Alla fine bisogna mettere insieme il tutto. Ogni fotogramma del film è costituito da tanti strati o livelli diversi: lo sfondo, i personaggi, le ombre, eventuali effetti atmosferici, eccetera. Senza computer era necessario fotocopiare ogni disegno su carta trasparente, sovrapporre tutti i fogli e fotografarli con una speciale cinepresa, fotogramma per fotogramma.

Le informazioni che permettono all'operatore della cinepresa di sapere quali componenti siano presenti in ogni fotogramma sono raccolte in una griglia chiamata "foglio macchina". Nel foglio macchina ci sono anche istruzioni che controllano il movimento della cinepresa, l'inquadratura e le posizioni relative dei vari livelli. È una pratica molto comune avere uno sfondo molto più largo dell'inquadratura e farlo scorrere nel corso dell'animazione in modo da simulare una carrellata.

Per riassumere quantitativamente il processo: un film di due ore, a 24 fotogrammi al secondo, consiste di più di 170000 fotogrammi; ognuno di questi, come abbiamo visto, è il risultato della composizione di diversi elementi. In tutto possono essere necessari anche 300 000 disegni.

La matematica e l'informatica entrano in gioco

Vediamo adesso in quali fasi produttive può intervenire il computer. A differenza di ciò che si potrebbe pensare la fase del disegno dei personaggi, fotogramma dopo fotogramma, viene ancora realizzata a mano, su carta. Solo negli ultimi anni ci sono stati dei timidi segnali di cambiamento, legati allo sviluppo della nuova generazione di tavolette grafiche, alla diffusione del cartone animato su Web e al cambiamento generazionale degli animatori che oggi hanno una maggiore familiarità con il computer. Ciononostante oggi, nella produzione di un lungometraggio a cartoni animati, i disegni sono ancora fatti singolarmente a matita. Questi disegni vengono poi acquisiti tramite uno scanner e trasformati in immagini digitali. Da questo punto in poi tutto il procedimento è digitale, fino alla stampa della pellicola.

Il software deve quindi controllare lo scanner, rifinire le immagini (magari compensando automaticamente le differenze di tratto fra un disegnatore e l'altro), colorare i disegni, definire e modificare il foglio macchina, aggiungere effetti di luce, trasparenze, sfocature, ecc. ed infine assemblare tutte le componenti generando i fotogrammi finali. A questi compiti fondamentali si affiancano tutta una serie di problematiche collegate. È indispensabile avere degli strumenti per orientarsi nel vasto database delle scene, dei personaggi e dei colori; deve essere possibile generare rapidamente dei filmati di prova per controllare la fluidità dell'animazione prima ancora che i disegni vengano colorati; bisogna gestire le cosiddette *render farm*, gruppi di potenti computer collegati in rete su cui viene distribuito automaticamente il carico di lavoro relativo alla generazione della sequenza finale; eccetera.

Un software che fornisca tutti gli strumenti necessari finisce con l'essere un oggetto estremamente complesso e articolato. Il codice sorgente, cioè l'insieme delle istruzioni che costituiscono il programma, può ammontare a diverse centinaia di migliaia di linee.

I programmi per fare cartoni animati, come ogni altro programma, presuppongono una serie di modelli che facciano da ponte fra l'ottusa precisione del computer e il mondo reale, mutevolissimo e difficile da definire. Questi modelli fanno generalmente ampio uso del linguaggio della matematica. È impossibile in questa sede fare un elenco completo o anche solo indicativo dei vari modelli matematici utilizzati, ma spero che i quattro esempi presentati nei prossimi paragrafi siano sufficienti a trasmettere l'idea di fondo. Prenderemo in esame la forma delle pennellate che compongono un singolo disegno, la gestione dei movimenti di camera nella composizione della scena finale e infine la generazione digitale di alcuni effetti speciali: le nuvole e i cosiddetti sistemi a particelle.

Il pennello virtuale

La grandissima maggioranza dei cartoni animati di una certa qualità passa attraverso il disegno su carta, ma le cose stanno lentamente cambiando. Gli artisti stanno cominciando ad avere un atteggiamento meno ostile nei confronti del computer e una nuova famiglia di tavolette grafiche, con lo schermo incorporato, permette uno stile di disegno più naturale. È presumibile che la percentuale di cartoni animati interamente digitali, attualmente minoritaria, sia destinata a crescere nei prossimi anni.

Fig. 2. Diversi "stili" di pennellata

Ovviamente il software si deve adeguare. Se il disegno nasce direttamente su computer conviene crearne una rappresentazione più articolata e flessibile, piuttosto che conservare semplicemente i pixel. Per far ciò abbiamo quindi bisogno di un modello geometrico che rappresenti la singola pennellata. Conservare una rappresentazione geometrica della pennellata permette di migliorare la procedura di disegno, consentendo modifiche e correzioni altrimenti impossibili. Inoltre l'immagine prodotta, non essendo basata sui pixel, è indipendente dalla risoluzione (ovvero dal numero di pixel disponibili) e può essere usata sia in ambito televisivo, sia in ambito cinematografico senza alcuno scadimento di qualità.

Nel progettare la forma della pennellata dobbiamo tenere presente che la penna della tavoletta grafica, un po' come un vero pennello, è sensibile alla pressione e permette di variare con continuità lo spessore del segno. In questo modo è possibile creare un tratto particolarmente espressivo e personale. Oltre a questa caratteristica la nostra pennellata "geometrica" deve avere un contorno liscio, senza giunture visibili, deve essere descritta da formule computazionalmente leggere (per permettere al computer di disegnare in tempo reale le migliaia di pennellate che formano un disegno) e deve essere perfettamente definita tramite un ridotto insieme di punti di controllo.

Il modello matematico che fa al caso nostro è la cosiddetta *spline*, una curva parametrica molto utile e versatile, inventata appositamente per i programmi di CAD. Si tratta di una curva continua e differenziabile che segue grosso modo l'andamento di una spezzata arbitraria: per definire completamente la curva basta assegnare i vertici della spezzata, i cosiddetti *punti di controllo*. Nel nostro caso la curva ha tre dimensioni: le prime due sono relative al piano di disegno, mentre la terza rappresenta lo spessore. Una serie di algoritmi generano in maniera automatica i punti di controllo senza che il disegnatore se ne debba preoccupare. Anche in fase di correzione e modifica i punti di controllo vengono creati, spostati ed eliminati in maniera automatica, mentre l'artista si limita a spostare, tirare e torcere la curva come se fosse una cordicella o un filo di metallo.

Fig. 3. Un'immagine con visualizzati alcuni punti di controllo

Una caratteristica interessante di questo strumento è la possibilità di associare uno "stile" arbitrariamente complicato alla curva stessa. Diventa così possibile simulare una serie di strumenti convenzionali come la matita, il carboncino o l'acquerello ed è anche possibile inventare degli strumenti completamente nuovi.

Trasformazioni in movimento

Gli elementi che compongono le scene di un cartone animato possono muoversi gli uni rispetto agli altri. Ad esempio il fondale può scorrere lateralmente come il paesaggio fuori dal finestrino di un treno in movimento. Una sequenza di pochi fotogrammi che rappresenta un uccello che batte le ali può essere ripetuta tante volte cambiando la posizione dell'animale rispetto allo sfondo, dando così vita ad un lungo volo continuo da una parte all'altra dello schermo. Un terzo esempio particolarmente importante sono i cosiddetti movimenti di camera, uno degli strumenti principali a disposizione del regista nei cartoni animati come in tutti gli altri tipi di film. In questo caso a muoversi è l'inquadratura, cioè quel rettangolo che individua la parte di scena che verrà "ripresa".

In tutti questi casi abbiamo delle grandezze (ad es. la dimensione dell'inquadratura, oppure la sua posizione) che possono variare in funzione del tempo. La variazione può avvenire a velocità costante, oppure con un movimento accelerato o rallentato, sempre secondo le indicazioni del regista. Come illustra l'esempio che segue, controllare in modo appropriato queste variazioni presenta più di una sottigliezza.

Prendiamo in esame un movimento molto naturale: la "zoomata" ovvero il progressivo ingrandimento dell'immagine che dà allo spettatore l'impressione di avvicinarsi all'oggetto inquadrato. La prima scena del film *Bambi* (Walt Disney, 1942) è una lunga zoomata che parte dalla foresta e si stringe fino ad inquadrare la tana dei cerbiatti. Più recentemente il film *Il gobbo di Notre Dame* (Walt Disney, 1996) si conclude con una lunghissima zoomata che si allontana dalla piazza in festa inquadrando tutta la chiesa e poi l'intera città. Anche il nostro più modesto esempio sarà incentrato su questo tipo di movimento.

Per rendere l'esempio interessante prendiamo in considerazione un soggetto molto curioso: una delle incisioni dell'artista olandese M. C. Escher: *Smaller and smaller* (1956). Come moltissime opere dello stesso artista, anche questa presenta una simmetria. In questo caso si tratta di una simmetria di scala: se ingrandisco l'immagine di un certo fattore e la sovrappongo a quella di partenza la parte centrale coincide quasi perfettamente.

Infatti, nell'incisione, il motivo base forma una cornice che viene ripetuta molte volte, ogni volta rimpicciolita e più vicina al centro. Le cornici più piccole e più vicine al centro presentano dettagli quasi indistinguibili a occhio nudo, eppure al loro interno ci sarebbe posto per infinite altre cornici ancora più piccole. Nel suo insieme l'immagine dà l'impressione di una lunga fuga prospettica verso un punto centrale infinitamente lontano.

Proprio questa interpretazione suggerisce l'idea di realizzare una piccola animazione che crei l'illusione di un avvicinamento continuo verso il centro. L'animazione è semplice: si tratta di inquadrare la parte centrale dell'opera (in modo da eliminare i bordi che, probabilmente per motivi estetici, seguono uno schema leggermente diverso) e ingrandire progressivamente l'immagine. Il fattore di ingrandimento sarà scelto in modo che il primo e l'ultimo fotogramma della sequenza siano (quasi) sovrapponibili. Dobbiamo determinare una formula che permetta di trovare il fattore di ingrandimento da applicare in ogni fotogramma. La scelta più naturale è una relazione lineare fra il tempo e l'ingrandimento ovvero: $S(t) = At + 1$, dove t è il tempo trascorso dall'inizio della sequenza mentre S è la funzione che fornisce il desiderato fattore di ingrandimento che bisogna applicare al tempo t. Abbiamo scelto la convenzione che un ingrandimento di 1 significhi lasciare l'immagine inalterata e, in effetti, vediamo che $S(0)=1$, cioè si parte con l'immagine originale.

La costante A è scelta in modo tale che, al termine della sequenza, S assuma il valore del rapporto fra le grandezze di due cornici successive. A questo punto possiamo generare la sequenza: si tratta di produrre un certo numero di fotogrammi, diciamo 50, tutti ricavati prendendo l'immagine originale, ingrandendola per il fattore $S(t)$ ed inquadrando sempre lo stesso rettangolo centrale (che quindi inquadrerà una regione sempre più piccola dell'immagine originale).

La sequenza generata è effettivamente periodica: l'ultimo fotogramma e il primo sono molto simili. Se la sequenza è riprodotta a ciclo continuo abbiamo l'impressione di un movimento ininterrotto attraverso la fuga prospettica. Ci rendiamo però conto che qualcosa non va. Il movimento non è uniforme, ma rallentato e le ripetizioni del ciclo generano l'impressione di un andamento a balzi. Dobbiamo cercare di capire cos'è andato storto.

La chiave di tutto risiede nella natura moltiplicativa dell'operatore di scala. È intuitivo che triplicare le dimensioni di un'immagine e poi raddoppiare il risultato ha come effetto quello di ingrandire il tutto sei volte (3x2) e non cinque (3+2). Vediamo cosa questo comporta nel nostro esempio. Le varie cornici che compongono l'immagine iniziale sono ognuna più piccola della precedente di un certo fattore di scala s. Se la cornice più esterna ha una grandezza L, quella successiva avrà una grandezza L/s e quella ancora più piccola L/s^2 e così via. Alla fine del primo ciclo della mia animazione avrò applicato all'immagine un ingrandimento pari a s, in modo che ogni cornice occupi il posto della successiva. In particolare la terza cornice ha occupato il posto della seconda, che a sua volta è diventata grande come era la prima. La cornice più esterna è diventata così grande che non entra più nell'immagine e scompare alla vista. Se suppongo di andare avanti per un altro ciclo, mi aspetto che la terza cornice occupi il posto che all'inizio aveva la prima. In altre parole voglio che l'ingrandimento diventi s^2, non certo $2s$. Quindi la natura corretta della funzione $S(t)$ deve passare da 1 a s nello stesso tempo in cui passa da s a s^2. A questo fine la funzione esponenziale è un ovvio candidato. Infatti, la funzione $S(t) = e^{Bt}$ ha la proprietà che il rapporto fra $S(t)$ e $S(t+\Delta t)$ è sempre lo stesso a parità di Δt.

Se rigeneriamo la sequenza con la nuova relazione fra tempo e ingrandimento e la riproduciamo a ciclo continuo osserveremo il desiderato andamento uniforme.

L'immagine che abbiamo considerato non è un disegno in prospettiva e, in effetti, una vera fuga prospettica (ad esempio il disegno di un lungo corridoio, con una serie di porte poste ad intervalli regolari) presenterebbe una disposizione delle "cornici" leggermente diversa. Le formule che definiscono i due casi, pur essendo differenti, sono l'una un'approssimazione dell'altra. Nella pratica, nel mondo dell'animazione, quando si deve fare una "zoomata" su un fondale si usa sempre l'esponenziale per controllare l'ingrandimento in funzione del tempo.

La forma delle nuvole

Al di là dei personaggi veri e propri e degli sfondi ci sono molte altre componenti che popolano la scena. Per esempio i cosiddetti effetti speciali: pioggia, neve, lampi, eccetera. In molti casi il computer può essere utilizzato per creare automaticamente e con un certo livello di realismo questi effetti. Come sempre per progettare l'algoritmo dobbiamo prima creare un adeguato modello matematico.

Un esempio emblematico è dato dalle nuvole o dal vapore. Qual è la forma esatta di una nuvola? La domanda è solo apparentemente provocatoria. È vero che la nuvola è per antonomasia una forma sempre cangiante e indefinibile, ma è anche vero che davanti a varie immagini di colore opportuno alcune sembreranno "più nuvole" di altre. Ovviamente i contorni non devono essere ben definiti, la forma deve essere estremamente irregolare e caotica, tuttavia è necessario che ci sia una qualche coerenza interna che un'accozzaglia totalmente casuale di pixel chiari e scuri non possiede.

La tecnica chiamata *Perlin Noise* ci permette di trovare la giusta miscela di casualità e ordine, caratteristica di una vasta gamma di fenomeni naturali che vanno dalle venature del marmo al cielo nuvoloso.

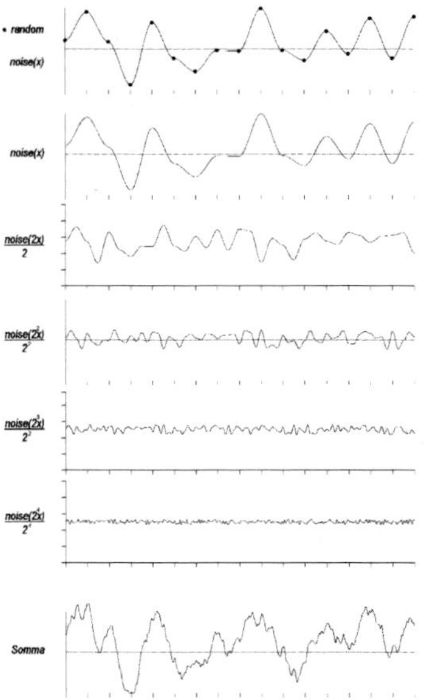

Fig. 4. La funzione Perlin Noise costruita come somma di armoniche. I punti neri nel primo grafico sono controllati dalla sequenza di numeri pseudocasuali.
La funzione noise(x) è costruita interpolando i punti

Cominciamo affrontando un problema monodimensionale: supponiamo di voler disegnare un profilo montuoso. In altre parole vogliamo trovare una funzione il cui grafico assomigli ad un crinale montuoso. Il primo ingrediente della ricetta sarà un generatore di numeri *pseudo-casuali*. Si tratta di un particolare algoritmo in grado di generare delle sequenze di numeri con una distribuzione statistica molto vicina a quella di una sequenza totalmente casuale, generata per esempio lanciando tante volte uno stesso dado.

Con questo strumento e delle tecniche di interpolazione possiamo generare un grafico continuo senza punti angolosi con un andamento apparentemente erratico. La sequenza di numeri pseudo-casuali definisce i valori del grafico in corrispondenza dei valori a coordinate intere dell'ascissa.

Possiamo generare una famiglia di funzioni simili a questa, cambiando l'ampiezza (cioè l'escursione massima dei valori) e la frequenza (cioè la rapidità con cui la funzione cambia): in altre parole modificando le scale lungo i due assi coordinati. Il *Perlin Noise* si ottiene sommando tante componenti di frequenza sempre più alta e di ampiezza sempre più piccola. Questo procedimento genera quella invarianza di scala che è così caratteristica dei fenomeni naturali. Infatti, il grafico della funzione assomiglia ad una catena montuosa, con picchi e valli che si alternano irregolarmente; lungo i crinali è possibile individuare altri picchi più piccoli dotati a loro volta di rugosità ancora più piccole e così via.

L'analogo bidimensionale di questa funzione permette di creare un cielo nuvoloso. Consideriamo la funzione $f(x,y)$ e assumiamo che il suo valore indichi la luminosità del pixel posto a coordinate (x,y). Se la funzione f è costruita in analogia con il caso unidimensionale precedente, allora la sua rappresentazione grafica avrà un andamento casuale, ma con la stessa invarianza di scala che abbiamo appena discusso. Con un'opportuna scelta di colori l'immagine avrà l'aspetto credibile di un cielo nuvoloso.

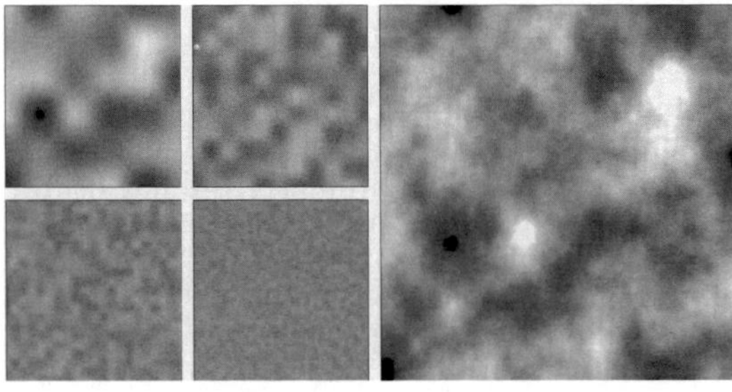

Fig. 5. Periln Noise in due dimensioni: le immagini piccole a sinistra sono quattro armoniche successive la cui somma produce l'immagine ingrandita a destra

I sistemi a particelle

Il computer si presta assai bene ad eseguire compiti relativamente semplici, ma che vanno ripetuti un gran numero di volte (tipo di operazioni che è invece particolarmente sgradito agli esseri umani). Un esempio interessante si incontra nella modellazione digitale di fenomeni naturali che si possono immaginare costituiti da un gran numero di elementi base. Ad esempio il volo di uno stormo di uccelli, oppure il getto di una fontana costituito da innumerevoli goccioline d'acqua. O ancora la pioggia, la neve, le foglie che cadono, ecc. Per rappresentare questi fenomeni è necessario disegnare ogni goccia, foglia, uccello per ogni fotogramma. Fra un fotogramma e l'altro bisogna aggiornare la posizione di ogni elemento in maniera appropriata: ogni uccello batterà le ali e si sposterà davanti a sé, la foglia scivolerà verso il basso con il caratteristico movimento oscillante. Dato il gran numero di elementi coinvolti è ragionevole supporre che le dimensioni di ogni singolo elemento sullo schermo siano piccole e che, in ogni caso, l'occhio dello spettatore sia più teso a cogliere l'insieme che concentrato sulle singole parti che lo compongono. Ciò implica la possibilità di utilizzare disegni molto semplici e concentrare invece ogni sforzo sul movimento.

La parte di programma che gestisce questo tipo di effetto si chiama genericamente "sistema a particelle", dove il termine "particella" si riferisce al singolo elemento (l'uccello, la foglia, ecc.). Per utilizzare il programma bisogna definire l'immagine o le immagini per le varie particelle e poi codificare le regole che ogni particella deve seguire nella sua evoluzione. Il software ad ogni istante fa comparire un certo numero di particelle in determinate posizioni e controlla poi i movimenti nei fotogrammi successivi. In genere ogni particella ha una "vita media", trascorsa la quale viene rimossa dal sistema (ad esempio una goccia di pioggia "vive" solo fino al contatto con il suolo).

Durante la sua vita la particella viene rappresentata da un'immagine o da una sequenza di immagini, eventualmente ciclica (ad es. un uccello che batte le ali). Inoltre il programma aggiorna la posizione e la velocità della particella utilizzando una serie di regole stabilite dall'utente. Queste regole sono scelte in modo da simulare l'azione di forze come la gravità o il vento. La velocità, il tasso di nascite e morti delle particelle e tutte le altre grandezze rilevanti sono in genere sottoposte ad una perturbazione (implementata mediante un generatore di numeri casuali), per evitare che il movimento appaia troppo "meccanico" e ordinato. Ovviamente l'entità di questa perturbazione può essere aumentata o diminuita a volontà.

Come abbiamo visto, ci possono essere tre tipi diversi di particelle: particelle relativamente grandi e dettagliate, come ad esempio animali riuniti in stormi, greggi, sciami, eccetera, oppure foglie o petali di fiori che cadono. In questi casi in genere la particella è costituita da più di un'immagine in modo da dar origine ad una piccola animazione: l'uccello che batte le ali o la foglia che gira su se stessa. Si può anche associare ad una particella più di un ciclo di animazione, in modo che il sistema possa scegliere casualmente quali utilizzare.

Nel secondo caso la particella è molto semplice. L'idea è di averne un gran numero e farle muovere così in fretta da rendere difficile apprezzarne i dettagli. Esempi sono le singole gocce di pioggia o i fiocchi di neve oppure i punti luminosi che costituiscono un fuoco d'artificio.

Infine abbiamo particelle senza una forma ben definita, spesso dai contorni sfumati e dal disegno semitrasparente. Nell'immagine finale queste particelle non si distinguono le une dalle altre, ma contribuiscono per esempio a creare l'immagine di una fiamma, un'esplosione, una colonna di fumo, ecc.

I sistemi a particelle sono davvero potenti, ma allo stesso tempo complessi da utilizzare. A differenza degli effetti più semplici, richiedono all'utente un minimo di conoscenze fisiche e matematiche. Ovviamente è possibile realizzare un certo numero di modelli base, preconfezionati, che coprono la maggior parte dei casi: effetti atmosferici come neve e pioggia, esplosioni, stormi di uccelli, eccetera. Ma la loro estrema versatilità ne permette un utilizzo proficuo anche in scenari totalmente imprevisti da chi ha realizzato il programma, come la scena del drago che durante il volo si sfalda in una miriade di scaglie nel film *La città Incantata* (Ghibli, 2002). Questo è un buon esempio di sintesi felice fra abilità tecnica e fantasia.

Riferimenti su WordWildWeb

Gian Marco Todesco, Home Page
http://www.toonz.com/personal/todesco

Digital Video s.p.a.
http://www.toonz.com

Balto
http://www.imdb.com/title/tt0112453/
http://filmup.leonardo.it/sc_balto.htm

Anastasia
http://www.foxhome.com/anastasia/main.html
http://www.imdb.com/title/tt0118617/

Spirited away
http://www.spiritedaway.com.au/
http://www.nausicaa.net/miyazaki/sen/

Animazione tradizionale
http://en.wikipedia.org/wiki/Traditional_animation
http://www.intermed.it/shuttle/box1004/disegni.html

Perlin noise
http://freespace.virgin.net/hugo.elias/models/m_perlin.htm
http://mrl.nyu.edu/~perlin/
http://astronomy.swin.edu.au/~pbourke/texture/perlin/

Spline
http://www.doc.ic.ac.uk/~dfg/AndysSplineTutorial/
http://mathworld.wolfram.com/Spline.html

Gli indirizzi sono stati visitati il 3 novembre 2005.

matematica e arte

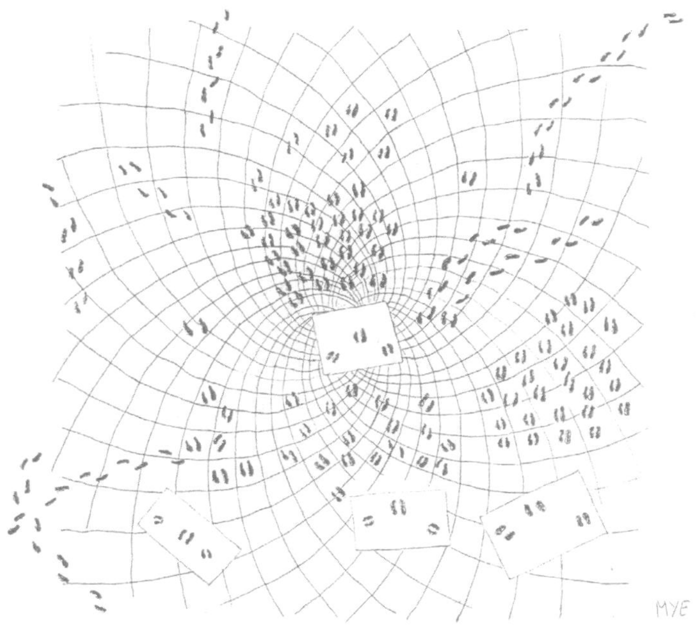

Astrazione

Michele Emmer

Astrazione: Kandinsky

Il matematico Robert Osserman scrive:

> L'astrazione funziona in vario modo. Innanzi tutto possiede il potere dell'universalità che permette di applicare una singola regola in circostanze molto diverse [...] inoltre ha il grande vantaggio di consentire una grande libertà alla nostra immaginazione, permettendoci di escogitare versioni nuove e alternative della realtà; versioni che possono o no corrispondere a qualcosa nel mondo reale [1].

Il grande messaggio che la matematica invia tra la fine dell'Ottocento e i primi del Novecento è che la geometria, lo spazio, la matematica stessa possono essere il regno della libertà e dell'immaginazione, dell'astrazione e del rigore. Gli oggetti geometrici e le idee matematiche sono di interesse universale, a disposizione di tutti: dei non matematici in genere, degli artisti, degli scrittori, dei musicisti, per essere utilizzate, comprese, fraintese, mutate, travisate con il loro impatto essenziale e allo stesso tempo, per i non matematici, esoterico e misterioso. La matematica è ricerca di un ordine, ma affermazione della immaginazione. Sembra una contraddizione, ma non lo è.

Il fatto nuovo avviene agli inizi del XX secolo con la pubblicazione del libro "Lo spirituale nell'arte" di Kandinsky, terminato nel 1910 e pubblicato nel dicembre 1911, ma con la data del 1912. "È un singolare privilegio per un libro in anticipo sui tempi, essere in anticipo su se stesso" commenta Elena Pontiggia.

Secondo Kandinsky Cézanne aveva portato la natura morta a un'altezza in cui le cose esteriormente morte diventano interiormente vive, dando loro un'espressione cromatica, cioè una dimensione intimamente pittorica, e chiudendole in una forma traducibile in forme astratte, spesso matematiche, che diffondono armonia. Parola, l'armonia, che ovviamente rimanda alla musica, ed è alla musica che si volge Kandinsky.

> Un artista che non abbia come fine ultimo l'imitazione, sia pure artistica, della natura, ma sia un creatore che voglia e debba esprimere il suo mondo interiore,

vede con invidia che queste mete sono state raggiunte naturalmente e facilmente dall'arte oggi più immateriale, la musica. È comprensibile che si volga ad essa e tenti di ritrovare le stesse potenzialità nella propria arte. Nasce da qui l'attuale ricerca di un ritmo pittorico, di una costruzione matematica astratta; nasce da qui il valore che si dà alla ripetizione della tonalità cromatica, al dinamismo dei colori, ecc. [2].

E aggiunge che la forma, anche se è completamente astratta e somiglia a una figura geometrica, ha un suono interiore:

È un essere spirituale che ha la qualità di quella figura. Ogni triangolo (sia acuto, rettangolo o equilatero) ha un suo profumo spirituale. Paragonato ad altre forme questo profumo si differenzia, acquista delle sfumature, ma rimane fondamentalmente immutabile, come il profumo della rosa, che non si può confondere con quello della mammola. Lo stesso accade per il cerchio, il quadrato e tutte le altre forme (è molto importante anche l'orientamento del triangolo, cioè il suo movimento. In pittura è decisivo) [3].

Si delinea così una contrapposizione fra forma e colore. Un triangolo giallo, un cerchio azzurro, un quadrato verde e, ancora, un triangolo verde, un cerchio giallo, un quadrato azzurro, ecc. sono diversissimi e hanno effetti diversissimi.

È facile notare che certi colori sono potenziati da certe forme e indeboliti da altre. In ogni caso, i colori squillanti si intensificano se sono posti entro forme acute (per esempio il giallo in un triangolo); i colori che amano la profondità sono rafforzati da forme tonde (l'azzurro per esempio di un cerchio). È chiaro però che, se una forma è inadatta a un colore, non siamo di fronte a una "disarmonia" ma a una nuova possibilità, cioè a una nuova armonia. Se il numero dei colori e delle forme è infinito, sono infinite anche le loro combinazioni e i loro effetti. È un materiale insesauribile [3].

Come nelle diverse geometrie, verrebbe da aggiungere.

Ma nonostante tutte le possibili diversità, la forma non può evitare due estremi:

- o, in quanto delimitazione, serve a far stagliare un oggetto materiale su una superficie, cioè a disegnarlo;
- o è astratta, cioè non rappresenta nessun oggetto reale. Questi enti puramente astratti, che come tali hanno vita ed esercitano un effetto, sono il quadrato, il cerchio, il triangolo, il rombo, il trapezio e le innumerevoli altre forme sempre più complesse che non hanno una denominazione matematica speciale. Tutte queste forme hanno uguale diritto di cittadinanza nel regno dell'astratto.

Fra questi due estremi c'è il numero infinito delle forme che contengono entrambi gli elementi, e in cui prevale quello materiale o quello astratto.

Aggiunge Kandisky che:

> ... più è libero l'elemento astratto della forma, più è puro e originale il suono. Se in una composizione l'elemento fisico è superfluo, si può anche tralasciarlo sostituendolo con forme astratte o con forme organiche astrattizzate. In entrambi i casi è il sentimento a decidere e a guidarci. Ora ci chiediamo: dobbiamo rinunciare all'oggettività, eliminarla e gettarla al vento, mettendo a nudo la pura astrazione? È una domanda leggittima, a cui si può rispondere considerando l'accordo che esiste fra le due componenti della forma: l'oggettività e l'astrazione [4].

Ed ecco il tema della libertà che esplode nelle parole di Kandinsky:

> La via della pittura si snoda fra due zone ugualmente pericolose: a destra c'è l'uso completamente astratto e libero del colore in forme *geometriche* (ornamentazione), a sinistra l'uso più realista, ma non troppo inibito dell'esteriorità, del colore in forme *fisiche* (arte fantastica). Oltre questi limiti troviamo: a destra la pura astrazione, cioè un'astrazione più radicale di quella geometrica, e a sinistra il puro realismo, cioè la fantasia più viva, tradotta in materia concreta. Fra questi due estremi si ha una libertà infinita, una profondità, un respiro, una ricchezza di possibilità: tutto, oggi, è al servizio dell'artista. È il momento di una libertà che può nascere solo all'alba di una grande epoca [5].

E ovviamente il riferimento va alla matematica, alla scienza delle strutture, alle forme matematiche, ai numeri:

> È proprio qui il futuro della teoria dell'armonia pittorica. Le forme accostate *in qualche modo* hanno un rapporto stretto e profondo fra loro. E questa relazione si può esprimere in termini matematici, anche se forse più con numeri irregolari che regolari. Il numero è l'ultima espressione astratta di ogni arte. È ovvio che questo elemento oggettivo ha bisogno necessariamente della cooperazione della ragione, della conoscenza. Sarà lui che, anche in futuro, permetterà all'arte di non dire *io ero*, ma di dire *io sono* [5].

Il 4 aprile 1928 Kandinsky mette in scena nel *Friedrichstheater* di Dessau i "*Quadri di una esposizione*", l'opera pianistica di Modesto Moussorgsky, composta nel 1874. Kandinsky ne è lo sceneggiatore e scenografo. Scrive Silvana Sinisi, nel libro realizzato in occasione della ricostruzione dello spettacolo ad opera dalla *Hochschule der Kunste* di Berlino nel 1983 [6]:

> *I quadri di una esposizione* sembrano indicare un atteggiamento più raffreddato e mentale orientato verso una composione di forme geometriche che risente della rigorosa metodologia di ricerca portata avanti nell'ambito della *Bauhaus*. La relazione tra i vari elementi sfugge ad ogni concatenzione narrativa e ad una logica puramente esterna, per seguire criteri più liberi ed articolati, dove la legge dell'accostamento e del contrasto è di volta in volta stabilita secondo i dettami di

una motivazione interiore. Ricorre la forma *simbolica* del triangolo, disposto con il vertice in alto, un grande triangolo acuto diviso in sezioni diseguali con la parte più piccola ed acuta rivolta verso l'alto: così si prospetta esattamente in modo schematico, la vita spirituale. Kandinsky tende a potenziare l'essenza matematica dell'organismo umano ingabbiando la struttura corporea dei ballerini in un costume geometrico che limita e condiziona il libero esplicarsi dei movimenti. La riduzione della figura umana a forme geometriche primarie svela così lo scopo come l'astrazione in pittura, di cogliere l'essenza delle cose e realizzare nell'ambito specifico del teatro un rapporto armonico tra uomo e spazio fondato su una rete di segrete corrispondenze. I mezzi utilizzati per questa sintesi sono forme geometriche piane e colori puri che si animano, si scompongono e si dissolvono nello spazio grazie ad un gioco sapiente di gradazioni luminose ottenute per trasperenza, illuminazione diretta e proiezione con l'ausilio di lampade azionate a mano e riflettori.

Fig. 1. Scena da *Quadri di una esposizione* (*vedi la sezione a colori*)

Val la pena di notare come la grande libertà nell'uso dello spazio viene connessa all'utilizzo di "forme elementari" e del tutto Euclidee. Ma quelle forme, a cui da sempre siamo stati abituati, che galleggiano nel nostro immaginario visivo da centinaia di anni, diventano altra cosa sulle tele degli artisti del Novecento. Non sono più oggetti "classici", che arrivano dai tempi lontani della cultura Greca e Latina, sono nuovi spazi "ignoti", che vengono esplorati per la prima volta, anche se le "guide", quasi a non volersi smarrire nel grande campo dell'astrazione, sono "riconoscibili".

Una prova ancora che lo spazio non esiste di per sé, ma è un prodotto culturale.

Fig. 2. Vasily Kandinsky, *Croce bianca* (*Weisses Kreux*), gennaio-giugno 1922. Olio su tela, 100,5 x 110,6 cm. Peggy Guggenheim Collection, Venice (Solomon R. Guggenheim Foundation, NY) (*vedi la sezione a colori*)

Astratto/concreto

Nel 1936 Alexandre Kojève tiene all'*Ecole Pratique des Hautes Etudes* a Parigi una serie di lezioni su Hegel a cui assistono, tra gli altri, Lacan, Queneau, Aron, Breton e Battaille. In una delle conferenze Kojève affronta il problema dell'arte e approfondisce quella che ne reputa una delle manifestazioni più mature: l'arte di suo zio Wassily Kandinsky. Il testo sarà poi pubblicato con note ed aggiunte di Kandinsky stesso [7].

Scrive Kojève:

> Per secoli l'umanità ha saputo produrre solo quadri *rappresentativi*, vale a dire soggettivi ed astratti: ogni quadro che incarna un Bello già incarnato prima in un oggetto reale non artistico è necessariamente ed essenzialmente un quadro astratto e soggettivo.

Un'astrazione dal reale, opera di un artista, che opera in modo soggettivo. Invece l'arte di Kandinsky può essere definita la vera arte concreta dato che

> è l'arte di incarnare in un dipinto disegnato un bello pittorico che non è stato incarnato, non è incarnato e non sarà incarnato in nessun altro luogo e nemmeno

in nessun altro oggetto reale che non sia il quadro stesso, vale a dire in nessun oggetto reale non artistico. Quest'arte può essere definita l'arte di Kandinsky, poiché Kandinsky fu il primo a dipingere quadri oggettivi e concreti sin dal 1910.

Ancora più chiaramente, aggiunge Kojève, se prendiamo, per esempio, un disegno di Kandinsky in cui l'artista incarna un Bello implicato dalla combinazione di un triangolo ed un cerchio:

> Questo Bello non è stato estratto o astratto da un oggetto reale non-artistico, il quale sarebbe magari anche *bello,* ma una cosa diversa. Il Bello del quadro *Cerchio-triangolo* non esiste altrove al di fuori di questo quadro. Così come il quadro non rappresenta nulla che sia esterno a se stesso, il suo Bello è puramente immanente. È il Bello del quadro che esiste solo nel quadro.

La conclusione è quindi che se il Bello non è stato estratto nè astratto, ma creato di sana pianta è non astratto ma concreto: "il bello del quadro è un Bello reale e concreto; il quadro reale è concreto". Come concrete sono le forme che vi compaiono, forme che Platone riteneva fossero da sempre esistite, e come lui tanti matematici. Forse in questo si nasconde il fascino di queste forme così semplici eppure così evocative, così misteriose nelle mani di un grande artista alla ricerca della vera arte "concreta"?

Aristotele ha scritto che "nella pittura, se si applicano senza regole le più belle tinte, si otterrà meno che realizzando uno schema di prova del proprio soggetto".

Fig. 3. Copertina del catalogo della mostra *Aux Origins de l'Abstraction*

Mondrian

Una delle sale più stupefacenti dei tanti musei d'arte moderna si trova nel *Geementemuseum* dell'Aja, in Olanda. Vi sono esposte una serie di tele di Mondrian. Di alberi, da un albero "realistico" (astratto direbbe Kojève) ad alberi via via più rarefatti, i diversi momenti che portano ad una griglia geometrica da cui l'oggetto, l'albero, sembra scomparso.

Scriveva Mondrian nel 1920:

Il neoplasticismo ha le sue radici nel cubismo. Può essere chiamato anche pittura astratto-reale perchè l'astratto (come le scienze matematiche, ma senza raggiungere come loro l'assoluto) può essere espresso da una realtà plastica nella pittura. Essa è una composizione di piani rettangolari colorati che esprime la realtà più profonda, cui perviene attraverso l'espressione plastica dei rapporti e non attraverso l'apparenza naturale. Si realizza quello che la pittura ha sempre voluto, ma non ha potuto esprimere che in maniera nascosta. I piani colorati, tanto per la posizione quanto per le dimensioni che per la valorizzazione del colore, non esprimono che dei rapporti e non delle forme. [...] La nuova plastica pone i suoi problemi in equilibrio estetico ed esprime in tal modo la nuova armonia [8].

Aggiungeva Theo van Doesburg, l'altro artista che, con Mondrian, fonderà la rivista *De Stijl*, che è lo spirirtuale, il completamente astratto che esprime precisamente quello che è umano, quando ciò che è sensibile non raggiunge l'altezza di ciò che è intellettuale e, per conseguenza, deve essere considerato come appartenente ad un grado inferiore della cultura umana. "La base universale dell'arte è un equilibrio di rapporti e nient'altro". In questo senso si parla di "stilizzazione" per la serie di alberi dipinti da Mondrian o per i paesaggi di Kandinsky degli anni 1909-1910.

Nel 1910 Kandinsky realizza il primo acquarello astratto. Secondo Jacques Lassaigne:

Le forme nel loro scaturire non obbediscono a nessuna costruzione voluta, cosciente, meditata; non seguono un processo di trasposizione, di equivalenze sapienti e spontanee; ma esistono, si organizzano secondo la loro naturale inclinazione [9].

Nel 1914 Mondrian aveva scritto:

Ho costruito su una superficie delle linee e delle combinazioni di colori il cui scopo è di rappresentare nel modo più cosciente possibile la bellezza universale. La natura mi ispira, mi dona come a tutta la pittura l'emozione che fa nascere lo spirito creatore, ma io cerco di raggiungere, se è possibile, la verità e di astrarne tutto il possibile per raggiungere i fondamenti delle cose. Ritengo che sia possibile tramite delle linee orizzontali e verticali, costruite coscientemente ma non misurate, sotto la guida di una profonda intuizione, con armonia e ritmo, ritengo poter arrivare grazie a questi archetipi della bellezza ad un'opera d'arte tanto importante quanto vera [10].

Fig. 4. Piet Mondrian, *Il Mare* (*The Sea*), 1914. Carboncino e guazzo su carta montata su pannello, carta 87,6 x 120,3 cm; pannello 90,2 x 123,13 cm. Peggy Guggenheim Collection, Venice (Solomon R. Guggenheim Foundation, NY) (*vedi la sezione a colori*)

E ancora, in un famoso testo del 1935 intitolato "*Kn*" Carlo Belli di Kandinsky scrive:

L'aspirazione a una disciplina viene a Kandinsky negli anni della guerra. Le idee vanno perseguite sino in fondo e fino in fondo raggiunte. Ma questo non si può fare senza ordine: ecco allora la geometria che fa capolino in quei quadri come elemento ordinatore. Kandinsky incomincia a salire dal 1922 in avanti. Inerpicandosi sullo scheletro di una serie di disegni stupefacenti egli penetra di punta negli alti misteri degli equilibri astratti, e arriva ad un tale nitore e a una tale concisione di forme che sembrano spiritualizzare la matematica. Forse era questo il sogno di Pitagora: il vertice di un'armonia spaziale celeste, algebrica, assoluta. I quadri di questo periodo sono dominati da una rigidezza geometrica glaciale e calcolata. Nasce da queste visioni una musicalità profonda che rimane sospesa nel cosmo per i misteri di una geometria superiore. Ordine e misura: fine supremo dell'essere [11].

Matematica e arte

Si è parlato di cubismo e neoplasticismo, ma si potevano aggiungere futurismo e suprematismo ([12]). Una delle forme di ispirazione ideale è l'idea di spazio, la geometria, le regole della matematica, la logica.

È opinione di Max Bill nel 1949 che

> Si sostiene che l'arte non ha niente a che fare con la matematica, che quest'ultima costitutisce una materia arida, non artistica, un campo puramente intellettuale e di conseguenza estraneo all'arte. Nessuna di queste due argomentazioni è accettabile perchè l'arte ha bisogno del sentimento e del pensiero. [...] Il pensiero permette di ordinare i valori emozionali perché da essi possa uscire l'opera d'arte [13].

Come può allora la matematica essere utile ad un artista? Risponde Bill che

> ... la matematica non è soltanto uno dei mezzi essenziali del pensiero primario, e quindi, uno dei ricorsi necessari per la conoscenza della realtà circostante, ma anche, nei suoi elementi fondamentali, una scienza delle proporzioni, del comportamento da oggetto a oggetto, da gruppo a gruppo, da movimento a movimento. E poiché questa scienza ha in sé questi elementi fondamentali e li mette in relazione significativa, è naturale che simili fatti possano essere rappresentati, trasformati in immagini.

Un'ultima citazione di El Lissistky, tratta da Lucy Andelman e Michael Compton *Mathematics in early abstract art* [14]

> Egli identifica la matematica con il razionale, con il lato cosciente e con i mezzi dell'artista.

Arte moderna e matematica, un binomio che non si può separare, almeno agli inizi del Novecento.

Bibliografia

[1] R. Osserman (1996) *La poesia dell'Universo*, Longanesi, Milano
[2] W. Kandinsky (1989) *Lo spirituale nell'arte*, SE, MIlano, p. 39
[3] W. Kandinsky, op. cit., pp. 48-49
[4] W. Kandinsky, op.cit., p. 53
[5] W. Kandinsky, op. cit., pp. 85-86
[6] W. Kandinsky (1984) *Quadri di una esposizione*, Editore Università Europea, Macerata, p. 65
[7] A. Kojève, Kandinsky (2005) *Quodlibet*, Macerata, pp. 32-40
[8] P. Mondrain (1975) *Le nèoplasticisme. Principe gènèral de l'équivalence plastique* , ripubblicato in *Tutti gli scritti*, Feltrinelli, Milano, p. 148

[9] J. Lassaigne (1964) *Kandisky*, Skira, Ginevra, p. 73
[10] H. Janssen, J.M. Joosten (a cura di) (2002) *Mondrian de 1892 à 1914. Les chemins de l'abstraction*, Edit. Réunion des Musées Nationaux, Parigi, p. 196
[11] C. Belli (1935) *Kn*, Edizione del Milione, Milano, p. 105
[12] Si veda l'articolo *Omaggio a Bruno Munari* in questo stesso volume, pp. 121-134. Per una trattazione più ampia, M. Emmer (2006) *Perfezione visibile*, Bollati Boringhieri, in corso di stampa
[13] M. Bill (1993) The Mathematical Way of Thinking in the Visual Art of Our Time, in: M. Emmer (ed.) *The Visual Mind*, MIT Press, pp. 5-9. Questo articolo è stato pubblicato la prima volta in tedesco nel 1949 nella rivista *Werk 3*. È stato ripubblicato varie volte anche con il titolo *The Mathematical Apprtoach in Contemporary Art*; nel volume citato è stato rivisto dall'autore con alcune piccole correzioni
[14] L. Adelman, M. Compton (1980) Mathematics in Early Abstract Art, in: *Towards a New Art. Essays on the Background to Abstract Art 1910-20*, The Tate Gallaery, Londra, pp. 64-89

Il linguaggio di Mondrian: ricerche algoritmiche e assiomatiche

Loe Feijs

In questo articolo decriverò un programma informatico che permette di creare divisioni bimensionali del piano. Il programma è utilizzato come strumento personale per esplorare la pittura non figurativa di Mondrian e contribuire alla sua comprensione. Come il metodo assiomatico in matematica, la programmazione dei computer richiede di scegliere un insieme minimo di tipi di oggetti e di determinare fattori comuni, nel tentativo di trovare paralleli tra l'approccio assiomatico della matematica, il programma informatico e la ricerca di purezza e di principi compositivi non figurativi di Mondrian.

Il pittore

Il pittore olandese Piet Mondriaan nacque in Olanda nel 1872, seguì una formazione di insegnante d'arte e maturò inizialmente come pittore figurativo nella tradizione, tra l'altro, della Scuola dell'Aia. Visse poi a Parigi, a Londra e alla fine a New York, trasformando il suo nome in Mondrian. Fece i primi passi verso l'astrazione utilizzando un processo definito *doorbeelding* e, come Van Doesburg e Van der Lek, operò progressive trasformazioni dell'originale figurativo fino a renderlo sostanzialmente non figurativo. Furono proprio queste composizioni astratte non figurative a rendere Mondrian famoso. Tra il 1910 e il 1920 ridusse la varietà dei suoi temi: mulini a vento, coste sull'oceano, alberi, campanili e fiori, soggetti che, ad eccezione dei fiori, erano sottoposti a esperimenti di astrazione sempre maggiore. Scelse una limitata gamma di colori, a volte tenui colori pastello, alla fine solo rosso, giallo e blu, accostati al nero, al bianco e a volte al grigio. Limitò la quantità di elementi compositivi fino ad ammettere solo le direzioni orizzontale e verticale ed eliminò il più possibile la grana e l'ombreggiatura dal piano del colore. Alla fine rimase con una serie di elementi compositivi della massima semplicità, che lasciavano un ampio spazio di ricerca per esplorare l'essenziale della composizione. Gli elementi più importanti erano i piani, le linee e i colori. Il modo il cui Mondrian passò dal figurativo all'astratto è stato molto ben documentato e ha costituito il tema di diverse esposizioni, quali "Dal figurativo all'astratto" (L'Aia,1988) e "Il cammino verso l'astratto", Parigi (2002), Fort Worth (2002), L'Aia (2003) (vedi anche [1, 3]).

La ricerca di Mondrian della bellezza semplice e dell'equilibrio, indipendentemente dalla figura, non cessò mai: dal 1915, quando aveva già abbandonato completamente il figurativo per l'astratto, alla morte, che giunse nel 1944 all'età di quasi 72 anni, lavorò per trovare nuove strade espressive. Se definiamo questa sua ricerca *dal figurativo all'astratto e oltre,* allora l'"*oltre*" ricopre un periodo di quasi 30 anni. Come ammiratore di Mondrian, e poiché vivo in Olanda, dove ho facile accesso sia ai libri che ai numerosi musei, sono rimasto affascinato da questo continuo sviluppo delle sue opere astratte.

L'approccio algoritmico

Sono stati fatti numerosi tentativi al computer per ricreare composizioni simili a quelle di Mondrian. Il primo e il più celebre è stato il lavoro di Michael A. Noll (vedi [4, 5], mentre per una panoramica dei programmi, vedi [6]). Nell'estate 1993 ho deciso di sviluppare gli strumenti per creare un programma informatico che generasse divisioni della superficie piana, il programma è inteso come strumento personale per esplorare la pittura non figurativa di Mondrian e contribuire alla sua comprensione. Come il metodo assiomatico in matematica, la programmazione dei computer richiede di scegliere un insieme minimo di tipi di oggetti e di determinare fattori comuni nel tentativo di stabilire relazioni tra gli oggetti.

Il programma che ho utilizzato è in *Turbo Pascal*, con un codice di 4500 linee. Per ogni immagine generata, gli stadi sono i seguenti:

1. organizzare una struttura per i dati e determinazione dei parametri posizionali e statistici secondo il tipo di composizione,
2. applicare un generatore casuale per ottenere le proprietà specifiche booleane e numeriche degli oggetti, come la loro posizione iniziale, il colore e alcuni cosiddetti parametri di sviluppo,
3. sviluppare la composizione stessa, lasciando che gli oggetti evolvano e interagiscano in base ai parametri scelti.

Nella Figura 1 si illustra tutto ciò per una divisione del piano che assomiglia al tipo di composizione "periferica" dell'artista del 1922 circa. Seguendo lo sviluppo da sinistra a destra, dall'alto in basso, ci si accorge che il generatore casuale ha prodotto 8 nuclei, sei dei quali sono neri, definiti nuclei A, e due sono colorati, definiti nuclei B. Questo avviene agli stadi 1 e 2. Ogni nucleo ha una serie di attributi che determineranno il suo sviluppo durante lo stadio 3. I nuclei neri cominciano a svilupparsi a uno stadio molto precoce. Si osservi che alcuni di loro hanno la proprietà di incrociarsi, mentre altri non si incrociano quando entrano in collisione. In seguito, i nuclei colorati sviluppandosi si ampliano in due dimensioni. Qui sono illustrate soltanto sei istantanee di uno sviluppo che in realtà può raggiungere fino a dieci fasi, ognuna delle quali ha dieci stadi di sviluppo.

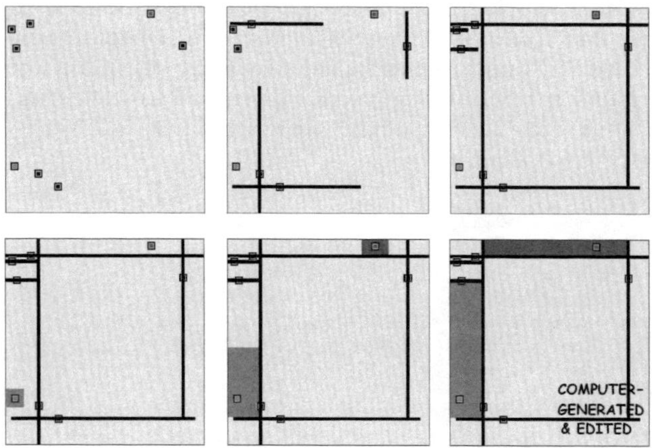

Fig. 1. Sviluppo di linee e piani dai nuclei casuali (© Loe Feijs)

Il seguente frammento descrive la procedura *ColorPlanes* che si applica agli stadi 1 e 2.

```
var
A,B,i : integer;
k : PKernel;

begin
  self.color := white;
  A := 0;
  B := 50 + random(50);
  MaxCell := A + B;
  for i := 0 to MaxCell do begin
    k := mkKernelB([rose,sky,gold]);
    with k^ do begin
      Maxlen := ((xMAX - xMIN) div 5);
      k^.ORagged := true;
    end;
    Cells[i] := mkCell(k);
  end; {for}
end;
```


Nel primo stadio si scelgono i parametri A e B. In seguito i nuclei A si svilupperanno in cellule nere che si espandono nella fase iniziale, presentandosi come piani uni-direzionali (diventando quindi linee nere). I nuclei B diventano cellule che evolveranno poi in piani colorati. Alcune delle proprietà vengono definite in ulteriori sotto-programmi come *mkKernelB*. Normalmente le cellule B si sviluppano dopo le cellule A e l'effetto che si ottiene è una "inondazione" delle aree circoscritte dalle linee nere (come si vede nella Fig. 1). Il tipo di composizione che si ottiene con la procedura *ColorPlanes* ha solo cellule B; esse smettono di evolvere quando entrano in collisione con un'altra cellula B (in realtà la loro crescita rallenta già mentre si avvicinano l'una all'altra, in modo da mantenere una certa distanza).

Per maggiori informazioni riguardo il programma rimando all'articolo [6] pubblicato su *Leonardo*. La Figura 2 mostra un risultato tipico dello stadio (3) utilizzando i *ColorPlanes* per lo stadio 1 e 3.

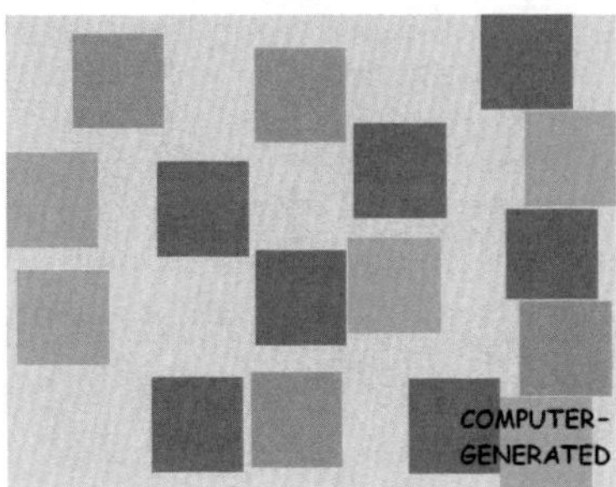

Fig.2. Immagine generata al computer del tipo *ColorPlanes* (© Loe Feijs)

Per ogni diversa composizione c'è una procedura analoga a questa. Qui sotto è riportata l'istruzione "case" principale: essa definisce una cronologia simplificata e una panoramica dei tipi di composizioni principali che ho cercato di formalizzare:


```
case    year    of
        1914    SymmetricPierOcean;
        1915    AsymmetricPierOcean;
        1916    ShortBlackLines;
        1917    if random(2) = 0
                then ColorPlanesShortBlackLines
                else ColorPlanes;
        1919    CheckerBoard;
        1920    ColorPlanesLongBlackLines;
        1922    Peripheral;
        1925    ThreeSidedPeripheral;
        1928    TwoSidedPeripheral;
        1930    Cross;
        1932    DoubledCross;
        1936    MoreDoubledLines;
        1940    CrossingLinesFewPlanes;
        1941    Place;
        1942    CrossingColoredLines;
end:
```

Le immagini che seguono mostrano alcune variazioni di immagini generate al computer che possono essere ottenute con procedure come quella appena citata.

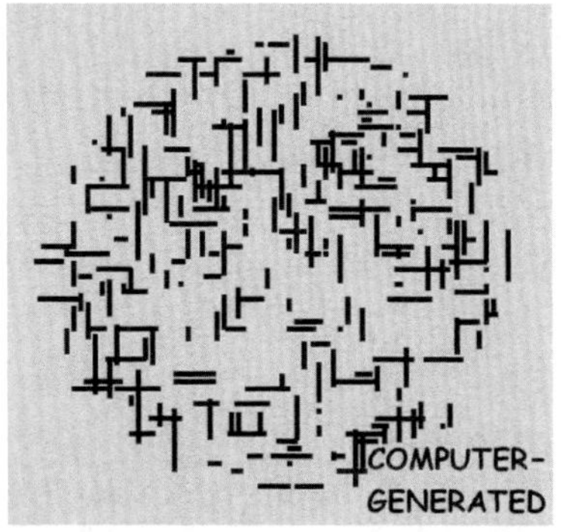

Fig.3. Immagine generata al computer del tipo *ShortBlackLines* (© Loe Feijs)

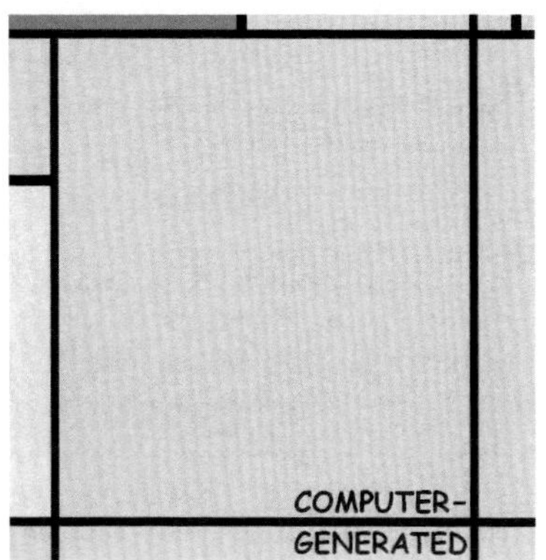

Fig.4. Immagine generata al computer del tipo *Peripheral* (© Loe Feijs)

Fig. 5. Immagine generata al computer del tipo *CrossingLinesFewPlanes* (© Loe Feijs)

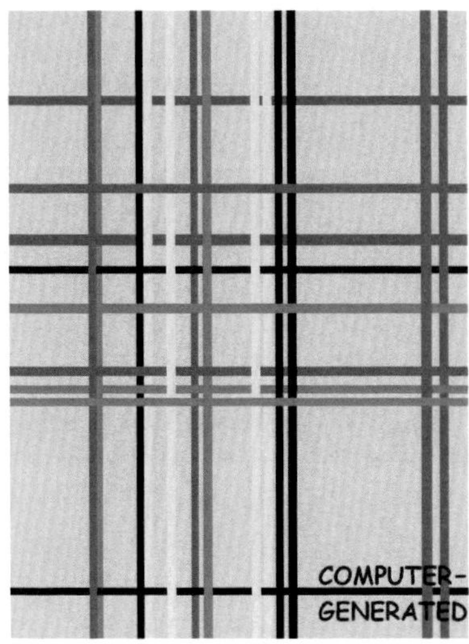

Fig.6. Immagine generata del tipo *CrossingColoredLines* (© Loe Feijs)

È interessante osservare come sia possibile riprodurre alcune caratteristiche in modo soddisfacente, mentre altre non si prestano a prender forma nella struttura presentata; per esempio, è quasi impossibile che i dipinti di piazze come *Place De La Concorde* (1938-1943) e *Trafalgar Square* (1939-1943) si adattino alla struttura del programma. Il tipo di formalizzazione da me adottato offre un nuovo modo di analizzare e descrivere la sintassi solo di alcune opere di Mondrian; ogni volta che il mio programma informatico crea una divisione del piano scadente e non tipica, la domanda è "perché non funziona?". Riesaminando le opere reali del tipo voluto, di solito trovo un aspetto della composizione che altrimenti mi sarebbe facilmente sfuggito.

Il metodo assiomatico

C'è un'analogia interessante tra la ricerca di armonia di Mondrian e il cosiddetto metodo assiomatico in matematica. Un "assioma" è un'affermazione che si considera vera senza bisogno di dimostrazione. Il concetto di assioma si è sviluppato insieme al concetto di dimostrazione. In una dimostrazione, fatti attendibili sono combinati in modo logico per dimostrare affermazioni nuove, che a loro volta sono considerate vere (dopo essere state dimostrate). Ma quali sono i fatti attendibili essenziali da cui cominciare? Sono gli assiomi. Agli albori della matematica essi costituivano pensieri così ovvi che non avevano bisogno di ulteriori dimostrazione. Questo è, per esempio, l'approccio di Euclide, vissuto ad Alessandria verso il 300 a.C.; la sua opera principale, *Gli Elementi*, per più di 2000 anni costituì un esempio straordinario di matematica e anche oggi l'idea che gli assiomi siano affermazioni ovvie appare del tutto naturale agli studenti che vengono iniziati ai consueti assiomi di geometria piana euclidea. Ma le ricerche di Bolyai (1802-1860) e Lobatschevsky (1793-1856) dimostrarono che è possible un altro tipo di geometria, in cui il quinto assioma di Euclide semplicemente non è valido. Partendo da ciò, Klein (1849-1925) e Poincaré (1854-1912) hanno creato modelli di sistemi assiomatici alternativi, dimostrando così che il cambiamento negli assiomi non portava necessariamente a delle contraddizioni.

In realtà, la costruzione delle dimostrazioni è solo la metà della storia della geometria (o di qualsiasi altro ramo della matematica concepito in base al metodo assiomatico). L'altra metà della storia riguarda la costruzione degli oggetti stessi dello studio e presenta una serie di notevoli analogie con la storia degli assiomi. In una costruzione geometrica, gli oggetti esistenti sono combinati in modo costruttivo per creare oggetti nuovi, che in tal modo si possono considerare esistenti a loro volta. Ma quali sono gli oggetti basilari con cui si inizia? Si può costruire un pavimento di triangoli e rettangoli; triangoli e rettangoli sono costituiti da punti e da linee; di che cosa sono fatti i punti e le linee? Sono dati per scontati: si suppone che i punti e le linee esistano a priori, senza nessun bisogno di costruzione. Tra tutti questi oggetti possono o non possono esistere alcune relazioni e questo è precisamente ciò che riguarda gli assiomi e le dimostrazioni.

Vorrei ora ritornare un momento alla spiegazione del metodo assiomatico. È facile dare per scontato molti tipi di oggetti e assiomi e poi costruire un oggetto che ha alcune proprietà dimostrabili, ma non sempre è interessante. L'arte della matematica secondo il metodo assiomatico consiste nell'operare in modo minimalista. Cominciamo da pochi tipi di oggetti e da una serie minima di assiomi e poi esploriamo le conseguenze, dimostrando il più possibile, fino al limite del sistema. Ricapitolando, il matematico cerca:

- una serie minima di tipi di oggetti;
- una serie minima di assiomi;
- una serie massima di conseguenze;
- di minimizzare nel frattempo la complessità delle dimostrazioni.

Un ottimo esempio è dato dalla la geometria proiettiva, la quale ha solo due tipi di oggetti: i punti e le linee. Un punto dato può o non può essere incidente a una linea data (incidente significa che il punto è sulla linea, o che la linea passa attraverso il punto, il che significa la stessa cosa). Gli assiomi classici affermano che;

1. due linee si intersecano in un punto,
2. due punti possono essere attraversati da una linea,
3. questo punto (o linea) è unico se le linee date (o i punti) sono distinte,
4. esiste almeno un certo numero di punti e di linee con rapporti tali da rendere possibili costruzioni significative.

Per ulteriori dettagli sugli assiomi, facciamo riferimento a Van Dalen [7].
La Fig.7 mostra una costruzione costituita da sette punti e sette linee (tenete

conto che formalmente anche il "cerchio" è una linea, non abbiamo parlato di linee rette). Ogni punto poggia su tre linee. Ogni linea passa attraverso tre punti.

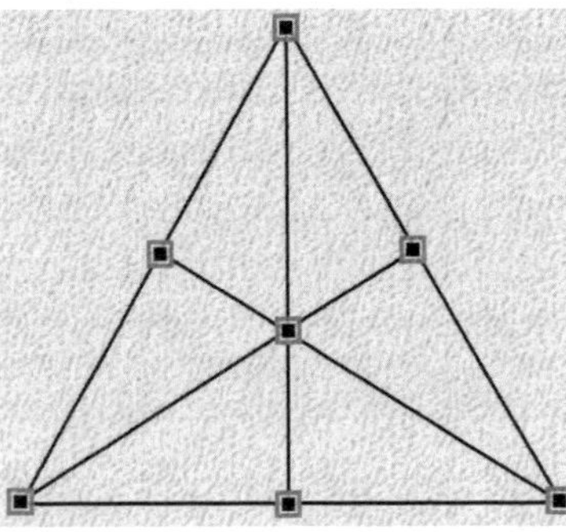

Fig. 7. Costruzione in geometria proiettiva con sette punti e sette linee

Questa esplorazione nella natura della matematica, sviluppatasi nella seconda metà del XIX secolo, ha acquisito un interesse ancora maggiore, per scienziati e non, grazie allo sviluppo della teoria della relatività di Einstein (1879-1955). Innanzitutto, la teoria della relatività ristretta, pubblicata da Einstein nel 1905, grazie a un'osservazione di Minkowski (1864-1909), potè essere spiegata in termini di spazio non euclideo a quattro dimensioni. Poi nel 1915 apparve la teoria generale della relatività di Einstein, secondo cui tale spazio è curvo. Anche se i dettagli erano di gran lunga troppo difficili e specialistici per i non matematici, tutta la terminologia esercitò un notevole fascino su movimenti artistici come il futurismo, il cubismo, il costruttivismo e il suprematismo e De Stijl non fece eccezione.

Nel 1923 un articolo scritto dal matematico Poincaré fu ripubblicato in De Stijl, il giornale di Van Doesburg [8]. L'articolo si intitolava "Pourquoi l'éspace à trois dimensions?" e discuteva la possibilità di geometrie alternative, in linea con il ragionamento del matematico Felix Klein. Si sosteneva l'esistenza di una geometria definita *Analysis Situs* (topologia) che si discosta dalle proprietà metriche della geometria tradizionale. L'articolo era preceduto da un capitolo introduttivo in olandese: *De beteekenis der 4e dimensie voor de nieuwe beelding* (L'importanza della quarta dimensione nella nuova arte plastica). Questo contributo è stato presentato anche alla conferenza *Matematica e Cultura 2005* da Michele Emmer, che ringrazio perché ne ha sollecitato la mia attenzione. Secondo me, è molto probabile che Mondrian abbia letto questo articolo, anche se credo che difficlmente abbia compreso pienamente gli elementi tecnici propriamente matematici suggeriti da Poicaré.

L'analogia tra la ricerca di Mondrian e il metodo assiomatico in matematica che propongo a titolo di prova, ipotizza che Mondrian abbia cercato:

- una serie minima di tipi di oggetti;
- una serie minima di regole compositive;
- di ampliare al massimo l'armonia e l'equilibrio;
- di ridurre al minimo la reintroduzione del figurativo.

Il programma informatico descritto in questo articolo dimostra come molti tipi di composizioni possano essere ricostruiti in base a due tipi di oggetti, linee e piani, con colori appartenenti ad un insieme molto limitato. I principi compositivi sono creati dalla parte algoritmica del programma, che, per un dato tipo di composizione, si svolge in tre stadi:

1. l'organizzazione di una struttura per i dati e determinazione dei parametri posizionali e statistici secondo il tipo di composizione,
2. l'applicazione di un generatore casuale per ottenere le proprietà specifiche booleane e numeriche degli oggetti, quali la posizione iniziale, il colore e alcuni cosiddetti parametri di sviluppo,
3. lo sviluppo della composizione stessa lasciando che gli oggetti si espandano e interagiscano secondo i parametri scelti.

Non pretendo che le immagini generate dal computer abbiano le stesse qualità estetiche (o approssimativamente le stesse) del Mondrian reale; al contrario, più tentavo di perfezionare il programma informatico, più aumentava la mia ammirazione per l'opera reale. Ma mentre lavoravo al programma, ho imparato a guardare l'opera non figurativa di Mondrian in un altro modo. Il fatto di ideare il programma mi ha obbligato a mettere a punto un vocabolario molto preciso, espresso con i nomi delle variabili del programma, dei campi dei *record* e delle definizioni delle diverse procedure algoritmiche utilizzate.

Un esempio di "lezione" che ho imparato in questo modo è il seguente: nel programma non c'è distinzione formale tra linee e piani. Una linea si sviluppa in modi diversi durante il processo di crescita (si amplia solo nella direzione X o Y, mentre un piano si amplia in due direzioni). Questo può essere considerato come un esempio per minimizzare l'insieme di tipi di oggetti.

Evitare la reintroduzione del figurativo

Il programma che ho realizzato tratta tipi di oggetti e principi compositivi. In seguito mi procurai il libro di Carel Blotkamp [9] che accrebbe il mio entusiasmo. Il libro offre con molto equilibrio uno sguardo d'insieme sull'opera di Mondrian, ma quello che mi impressionò maggiormente fu l'analisi di quello che Blotkamp definisce "l'arte della distruzione". Tale concetto mi ha aiutato a considerare alcuni principi compositivi in modo più sottile; molti di essi non potevano essere facilmente inseriti nel programma, ma ciononostante (o meglio: proprio per questo) li trovavo particolarmente interessanti. In questa parte del mio intervento vorrei cogliere l'opportunità per discutere tre di questi principi e di dimostrarli utilizzando alcune *bitmaps* generate al computer.

Per me, l'espressione "*l'arte della distruzione*" indica la volontà di Mondrian di dare alle sue composizioni una qualità estetica autonoma, senza riferimento al figurativo. Egli cercava di dissimulare il carattere oggettivo (individualità) degli elementi compositivi ed evitava quelle interazioni tra gli elementi che avrebbero potuto reintrodurre effetti tridimensionali. Per esempio, le linee nere o grigie che separano i piani colorati servono ad annullare l'impressione che tali piani colorati fluttuino sullo sfondo bianco, problema, per esempio, di *Composition with Color Planes 2* (Composizione con piani colorati 2) del 1917.

L'esempio artificiale della Figura 8 illustra il primo effetto. Il principio compositivo del "bordo di controllo" elimina l'effetto di profondità, ma è un prezzo da pagare per ottenere questa innovazione: l'insieme dei tipi di oggetto sembra davvero troppo ridotta; invece di creare una ricca varietà di composizioni, l'approccio si esaurisce velocemente. Mondrian cercò rapidamente di trovare modi diversi per mitigare la rigidezza di questo tipo di griglia (si veda la discussione e la corrispondenza di Mondrian con van Doesburg in: Bois *et coll.* [2]). Gregory Schufreider [10] spiega l'abolizione del bordo di controllo come ricerca di una griglia più flessibile, utilizzata come artificio per aprire lo spazio, come una "struttura di apertura".

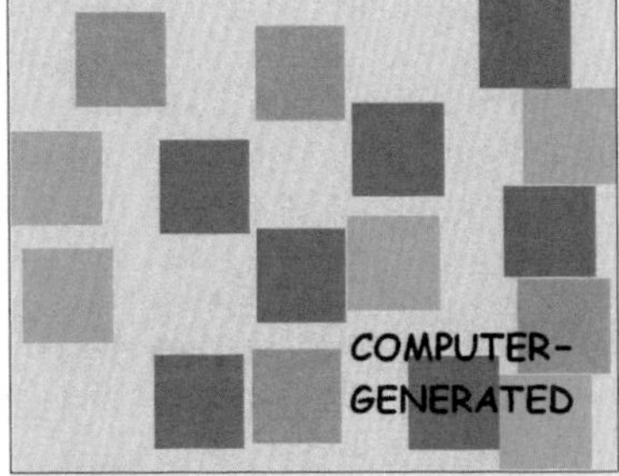

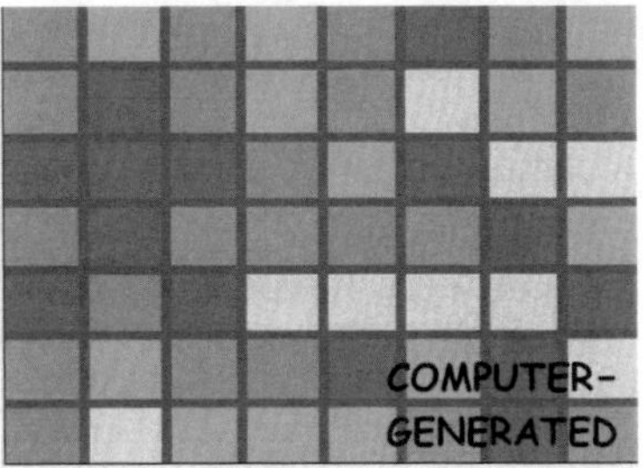

Fig. 8. Si osservino i piani fluttuanti (in alto) e una "soluzione" (in basso) (© Loe Feijs)

Altro esempio per nascondere il carattere oggettivo degli elementi compositivi è dato dalla duplicazione delle linee e serve a "distruggere" la forma individuale delle linee stesse (si veda, per esempio, la Figura 9, dove l'immagine sinistra, generata al computer, è un'approssimazione di un certo tipo di composizione degli anni 1930-1932; l'immagine destra, generata anch'essa al computer, mostra due linee doppie e un modo di utilizzarle tipico del periodo 1932-1935).

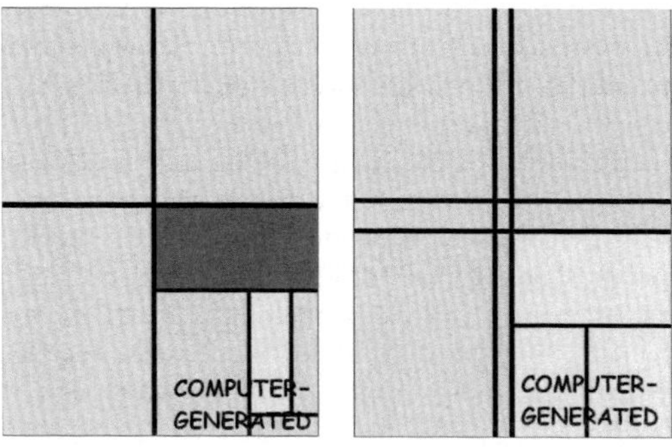

Fig. 9. Il problema di vedere una linea come oggetto (sinistra) e una "soluzione" (destra) (©Loe Feijs)

Un secondo esempio riguarda le modalità per introdurre una certa ambiguità nella definizione del piano, illustrato in Figura 10. Qui l'immagine sinistra, generata al computer, presenta un oggetto piano colorato; nell'immagine in centro un piano è circondato da linee nere, ma poiché una di queste linee non si adatta perfettamente ad esso, il carattere oggettivo e la rigidezza del piano sono in un qualche modo indeboliti e la duplicazione delle linee serve a "distruggere" la forma individuale delle linee; infine nell'immagine destra, anch'essa generata al computer, quattro piani adiacenti costituiscono nello stesso tempo un *super-piano*, che di nuovo indebolisce la definizione del piano. Per una terminologia corretta dal punto di vista della storia dell'arte e per altri esempi più sottili tratti dai dipinti reali, faccio riferimento a [9]. Qui utilizzo una sorta di terminologia ingegnieristica di problemi e soluzioni. Per quanto riguarda poi la Fig.10, la prima soluzione era già stata trovata nel 1920 circa, mentre la seconda comparve solo nel 1936.

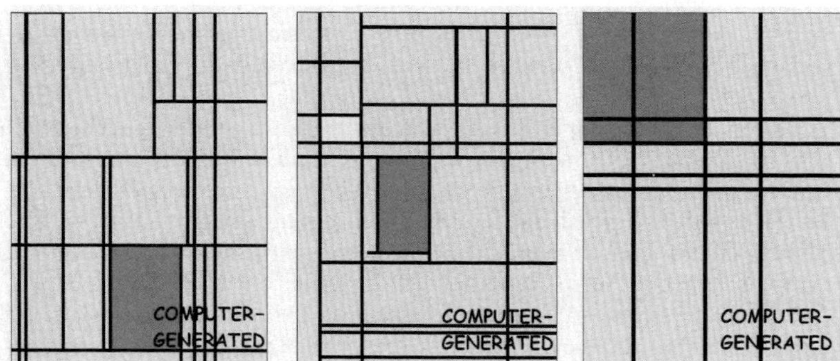

Fig.10. Si vede un piano come oggetto (sinistra) e due "soluzioni" (centro e destra) (©Loe Feijs)

Paragonando la "teoria della distruzione" del libro di Blotkamp [9] all'approccio del programma, possiamo notare come il primo abbia un carattere propriamente analitico, mentre il secondo sia decisamente sintetico (generativo). Ma c'è un'altra differenza: la spiegazione di Blotkamp include una conoscenza della percezione umana, per esempio il fatto che le persone "vedono" effetti tridimensionali; il mio programma informatico è solo di natura sintattica e la sua unica conoscenza, per come è concepito, è bidimensionale. Si tratta di un vantaggio quando si crea o (forse più tardi) quando si perfeziona il programma, perchè obbliga a studiare e a descrivere tipi di composizioni in modo molto sintetico. Il mio approccio in quanto tale, però, non ha un potere esplicativo – a differenza di quello di Blotkamp. La distinzione è importante, poiché dimostra che ci sono almeno tre livelli possibili per descrivere i tipi di composizione:

1. sintattico (linee e piani),
2. percettivo (vedere o non vedere linee/piani o effetti tridimensionali),
3. semantico (vedere o non vedere alberi, chiese, il mare, per esempio).

Il mio approccio aiuta a capire che i primi due livelli non coincidono; in termini di questo modello a tre livelli, si può dire che Blotkamp dimostri che il non figurativo di Mondrian non implica solo l'assenza di semantica, ma anche l'assenza di opzioni per un'interpretazione percettiva. La situazione è visualizzata nella Figura 11, dove le frecce crociate significano "essere evitato".

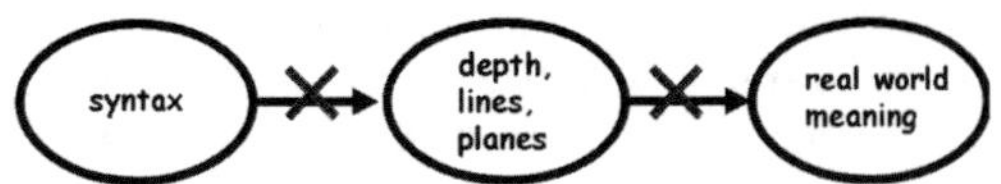

Fig.11. Tre livelli per descrivere tipi di composizione

Ora possiamo riformulare l'idea di evitare la reintroduzione del figurativo in un modo molto più preciso, poiché abbiamo trovato costruzioni che non rappresentano la realtà e non hanno neppure le qualità percettive del mondo reale.

Solo per evidenziare la forza esplicativa del ragionamento, lo applicherò alle composizioni del tipo *CrossingColoredLines (Incrocio di linee colorate)*, come la Figura 6 generata al computer o il quadro *New York City* (incompleto) degli anni 1941-1942. Qui la ricerca di una serie minima di oggetti è stata spinta all'estremo e i piani si sono unificati in un unico tipo di oggetto (la linea colorata). Questo, però, compromette l'ultima condizione di ottimizzazione (minimizzare la reintroduzione del figurativo). Anche se la composizione non rappresenta la realtà (nessun paesaggio, mulino a vento, chiesa ecc.), c'è una qualità percettiva del mondo reale là dove si incrociano le linee: a ogni incrocio, una delle linee sembra superare l'altra; l'osservatore percepisce la profondità. Questo trova una soluzione *in Broadway Boogie Woogie* (1942-1943), dove tutte le linee sono gialle e ogni incrocio è coperto da un piccolo quadrato rosso, blu o grigio (riprodurre il *Boogie Woogie* andava oltre la portata della realizzazione del mio programma). Nel *Boogie*

Woogie c'è un'altra innovazione nella ricerca di una serie minima di tipi di oggetti: i concetti di piani e tutto il dipinto (l'intera composizione) sono unificati, mentre alcuni pìani contengono una sorta di sotto composizione.

Conclusioni

Alcune delle conclusioni sono già state tratte in [6]: per esempio la creazione con il computer di tipi di divisioni del piano è uno strumento utile per osservare e classificare le opere astratte di Mondrian. Si giunge così a una tipologia di natura propriamente sintattica (che non include l'interpretazione percettiva o semantica). In questo articolo abbiamo esplorato le analogie con l'approccio assiomatico in matematica.

Come il metodo assiomatico in matematica, il programma richiede all'operatore di scegliere una serie minima di tipi di oggetti e di scomporre i gruppi con il fine di stabilire rapporti tra gli oggetti. La ricerca di Mondrian dal 1915 in avanti può essere interpretata come una ricerca di un'"assiomatizzazione": ricerca cioè di una serie minima di tipi di oggetti e una serie minima di regole compositive, portando al massimo armonia e equilibrio e al minimo la reintroduzione del figurativo.

Ringraziamenti

I diritti delle opere di Mondrian appartengono all'Holzman Trust, c/o HCR International. Il programma informatico descritto non è disponibile né è concessa l'autorizzazione di riprodurre le immagini generate al computer. Vorrei ringraziare Jacqueline Cove, Jan van der Lubbe, Carel Blotkamp, Kees Overbeeke e Michele Emmer, per il loro aiuto e la loro disponibilità, che mi hanno facilitato nel lavoro di ricerca qui descritto.

Bibliografia

[1] Herbert Henkels (red.) (1987) *Mondrian. From Figuration to Abstraction*, Tokyo, Shimbun

[2] Y.A. Bois, J. Joosten, A. Zander Rudenstine, H. Janssen (1997) *Piet Mondriaan 1872 - 1944*, Milano, Leonardo Arte

[3] J.J. Joosten, R.P. Welsh (1998) *Piet Mondrian: Catalogue Raisonné*, New York, Harry N. Abrams

[4] A.Michael Noll (1966) Human or machine, a subjective comparison of Piet Mondrian's Composition with Lines and a computer-generated picture, *The psychological Record*, Vol. 16 No. 1, pp. 1-10, ristampato nel 1969 da James Hogg (Ed.) in: Psychology and the visual arts, London, Penguin Books pp. 302-314

[5] A.Michael Noll (1994) *The beginnings of computer art in the United States: a memoir*, Leonardo, Vol. 27, No. 1, pp. 39-44

[6] Feijs, L.M.G. (Loe M.G.) Divisions of the Plane by Computer: Another Way of Loo-

king at Mondrian's Nonfigurative Compositions, *Leonardo,* June 2004, Volume 37, Number 3, pp. 217-222
[7] D. Van Dalen (1980) *Logic and structure,* Springer Verlag, p. 87
[8] Henri Poincaré *Pourquoi léspace à trois dimensions?,* De Stijl VI, 5, p. 66; si veda il sito *http://www.fi.uu.nl/~aad/documents/Utopie4Dprintversie.pdf per una versione on line*
[9] C. Blotkamp (1994) *Mondrian: The Art of Destruction,* Reaktion Books, London
[10] G. Schufreider (April 1997) *Mondrian's opening: the space of painting,* conferenza tenuta presso il Department of Fine Arts, Harvard University, *http://www.focusing.org/schuf.html*

Natura-Matematica. Un linguaggio operativo

VICTOR SIMONETTI

La mia vita è continuamente mossa dalla sorprendente incredibile esistenza. Essendo impossibile essere indifferente alla bellezza della natura, sono spinto a cercare il suo linguaggio. Questa ricerca nella natura mi ha portato principalmente all'osservazione dei processi delle sue organizzazioni, cogliendo così meglio la sua bellezza e la sua matematicità. Penso che questo suo linguaggio serva da base, con la stessa libertà di quello scritto, e possa essere utilizzato con creatività poetica nella comunicazione di messaggi e nella realizzazione delle cose in maniera più vicina alla nostra natura.

Della natura abbiamo solo un modello, interpretato dai nostri sensi e dall'intelligenza, certamente differente da quello fisicamente reale. Dalla nostra Flatlandia, con le nostre limitazioni, scientificamente ricaviamo solo relazioni, lasciandoci sfuggire la sostanza. Di certo, la disciplina per eccellenza delle relazioni è la matematica. Oggi si sa che la natura è composta da sistemi, sistemi di sistemi, interrelazionati in modi diversi e continuamente mutanti (come in divenire). La bellezza ingloba, oltre all'aspetto formale, tutto il complesso, ad ogni livello, compreso il processo. Mi chiedo se nei rapporti natura e bellezza, natura e matematica e matematica e bellezza non ci sia una "estetimatica".

Ogni sistema, ogni organizzazione ed ogni rapporto hanno vita per mezzo di azioni. Ogni azione, dalla più elementare alla più complessa, è un evento inseparabile dallo spazio-tempo utilizzando energia. Un'azione ha le caratteristiche di un vettore: punto di applicazione, direzione, verso e intensità. Produce un lavoro. È base di tutto: di ogni sistema e di ogni esistenza a noi conosciuta, di ogni linguaggio. Ma i linguaggi sono sistemi e la sistemica è un campo della matematica[1].

[1] *Personalmente l'uso del concetto di vettore è risultato un ottimo modo per interpretare le organizzazioni naturali e perfino alcuni aspetti del comportamento umano in ambiente architettonico. L'ho adoperato metodicamente per realizzare le mie opere, specialmente con l'uso delle forze fisiche, come ad esempio nelle serie: Moduli gravitazionali, Moduli energetici, Espressione energetica, Disgregazione armonica, Flussi ed altri. Nei Flussi il fruitore deve partecipare muovendo l'opera per leggerla. Questa via mi portò a lavorare direttamente con la matematica e ad essa si riferiscono le immagini.*

La serie pitagorica (dal 1989) nasce sviluppando plasticamente il teorema di Pitagora, considerandolo un teorema naturale. Con questa serie si inizia a usare la matematica quale linguaggio della natura, col prevalente scopo di comunicare messaggi estetico didattici. Le opere fibopitagoriche (dal 1995) coniugano nel processo della loro formazione il teorema di Pitagora con la serie di Fibonacci, che qui viene applicata inconsuetamente alle aree dei quadrati.

Opere Pitagoriche

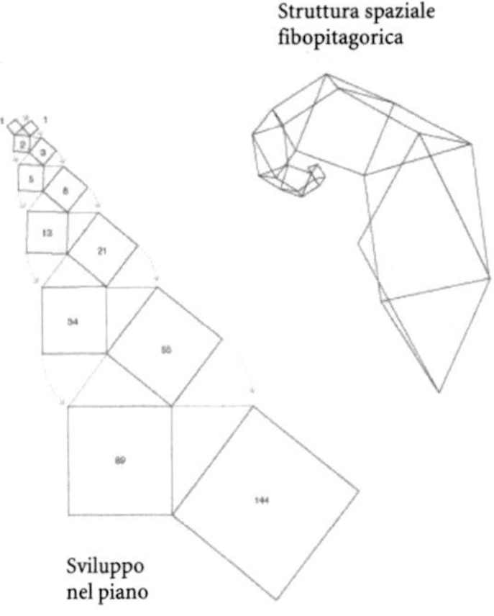

Fig. 1. Rapporto fra serie di Fibonacci e teorema di Pitagora

Fig. 2. Struttura spaziale fibopitagorica, 1998

Fig. 3. Struttura fibopitagorica planare, 1995

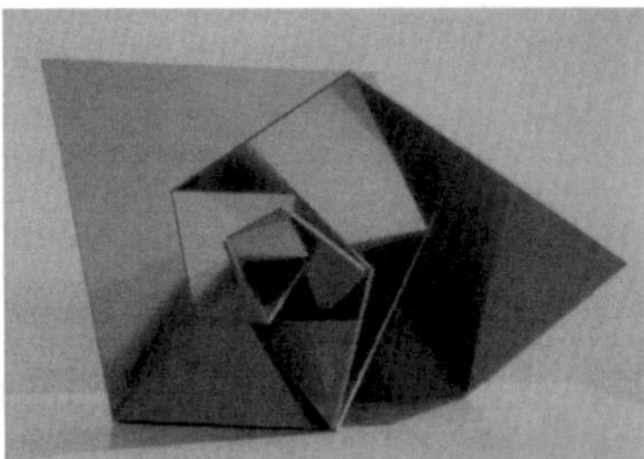

Fig. 4. Struttura fibopitagorica contratta, 1995

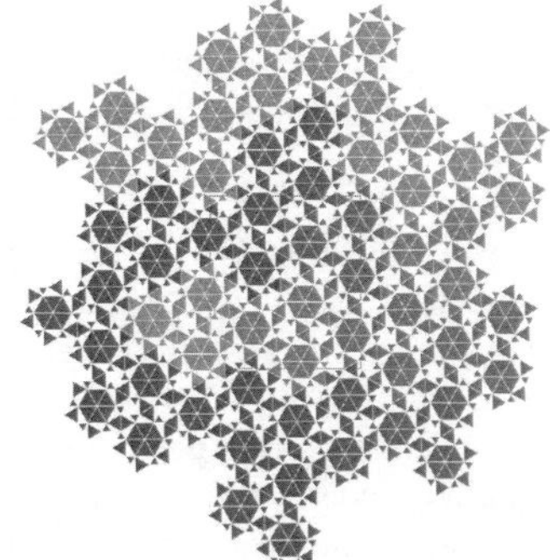

Fig. 5. Costellazione pitagorica, 2004

Fig. 6. Versione di albero pitagorico, 2004

Fig. 7. Metamorfosi pitagorica, 2004

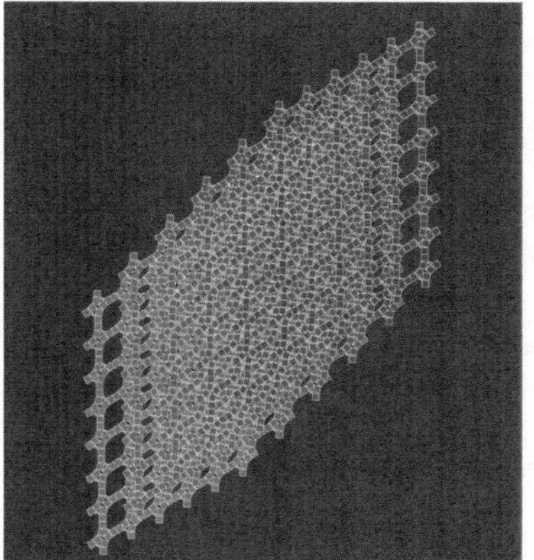

Fig. 8. Complesso di reti pitagoriche, 2004

Fig. 9. Struttura di molecole pitagoriche, 2004

Il teorema di Pitagora mi ha sorpreso anche per l'immensità di nuove forme organizzative che si possono sviluppare e, usandolo con un certo accorgimento, per le immagini vicine a quelle organiche (vale a dire in via inversa, dalla matematica alla natura).

La mia lettura della bellezza nelle organizzazioni della natura mi ha messo in contatto e mi ha spinto ad utilizzare con grande libertà le teorie dei vettori, degli insiemi, dei grafi e reti, dei flussi, con le varie geometrie, con algoritmi e concetti indispensabili anche per la conoscenza dei sistemi. Lavorare con la matematica ottenendo nuove organizzazioni è come lavorare con la natura. Non posso dimenticare il caro Bruno Munari, con cui abbiamo condiviso questo argomento, che mi fece pubblicare il primo *Ciao Pitagora* (Ed. Corraini e sviluppata e proseguita poi nelle edizioni Simonsegni [*www.simonsegni.it*]) e mi diede anche l'esempio e lo stimolo che continuano ad essere la spinta a proseguire la ricerca.

matematica e parole

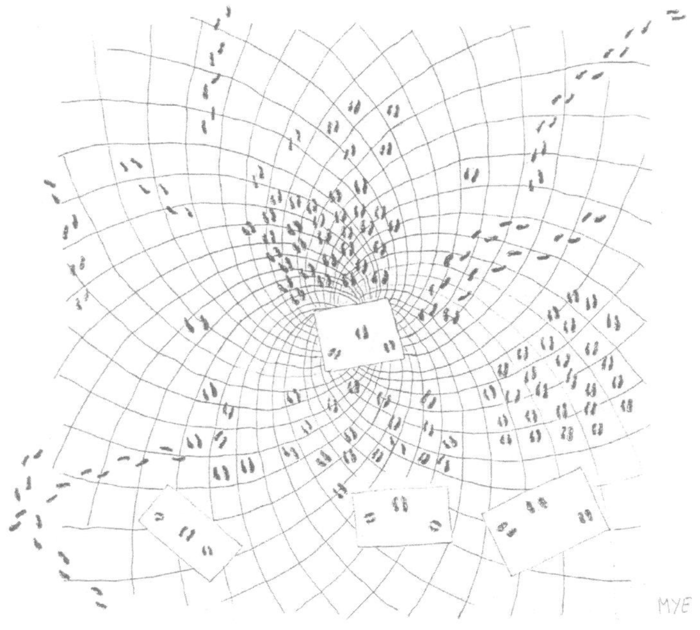

Un *divertissement* in prima serata

Marcus Du Sautoy

Quando David Beckam passò al Real Madrid nei media inglesi fiorirono le congetture sul motivo che lo aveva spinto a scegliere la maglia 23. Alcuni suggerivano si trattasse di una cinica manovra del Real Madrid per vendere magliette in America. Di calcio gli americani non ne sanno un gran che – i loro sport preferiti sono il baseball e la pallacanestro e il più celebre giocatore di pallacanestro in America era Michael Jordan, che giocava con il numero 23. I media inglesi insinuarono che il Real Madrid volesse invogliare gli americani a comprare la copia della maglia di Beckam solo perché aveva stampato il 23 di Michael Jordan. I sapientoni informarono che la scelta del 23 era molto più losca. La storia ammoniva che portare sul dorso il numero 23 avrebbe potuto rivelarsi nefasto – Giulio Cesare era stato ucciso da alcuni senatori romani con 23 pugnalate alla schiena. Ipotesi più audaci spaziavano dai paragoni con i film di *Guerre Stellari* – la principessa Leia era stata imprigionata nella cella AA23 - alle teorie scientifiche – nel nostro corpo ci sono 23 cromosomi.

Poi, un'emittente radiofonica osservò che avevo appena pubblicato un libro, "L'enigma dei numeri primi", la cui edizione inglese portava in copertina la maglia numero 23 dell'Arsenal. Fui immediatamente convocato in studio per dare la mia interpretazione sul significato della scelta di Beckam. La copertina del libro che avevo scritto non rappresentava solo la maglia 23, ma anche il portone di casa mia – numero 53 -, il mio abituale autobus londinese – numero 73 – e un romanzo giallo aperto al capitolo 13. Questi numeri avevano in comune il fatto di essere tutti numeri primi, cioè quei numeri che sono divisibili soltanto per se stessi e per 1.

I numeri primi sono numeri fondamentali in matematica. Sono gli atomi dell'aritmetica. Ogni numero è costituto moltiplicando tra loro numeri primi, per esempio 105 = 3 x 5 x 7. In chimica la tavola periodica elenca tutti gli atomi di cui è costituita la materia. Per il matematico, i numeri primi sono l'idrogeno, l'elio e il litio dell'universo dei numeri. Sono i mattoni del nostro tema.

Sulla strada che mi portava allo studio, dove avrei spiegato perché Beckam aveva scelto di giocare con un numero primo, cominciai a capire che non si trattava di una semplice coincidenza. Quando controllai la squadra del Real Madrid, mi accorsi che tutti i mattoni chiave della loro squadra, tutti, giocavano con numeri primi! Carlos con il numero 3, Zidane con il numero 5, Raul con il numero 7, Ronaldo all'epoca giocava con la maglia 11. È chiaro che il Real Madrid ha riconosciuto l'importanza di questi numeri indivisibili. Ogni nuova mattonella della squadra riceve una maglia con un numero primo.

Anche Anton Berg, come David Beckham, musicalmente parlando ha giocato con la maglia 23. Nella *Suite lirica* è utilizzata una sequenza di 23 note per rappresentare Berg, che s'intreccia con una sequenza di 10 note con cui intende ritrarre la sua amata. È interessante ricordare che gli antichi cinesi pensavano che i numeri pari fossero femminili e quelli dispari maschili. Tra tutti i numeri dispari, tuttavia, i *macho* dell'universo numerico erano i numeri primi 17 e 23, perché non potevano essere divisi e scomposti in fattori. Nella cultura cinese i numeri dispari divisibili, come 15 o 21, avevano invece un carattere piuttosto effeminato.

Anche John Nash, il premio Nobel reso celebre dal recente film *A Beautiful Mind*, si infatuò del numero 23. Più propriamente, uno dei primi segni della sua incipiente follia fu l'episodio in cui se ne andava in giro per la facoltà cercando di convincere i colleghi che la fotografia di Papa Giovanni XXIII sulla copertina di Life non fosse altro che lo stesso Nash travestito. La sua argomentazione si basava sull'importanza del numero 23.

Poiché giocare con i numeri primi aveva un effetto tanto straordinario sul successo del Real Madrid, qualche tempo fa ho convinto la squadra a cui appartengo a comprare una serie di maglie tutte con numeri primi sul dorso. Ora giochiamo con maglie dal 2 al 41. Con le vecchie magliette abbiamo terminato la scorsa stagione in coda alla Divisione 2 del Super Sunday League. L'effetto dei numeri primi è stato straordinario. Siamo schizzati in cima alla classifica, ottenendo la promozione alla Divisione 1. Potete guardare sul web un filmato di 4 minuti della nostra squadra (http://www.spiked-online.com/sections/science/sciencesurvey/films.stm), che spiega il primo grande teorema della matematica: la dimostrazione di Euclide secondo cui, qualunque sia il numero di giocatori nella nostra squadra, ci sarà sempre una maglia con un altro numero primo per il prossimo grande giocatore che andremo ad ingaggiare.

Invece di cercare di emulare Beckham e Berg, io gioco con il numero 17 – un numero primo molto speciale. I numeri prima con la formula 2^n+1 sono definiti numeri primi di Fermat. Se prendete una figura regolare con un numero di lati pari a un numero primo di Fermat, c'è un modo particolare di riprodurre la figura utilizzando solo il righello e il compasso. Il famoso matematico Carl Friedrich Gauss scoprì la costruzione del "17-gono" e fu così scosso dalla bellezza di tale geometria che desiderò che la forma venisse riprodotta sulla sua pietra tombale. Questa scoperta fu uno dei motivi ispiratori che spinsero Gauss a scegliere la carriera di matematico.

Il numero 17 è anche il numero primo favorito da una specie molto strana di cicala che vive nelle foreste del Nord America. Chiamata *Magicicada septendecim*, la specie ha un ciclo di vita assai curioso. Le cicale per 17 anni si nascondono sottoterra senza fare altro che rosicchiare le radici degli alberi. Poi, dopo 17 anni, emergono tutte insieme in massa nella foresta per una grande festa di sei settimane. Il fragore è talmente assordante che gli abitanti della regione sono costretti a traslocare. Dopo aver concluso la festa, mangiato le foglie, essersi accoppiate e aver deposto le uova per la prossima generazione, e questo per sei settimane, tutte le cicale muoiono e la foresta ritorna a essere tranquilla per altri 17 anni.

È davvero una coincidenza il fatto che le cicale abbiano scelto un numero primo di anni per ibernarsi sottoterra? Sembra proprio di no. Un'altra specie s'imbosca sottoterra per 13 anni e un'altra per 7 anni. Cosa rappresenta dunque di tanto speciale un numero primo per queste cicale? Secondo la teoria degli scienziati, nella regione anche un predatore faceva periodicamente la sua apparizione nella foresta: si intrufolava con diletto alla festa delle cicale e le mangiava tutte. Le cicale scoprirono che scegliendo un numero primo di anni per nascondersi sottoterra avevano maggiori probabilità di non trovarsi mai in sincronia con il predatore. Per esempio se il predatore compare ogni 6 anni, allora la cicala che fa capolino ogni 7 anni ha una maggiore possibilità di sopravvivere di quella che si manifesta ogni 8 o 9 anni. E compaiono più spesso nella foresta.

Sembra proprio che abbia avuto luogo una competizione tra la cicala e il predatore per vedere chi era in grado di trovare il prossimo numero primo. Risultò che le cicale conoscevano i numeri primi meglio del predatore e in alcune foreste potevano raggiungere addirittura il 17. Di conseguenza il predatore moriva, incapace di essere presente nello stesso periodo della cicala. I numeri primi sono quindi la chiave per la sopravvivenza evolutiva di questa specie di cicala.

La strategia utilizzata dalle cicale per servirsi di cicli non in sincronia è impiegata anche dal compositore Olivier Messiaen. Messiaen era ossessionato dai numeri primi e li utilizzò nel movimento di apertura del *Quartetto per la fine del tempo*. Il quartetto fu composto mentre Messiaen era in un campo di concentramento durante la seconda guerra mondiale. Scrisse il pezzo per l'inusuale accostamento di strumenti che aveva a disposizione nel campo: un clarinetto, un violino, un violoncello e un pianoforte. Messiaen si servì dei numeri primi per creare nella composizione un senso di eternità. Il primo movimento contiene un tema di 17 note suonato accanto a un tema di 29 note. Poiché entrambi i numeri sono primi, continuano ad armonizzarsi in modi diversi ogni volta che il tema ricomincia. Solo quando avrete ascoltato 29 volte la sequenza di 17 note, sentirete i due temi ripetersi di nuovo insieme. Per Messiaen i numeri primi contribuiscono a comporre una musica che contiene un senso di infinito.

A Londra c'è un'installazione d'arte che si serve dello stesso tema. Elaborata da Jem Finer, un tempo dei *Pogues, Longplay* è un'installazione sonora che non si ripeterà fino al 31 dicembre 2999. Utilizzando sei diversi temi con durate in numeri coprimi, il pezzo sfrutta lo stesso artificio del quartetto di Messiaen.

Proprio come per le cicale 17 e 13 sono numeri che salvano la vita, i numeri primi sono anche la chiave della sopravvivenza dei sei personaggi nel film *The Cube*. Il film si svolge in un immenso labirinto che assomiglia a un complesso cubo di Rubic. Ogni stanza del labirinto ha la forma di cubo con sei porte che conducono in altrettante camere del labirinto. I sei personaggi si rendono conto di trovarsi all'interno di questo labirinto, ma non hanno idea del modo in cui ci sono giunti e devono comunque trovare la strada per uscirne. Alcune delle stanze sono delle trappole e i protagonisti, prima di entrare, devono assolutamente capire se la stanza è una trappola o meno – altrimenti li aspetta una morte orribile, con una serie impressionante di varianti, che comprendono l'essere inceneriti, ricoperti di acido o essere infilzati in cubetti come pezzi di formaggio.

A scuola uno dei personaggi femminili era un asso della matematica. Ha l'improvvisa intuizione che i numeri all'ingresso di ogni stanza contengano la chiave che rivela l'esistenza o meno di una trappola. Se qualcuno dei numeri all'ingresso è primo, la stanza contiene una trappola. "Hai un ottimo cervello" dichiara il capo del gruppo di fronte a questa deduzione matematica. Succede allora che devono anche loro cercare i numeri primi, ma lo fanno in un modo che si dimostra andare in un'altra direzione rispetto all'idea dell'allieva ingegnosa. È necessario invece che facciano affidamento sull'esperta (e autistica) che fa parte del loro gruppo. che è davvero l'unica a capire questo labirinto di numeri primi. Chiunque ha problemi a convincere i figli a imparare le tabelline, potrebbe trovare il film un'eccellente strumento di propaganda per persuaderli a conoscere i numeri primi[1].

Non solo i film si sono serviti dei numeri primi per dar voce ad autistici geniali. Il best-seller *Lo strano caso del cane ucciso a mezzanotte* di Mark Haddon racconta la storia di Christopher, affetto dal morbo di Asperger, una sorta di autismo. Il ragazzo è attratto dall'universo matematico perché capisce come funziona: la sua logica significa che non ci sono sorprese. È un territorio sicuro, il posticino sotto le scale dove Christopher può rifugiarsi. Le interazioni con gli umani invece sono piene di incertezze e di imprevisti illogici a cui Christopher non può far fronte. La sua storia è raccontata con una sequenza di capitoli numerati con numeri primi. Come spiega Christopher:

> Mi piacciono i numeri primi: sono come la vita. Sono molto logici, ma non puoi mai calcolarne le regole, neppure se trascorri tutta la tua esistenza a pensarci.

I numeri primi, per Christopher, costitituiscono una combinazione perfetta tra l'universo logico della matematica e l'incerto mondo degli uomini.

In *L'uomo che scambiò sua moglie per un cappello,* Oliver Sacks descrive anche il caso, reale, di due autistici geniali che utilizzano i numeri primi come linguaggio segreto. I due fratelli gemelli stavano seduti nella clinica di Sack e, in guisa di discorso, si scambiavano tra loro dei numeri altissimi. In un primo tempo Sack rimase sconcertato dal loro dialogo, ma una notte decifrò il segreto del codice. Improvvisando per conto suo dei numeri primi, decise di verificare la sua teoria. Il giorno dopo si unì ai due gemelli, sedendosi in silenzio accanto a loro mentre si scambiavano numeri a sei cifre. Dopo un po' Sack approfittò di una pausa del lo-

[1] *Si veda, per una descrizione matematica dettagliata, l'articolo scritto dal matematico consulente del film in M. Emmer, M. Manaresi (a cura di) (2002)* Matematica, arte, tecnologia, cinema, *Springer-Verlag Italia, Milano, pp. 223-227 (nota del curatore)*

ro concitato discorso e aggiunse un numero primo a sette cifre. In un qualche modo, i gemelli rimasero sorpresi dal contributo di Sack. Stettero seduti a pensare un attimo: dopo tutto, il suo intervento ampliava il confine dei numeri primi che si erano scambiati finora. Poi i due gemelli sorrisero tutt'e due contemporaneamente, come se avessero riconosciuto un amico.

Durante il tempo trascorso con Sack, sembra che essi siano riusciti a trovare numeri primi di 9 cifre. Naturalmente nessuno sarebbe troppo sorpreso se si fossero semplicemente scambiati numeri dispari o quadrati di numeri. Ma l'elemento straordinario della loro impresa è che i numeri primi sono disseminati tra gli altri numeri in modo completamente casuale, il che attribuisce notevole valore alla capacità di individuarli dei due gemelli. Sono state fatte ipotesi sul modo in cui essi hanno proceduto. Una delle spiegazioni è correlata a un'altra prodezza in cui i gemelli si sono cimentati. Erano comparsi in televisione e avevano impressionato il pubblico per la loro capacità di trovare rapidamente che il 23 ottobre 1901 era un mercoledì. La capacità di dedurre il giorno della settimana da una data è in rapporto alla conoscenza dell'aritmetica modulare.

È possibile che i gemelli abbiano scoperto che l'aritmetica modulare è anche la chiave di un metodo per capire rapidamente se un numero è primo. Se prendete un numero, per esempio 17 e calcolate 2^{17} modulo 17 e la risposta è 2, allora 17 potrebbe essere un numero primo. Fermat dimostrò che se il risultato non fosse 2, allora 17 non sarebbe un numero primo. In generale se volete verificare che p non è un numero primo, calcolate 2^p, e se la risposta non è 2 modulo p, p non può essere un numero primo. Questo test per stabilire se un numero è primo è stato erroneamente attribuito agli antichi cinesi, invece fa la sua prima apparizione solo nel XVII secolo. Alcuni hanno ipotizzato che, per questa loro abilità nell'identificare i giorni della settimana, i gemelli avrebbero potuto servirsi del test di aritmetica modulare per trovare i numeri primi.

In un primo tempo i matematici pensarono che se 2^p ha come risultato 2 modulo p, significa che p è un numero primo. Invece non si tratta di un test che dimostra che un numero è primo. $341 = 31 \times 11$ non è un numero primo, ma 2^{341} è 2 modulo 341. Questo esempio tuttavia fu scoperto solo nel 1819. È possibile che i gemelli potessero essere a conoscenza di un test più sofisticato per scomporre 341. Fermat in realtà dimostrò che il test può essere applicato non solo alle potenze di 2, dimostrando che se p è primo allora per qualsiasi numero $n<p$, $n^p=n$ (modulo p). Quindi se il test fallisce per un qualsiasi numero n, potete scartare il numero, è un primo impostore!

Per esempio, 3^{341} non è 3 modulo 341, ma 168. Non è possibile che i gemelli abbiano controllato tutti i numeri minori del loro candidato a numero primo. Per quanto l'aritmetica modulare sia più facile della verifica della divisibilità, le verifiche sono ancora troppe perché i gemelli le abbiano controllate. Erdös effettivamente ha stimato (anche se non rigorosamente dimostrato) che per verificare se un numero minore di 10^{150} è primo o no, scoprire che ha già passato il test di Fermat per un'ora di orologio significa già che la probabilità che il numero non sia primo è 1 su 10^{43}. Quindi per i gemellli probabilmente un test era sufficiente a dare loro il segnale che avevano individuato il numero primo.

Non solo i gemelli autistici di Sacks hanno utilizzato i numeri primi per la comunicazione. Gli scrittori di fantascienza scelgono spesso la matematica come strumento di comunicazione degli alieni con la terra. Uno dei primi romanzi di Don Delillo, *La stella di Ratner,* sviluppa l'idea di un messaggio matematico inviato dallo spazio. Nel romanzo di Carl Sagan, *Contatto,* l'eroina Ellie Arroway lavora per il SETI, la Ricerca per l'Intelligenza degli Extra-terrestri. Dopo mesi trascorsi ad ascoltare i crepitii di sottofondo dell'universo, improvvisamente capta un messaggio, che non è un rumore bianco, ma una sequenza di numeri. Analizzando i numeri, si rende conto che sono numeri primi. Nella versione cinematografica del romanzo, Jodie Foster dice: "Accidenti, non è affatto un fenomeno naturale!". Si tratta invece di una cultura aliena che sta cercando di attrarre la nostra attenzione servendosi dei numeri primi per farci un saluto.

L'aspetto interessante della scelta dei numeri primi da parte di Sagan è quello di esprimere una convinzione profondamente ancorata in molti matematici. I numeri primi, più di qualsiasi altro elemento del nostro patrimonio matematico, hanno un carattere universale infinito. Essi sarebbero comunque esistiti, indipendentemente dall'evoluzione da noi raggiunta per riconoscerli. Come ha detto il matematico di Cambridge G.H. Hardy nel suo celebre libro *Un'apologia della matematica*:

> ...317 è primo non perché lo pensiamo noi, o perché le nostre menti sono formate in un modo o nell'altro, ma *perché è così,* perché la realtà matematica è costituita in questo modo...

Per questo motivo utilizziamo i numeri primi nel tentativo di comunicare con una possibile entità intelligente oltre i confini del nostro pianeta. Molte navicelle lanciate nello spazio dalla NASA sono dotate di indicazioni con i tentativi sperimentali per comunicare con un'altra cultura qualora la navicella dovesse precipitare su un pianeta disabitato. La NASA sceglie spesso immagini formate da pixel in cui il numero dei pixel prescelto è un numero primo.

In *Contatto* i numeri primi sono utilizzati dagli alieni come *chat line.* Lo stesso trucco è utilizzato da Jeff Bridges, che li usa per conversare nel film *L'amore ha due facce.* Bridges è un professore di matematica e spiega uno dei grandiosi misteri dei numeri primi al primo appuntamento con la collega di letteratura inglese, impersonata da Barbra Streisand: la Congettura dei Primi Gemelli. Di nuovo, il film rappresenta uno dei classici stereotipi dell'industria cinematografica: un matematico è un inetto dal punto di vista sociale, un pensatore perso nello spirito e incapace di affrontare ciò che è fisico, in questo caso il sesso. Mentre Bridges e Streisand sono seduti a bere un aperitivo, Bridges le spiega perché non gli piace ballare, ma preferisce stare a guardare.

Bridges: “coppie... È interessante come le coppie appaiano ovunque nella natura... in matematica”
Streisand: “ Mi stavi dicendo qualcosa sui numeri primi”
Bridges: “Sì, la Congettura dei Primi Gemelli. Indaga su copie di numeri primi come 11, 13 o 17,19. Quel che è stato scoperto è che spesso i numeri primi erano separati da...”
Streisand: “... un solo numero tra uno e l’altro”
Bridges: “Giusto, giusto...hai letto il mio libro. È davvero splendido”
Streisand: “È il primo appuntamento in cui mi sento come se avessi vinto a un gioco televisivo”
Bridges: “Scusa... soltanto, è così raro che incontri una persona con cui possa discutere di queste cose”
Streisand: Questa Congettura sui Primi Gemelli è interessante. Cosa succede se si conta oltre il milione? Ci saranno ancora coppie come queste?”
A questo punto Bridges quasi cade dalla sedia per l’eccitazione.
Bridges: “Non posso credere che tu ci pensi. È proprio quello che è stato dimostrato nella Congettura dei Primi Gemelli”.

La Congettura dice che si troveranno sempre gruppi di numeri primi quando N e N+2 sono entrambi primi. Il primo gemello oltre il milione che la Streisand troverebbe sarebbe dato dalla coppia 1.000.037 e 1.000.039. Diversamente dalla splendida semplice dimostrazione di Euclide, secondo cui i numeri primi si succedono all’infinito, nessuno ha ancora trovato un’argomentazione per dimostrare che troverete sempre all’infinito queste coppie gemelle di numeri primi.

Comunicare servendosi di numeri primi è molto più diffuso delle chat line occasionali. Ogni volta che i computer si parlano e vogliono scambiarsi informazioni confidenziali, utilizzano un sistema criptato chiamato RSA che sfrutta l’efficacia dei numeri primi per rendere sicuri i messaggi. Ogni volta che un utente visita un sito sul web e vuole mandare al sito i dettagli della sua carta di credito, riceve il numero criptato del sito web che poi il suo computer utilizza per criptare la sua carta di credito. Il numero criptato non è un numero primo, ma il prodotto di due numeri primi. La bellezza di questi codici numerici creati con numeri primi è costituita dal fatto che per decifrare la carta di credito, il sito web si serve dei numeri primi che costituiscono il numero criptato del sito. Quindi per decifrare i codici su Internet, un hacker deve solo trovare un metodo per individuare i numeri primi capace di fornire numeri molti alti.

I chimici hanno a disposizione quella meravigliosa macchina che è lo spettrometro: se le sottoponi una molecola, la macchina ti dirà gli atomi di cui è costituita. Sottoponile il sale e dirà che la molecola è costituita di sodio e di cloro. In un’analogia dei numeri primi intesi come atomi, l’hacker deve inventare un sorta di spettrometro per numeri primi. Il problema è che i matematici non hanno ancora capito sufficientemente i numeri primi per trovare un metodo efficace che divida un numero con duecento cifre in divisori costituiti da numeri primi.

L'effetto devastante della scoperta di un simile metodo è illustrato nel film *Sneakers*. Un matematico, il dottor Janek, ha fatto un passo avanti "di proporzioni gaussiane", come lui stesso afferma: ha trovato il modo per decifrare i codici in numeri primi su Internet. Naturalmente viene subito ucciso (non è una buona pubblicità per chi vuole diventare un matematico!) e il metodo di decodificazione matematica cade nella mani del malvagio Ben Kingsley. Robert Redford e la sua squadra vincono la battaglia. Il film finisce con un notiziario che annuncia che il Comitato Nazionale Repubblicano ha fatto bancarotta.

> Sembrava che la settimana scorsa avessero molto denaro sui loro conti, ma oggi non sanno nemmeno come è potuto scomparire. Ma non tutti sono finiti sul lastrico. *Amnesty International*, *Greenpeace* e l'*United Negro College Fund* annunciano guadagni da record in quella stessa settimana, dovuti per lo più a ingenti donazioni anonime.

Quello che può solo succedere nel film, non avviene nella realtà... o invece sì? Si viene a sapere che, per dare credibilità al film, la consulenza è stata affidata ad uno dei matematici che hanno inventato questi codici di numeri primi, Leonard Adleman, il numero uno della RSA.

Ma per un matematico il massimo divertimento con i numeri primi è cercare di scoprire in che modo la natura ha scelto questi numeri tanto enigmatici. I matematici si occupano della ricerca di modelli. Ma i numeri primi, le mattonelle di costruzione dei numeri, sembrano essere una sequenza del tutto priva di modelli – un fatto di cui evidentemente sono sensibili gli sceneggiatori della serie americana *Sex and the City*. Quando le quattro protagoniste, nel cuore dell'intreccio, passeggiano per Central Park discutendo dei loro gusti in fatto di uomini, Miranda scopre che è attratta sempre dallo stesso tipo di uomo, gli uomini sempre formano un modello. Invece Samantha ha un gusto molto eclettico in fatto di uomini. "Non ho un modello". Carrie afferma "in matematica la casualità è considerata un modello". "E io sono quello che chiamano un numero primo" risponde Samantha. Il gusto di Samantha per gli uomini è un'eccellente metafora moderna per i numeri primi: proprio non sapete quando il prossimo farà la sua comparsa.

Per 2000 anni, sin da quando Euclide dimostrò che vi sono infiniti numeri primi, i matematici hanno cercato di penetrare l'enigma di questi numeri misteriosi. Nel mio libro *L'enigma dei numeri primi,* pubblicato in Italia da Rizzoli, ho fatto una descrizione della strenua ricerca di questo Santo Graal. Un documentario della Bbc con lo stesso titolo dà a questa ricerca un piglio drammatico, scenico (vedi http://www.open2.net/musicoftheprimes/ e http://www.musicoftheprimes.com). È una storia con il proprio impulso narrativo, in grado di competere con i film o i libri che si sono trastullati a dare il ruolo di protagonista ai numeri primi. Ma è una storia senza fine: siamo ancora in attesa dell'eroe che alla fine svelerà l'ultimo capitolo della storia della matematica dei numeri primi.

Un saggio su Ramanujan

ROBERT KANIGEL[1]

Una biografia, secondo me, è diretta a quei lettori che hanno una conoscenza approssimativa dell'argomento trattato. Tra coloro che leggeranno una biografia di Picasso, per esempio, i più probabilmente non sapranno molto di lui, appena qualcosa forse, oltre ai tratti generali della sua vita e delle sue opere. In altre parole, si tratta di lettori che non sono esperti, specialisti o studiosi, ma semplicemente "lettori generici".

Naturalmente, questo non è l'unico tipo di biografia possibile, si può scegliere di scrivere la biografia di uno scienziato rivolgendosi ad altri scienziati oppure a scienziati e studiosi in un campo particolare, trovandosi così a procedere in un modo diverso. Si tratta di due progetti di scrittura differenti con un pubblico, dei metodi, delle preoccupazioni e degli obiettivi distinti, di cui nessuno dei due di per sé è migliore, ma in cui emergono differenze sostanziali. In ogni momento l'autore dell'uno o dell'altro progetto deve essere consapevole di quanto sta facendo.

La mia biografia di Ramanujan *The Man Who Knew Infinity* (*L'uomo che vide l'infinito*) è chiaramente del primo tipo e non è rivolta ai teorici dei numeri o ai matematici, ma a un pubblico molto più vasto, che può aver affrontato calcoli e variabili complesse all'università o aver studiato algebra alle scuole superiori, come può non averlo fatto. Un pubblico quindi che potrebbe essere quasi del tutto privo di cognizioni matematiche.

Che cosa devo ai miei lettori, in quanto biografo di Ramanujan?

La risposta può essermi ribaltata sotto forma di un'altra domanda: la tua vera responsabilità non è forse quella nei confronti di Ramanujan, del tuo soggetto, dei fatti, della verità, della storia di questo grande uomo? Non ti dovresti piuttosto chiedere: *cosa devo a Ramanujan ?* Certo, ma questo debito nei confronti della verità è proprio di ogni biografo, di ogni autore di saggistica, non c'è quasi bisogno di dirlo. Quello che sto sollevando è un problema nuovo, che deve essere affrontato soprattutto dagli scrittori che si rivolgono ad un pubblico vasto, un problema parti-

[1] *L'autore è detentore dei diritti di copyright di questo articolo.*

colarmente spinoso perchè, trattandosi di matematica, "pubblico vasto" ha un significato davvero ampio. Che cosa devo dunque ai miei lettori? Proprio perchè la matematica per molti è così difficile, si potrebbe concludere che il mio debito nei confronti dei lettori della biografia di un matematico si limiti a raccontare semplicemente la storia del matematico stesso. Una biografia a volte è definita "una vita": le edizioni americana e inglese del mio libro indicano come sottotitolo *Una vita del genio Ramanujan*. Allora perchè no, potremmo convenire semplicemente che la vita di Ramanujan è stata così affascinante da rendere superfluo il tentativo di avventurarsi nella sua matematica. Forse dovremmo lasciare che il lettore contempli lo scarabocchio incomprensibile di *lambda* ed *epsilon*, esponenti e segni di integrali che fanno capolino oltre le spalle di Ramanujan affermando che Ramanujan è stato senz'altro un genio, ma lasciando le cose come stanno, raccontando la sua vita senza farci problemi.

Ridotta all'osso, la vita di Ramanujan, si è svolta più o meno così. Nacque nel 1884, crebbe a Kumbakonam, nel sud dell'India, dove frequentò la scuola. Un libro di testo, intitolato *Una sinopsi dei risultati elementari nella matematica pura e in quella applicata* di George Shoobridge Carr, lo portò a scoprire la sua passione per la matematica superiore e gli fece perdere interesse per qualsiasi altra materia. A scuola fu bocciato, ma continuò a coltivare gli studi matematici con grande ostinazione, iniziando a tenere un quaderno d'appunti e riflessioni. Trovò dei benefattori, che gli assicurarono un posto di comodo al consorzio del porto di Madras; intanto scrisse a matematici eminenti in Inghilterra, inviando loro pagine e pagine di teoremi: due lo ignorarono, ma alla fine fu notato da un terzo, G.H. Hardy, il quale, insieme a un altro celebre matematico del Trinity College, J.E. Littlewood, esaminò la lettera colma di teoremi che avevano ricevuto e riconobbero che erano di fronte all'opera di un genio della matematica. Superando le obiezioni iniziali della famiglia, Ramanujan partì alla volta dell'Inghilterra poco prima dello scoppio della Prima Guerra Mondiale. Collaborò con Hardy per cinque anni e insieme diedero contributi sostanziali alla teoria dei numeri e ad altre branche della mate-

Fig. 1. Ramanujan (1884, 1916)

matica. Diventò membro della Royal Society. Quindi si ammalò e alla fine della guerra ritornò in India, dove morì all'età di 32 anni, acclamato come il più grande matematico indiano nel corso di tutto il millennio.

Dietro questo scarno profilo, c'è naturalmente la enorme quantità di dettagli che si accumula nel corso della vita di ogni individuo e che rende così complesso il lavoro di ricerca per la stesura di una biografia. Nel mio caso, si è trattato di leggere praticamente tutto quanto era stato già scritto in inglese su Ramanujan, avere colloqui con diversi matematici, visitare le località indiane e inglesi che avevano avuto un significato particolare nella vita di Ramanujan, ma anche in quella di Hardy, e imparare il più possibile sull'India e sull'Inghilterra di quell'epoca.

Il materiale a cui ho potuto attingere per raccontare la storia di Ramanujan era senz'altro ricco: c'era l'India, lontana come epoca e come distanza, in un tempo in cui le comunicazioni tra oriente e occidente erano più difficili di oggi; c'erano le ombre inquietanti della Prima Guerra Mondiale che offuscarono la vita di Ramanujan in Inghilterra; c'era l'appassionante questione della spiritualità di Ramanujan (era un indù devoto che venerava la sua dea personale, Namagiri, o il problema gli era indifferente e la sua osservanza religiosa, come sosteneva Hardy, era soltanto esteriore?); c'era il rapporto sempre appassionante tra il genio indiano autodidatta e l'eccentrico Hardy.; e naturalmente c'era la tragedia della sua morte prematura.

In altre parole, non mancava affatto il materiale sostanzioso con cui raccontare una vita, che era stata ricca, piena e densa di eventi anche senza la matematica. Se ci chiediamo allora cosa devo ai miei lettori, forse la risposta è: *tutto ciò è più che sufficiente, grazie.*

Ma sarebbe sufficiente scrivere una biografia di Picasso citando semplicemente il cubismo, senza far riferimento a *Guernica*, senza analizzare il modo in cui dipingeva, studiandone le ragioni e le tecniche? Vi piacerebbe leggere una biografia dell'architetto Franck O. Gehry senza venire a sapere nulla sulle costruzioni da lui progettate e sul modo in cui le progettò? O una biografia di Milan Kundera, senza riferimento ai suoi romanzi? L'idea è assurda. Com'è possibile quindi applicarla a Ramanujan?

Eccoci giunti al cuore del problema di quel che significa scrivere della vita di un matematico. Se possiamo visitare un museo e vedere i quadri di Picasso, andare in cerca degli edifici progettati da Gehry a Los Angeles o Bilbao, leggere le opere di Kundera e sapere quel che racconta, per la matematica è tutta un'altra storia. La matematica, ci dicono, è inaccessibile. La matematica, apprendiamo dagli amici che si occupano di studi umanistici, è incomprensibile a tutti, fuorché ai geni della matematica. Ecco cosa dissi nel prologo del mio libro:

> La matematica [...] è concepita in un linguaggio di simboli estraneo alla maggior parte di noi, esplora le regioni dell'infinitamente piccolo e dell'infinitamente grande, che si sottraggono alle parole, molto meno intelligenti. La matematica

oggi è talmente specializzata [...] che quasi tutti gli articoli pubblicati nelle riviste matematiche sono indecifrabili perfino alla maggioranza dei matematici.

Uno dei miei informatori, George Andrews, della Pennsylvania State University in America, ha riscoperto un manoscritto di Ramanujan a lungo dimenticato in Inghilterra e mi ha detto che era in grado di dargli il suo giusto valore solo perchè possedeva una solida formazione in un ramo particolare della matematica. Un matematico con una preparazione normale, priva di quelle particolari cognizioni, si sarebbe trovato spiazzato come voi o come me. Che speranza ha dunque il lettore di fronte all'opera di Ramanujan?

Ben poca, certamente, se stabiliamo che il compito sia quello di seguire una delle dimostrazioni di Ramanujan per venti pagine di geroglifici in una rivista di matematica, *soprattutto* nel caso di Ramanujan, che era solito ridurre a due una dozzina di passaggi , lasciando che il lettore trovasse da solo i collegamenti. Come fare per mantenere invece quel certo sapore, caratteristico della sua opera, per capire le strade che ha percorso, per comprendere le radici storiche del suo lavoro? Il problema non è insormontabile, certo non più che seguire un'argomentazione filosofica o affrontare l'interpretazione di un testo letterario.

Da un certo punto di vista, scrivere sulla matematica di Ramanujan è stato un po' più facile che scrivere su altri campi. Perché? Come ho spiegato:

gran parte del suo lavoro riguarda la cosiddetta teoria dei numeri, che ricerca le proprietà e i modelli dei normali numeri con cui abbiamo a che fare ogni giorno; e gli 8, i 19 e i 376 sono sicuramente più familiari dei quark, dei quasar e della fosfocreatina; anche se gli strumenti matematici utilizzati da Ramanujan erano sofisticati e poderosi, i problemi a cui li applicava spesso erano sorprendentemente facili da formulare.

All'inizio del libro, affermo di non voler perdere più lettori del necessario. Ma in pratica? Come posso effettivamente scrivere frasi, paragrafi e pagine che possano far gustare la matematica di Ramanujan a lettori completamente a digiuno di conoscenze matematiche?

Un suggerimento sta proprio nel significato dell'espressione "matematica di Ramanujan". La matematica di cui ha bisogno un lettore medio per capire di cosa si sta parlando *non è* la matematica "di Ramanujan", ma la possibilità di orientarsi in un ambito intellettuale, il che è molto più semplice (parlo, per esempio, del concetto di equazione, di ciò che si intende per dimostrazione o per manipolazione matematica di base). Un biografo che intenda rivolgersi ai matematici potrebbe ironizzare sul fatto di proporre argomenti così smaccatamente elementari in un'opera su Ramanujan; l'autore che si rivolge al vasto pubblico, tuttavia, deve avere molte meno pretese e pensare continuamente ai suoi lettori, a quello che sanno e a quello che non sanno.

All'inizio del libro ho sottolineato l'influenza della *Sinopsi* di Carr su Ramanujan e ho suggerito come quel suo modo di elencare serie di risultati senza preoccuparsi troppo delle dimostrazioni, ha incoraggiato Ramanujan a cimentarsi per conto proprio. Infine ho voluto fare una distinzione tra il tipo di apprendimento, spesso passivo, di molti studenti delle scuole superiori e l'atteggiamento attivo adottato da Ramanujan:

> Il modo migliore di apprendere la matematica non è quello dell'atteggiamento passivo, non si tratta di qualcosa che si assorbe come la lettura di un romanzo. Dovete mettercela tutta, vigili e intraprendenti come un campione di scacchi che mira a dare scacco matto.

A un certo punto paragono l'operazione casalinga di "riordinare" a quella vera e propria della classificazione di entità matematiche in categorie appropriate.

> Mettete i panni sporchi nel cestello della lavatrice, le lenzuola appena lavate nel cassetto della biancheria e i cereali nella dispensa. Mettete le cose al loro posto.

Non è affatto "la matematica di Ramanujan", ma i lettori privi di conoscenze matematiche hanno bisogno di qualcosa del genere, non di capire l'opera di Ramanujan, ma di fare un passo nel suo universo, anche se con incertezza.

In quanto biografo di un matematico è mio compito insegnare la matematica? Non credo proprio. Ma se riesco a far sentire il lettore un pochino più a suo agio in quel territorio potenzialmente sconosciuto in cui l'ho trascinato, spiegandogli qualcosa, indicandogli una strada, di questo gli sono debitore. Il lettore forse impara lo stesso, anche se io non sto insegnando nulla.

"Immaginate", chiedo ai miei lettori, "di tagliare un *hot dog* in fette a forma di dischetti":

> Finirete per avere dieci fette spesse mezzo pollice o un centinaio di fettine sottili come un foglio di carta. Per quanto fini potete tagliarli, tuttavia, verosimilmente sarete in grado di ricostituire i pezzi in un *hot-dog*. Il calcolo integrale, cioé il modo in cui è definita questa branca della matematica, adotta la strategia di ottenere un numero infinito di fettine infinitamente piccole e di creare espressioni matematiche per rimetterle insieme, per renderle intere, o "integrali".

Presento questo scorcio di matematica perchè, nella sua lettera a Hardy (quella che notoriamente esordisce con "mi perdoni se mi presento") Ramanujan elenca un certo numero di integrali e chiede a Hardy di valutarli. Basandosi sui miei ragguagli, il lettore è forse in grado di risolvere un problema di calcolo integrale, anche solo il più semplice, del primo anno? Non è questo il punto. Il lettore sarà in grado di capire con chiarezza quello che ha reso gli integrali di Ramanujan tanto interessanti agli occhi di Hardy? Temo di no. Ma riuscirà ad avere anche solo una vaga sensazione del *modo di ragionare* di Ramanujan, dell'ambito in cui spaziò il suo intelletto? Forse, forse un pochino.

Quello di Ramanujan era un universo di matematica pura, con ben scarsi riscontri nel mondo della quotidianità. Negli Stati Uniti per lo meno, ma temo ovunque, gli insegnanti sentono spesso il bisogno di giustificare la matematica sulla base della sua utilità: "impara l'algebra o la geometria perchè è utile, non utile ora, forse, ma un giorno lo sarà". E questa litania continua durante i corsi universitari: "I calcoli ci portano nello spazio. Le equazioni differenziali ci aiutano a progettare turbine a vapore". Ma la teoria dei numeri che logorò Ramanujan era "inutile", orgogliosamente inutile: qui la matematica si giustificava non con l'utilità, ma perché fine a se stessa. Scrisse Hardy, il più celebre propugnatore della matematica come principio estetico:

> Nessuna delle mie scoperte ha costituito, o costituirà, direttamente o indirettamente, nel bene o nel male, la benché minima differenza per i beni di conforto del mondo.

Questo concetto si oppone a tal punto alle tesi sostenute dai non matematici che richiede uno spazio nel mio libro, anche se, così facendo, non propongo formule, né teoremi, né dimostrazioni.

E per quanto riguarda "la matematica di Ramanujan", cioé gli argomenti matematici a cui il suo nome sarà per sempre associato? Come i numeri altamente composti, le serie infinite, le scomposizioni, le funzioni *theta*? Molti lettori con una formazione matematica ben superiore alla mia avrebbero in proposito molte difficoltà. Io stesso ho acquisito conoscenze su questi e altri soggetti solo secondariamente dalla lettura degli articoli originali, ma ho avuto bisogno di aiuto e l'ho ricevuto da tre illustri studiosi di Ramanujan: Dick Askey, Bruce Berndt, e George Andrews.

Un altro contributo considerevole è rappresentato dallo stesso Hardy, che nelle sue dodici conferenze su Ramanujan conduce l'ascoltatore nel cuore del giovane matematico. Per quanto estremamente tecnico e diretto ad altri matematici, il lavoro in parte mi è risultato accessibile. "Il giornalismo", scriveva Hardy, "è l'unica professione fuori dalla vita accademica in cui mi sono sentito davvero fiducioso delle mie possibilità" . E a ragione: Hardy era uno scrittore splendido, sia di matematica che di qualsiasi altro argomento. Una volta C.P. Snow disse di lui: "Con il suo stile chiaro e disadorno, scrisse in un inglese tra i più eccelsi della sua epoca".

Nonostante tutti gli aiuti del mondo, ho pur sempre i miei limiti intellettuali e i miei lettori hanno i loro. Significa forse che per il biografo è infine giunto il momento di arrendersi, di citare per nome i soggetti di studio di Ramanujan, come ho appena fatto e di scrivere la parola fine? Credo di aver condotto i miei lettori a uno stadio superiore, cercando di spiegare che cos'è un numero altamente composto, che cos'è una scomposizione e di che cosa tratta il problema che tanto appassionò Ramanujan e Hardy. E soprattutto ho cercato di ricreare l'atmosfera delle loro ricerche, nelle sue sfumature con attenzione particolare a una delle loro scoperte, un efficace metodo di approssimazione, definito *metodo circolare*, che "vi porta vicinissimo, senza mai raggiungerlo, all'inaccessibile percorso circolare" dove una funzione particolare rimane indeterminata.

Dal punto di vista dei matematici professionisti, queste modeste proposte possono venire tacciate di superficialità senza speranza, il livello matematico è di gran lunga troppo basso. Ma a che livello dobbiamo dunque collocarci? La domanda, naturalmente, non ha una risposta esatta; è qualcosa di cui si può continuare a discutere per giorni senza arrivare ad una conclusione. Sebbene molti matematici possano rimanere delusi dal mio lavoro, poiché si dimostra inadeguato a trasmettere i dettagli e le sfumature dell'opera di Ramanujan, un resoconto più riuscito a questo livello farebbe perdere praticamente tutti lettori generici.

Un vero peccato, si potrebbe obiettare: non è importante descrivere quello che ha fatto Ramanujan? Il resto è pura chiacchiera. Non importa se il lettore non capisce.

Non importa?!? Per un autore di divulgazione scientifica, *questo* rappresenta il livello infimo, è una sorta di capitolazione letteraria. I matematici fanno la matematica? Bene, gli autori di divulgazione scientifica, coloro che scrivono a livello professionale di scienza, tecnologia e medicina per il vasto pubblico, si preoccupano, si logorano e lottano con le parole a beneficio di questi lettori. Scrivere di matematica, è ovvio, è qualcosa di diverso dal fare matematica. E anche se forse sotto certi aspetti non è molto difficile, può essere molto impegnativo sotto altri, perfino esasperante.

La maggior parte degli autori di divulgazione scientifica sono, come me, privi di una formazione specialistica, spesso nella condizione di non conoscere a fondo le problematiche o comunque di non essere degli esperti, senza quegli strumenti didattici e professionali degli specialisti in biochimica o nella teoria dell'informazione, in biologia molecolare o nella teoria dei numeri. E tuttavia ogni giorno si impegnano a scrivere articoli per giornali e riviste e libri che leggerete. Combattendo la propria ignoranza e riuscendo, infine, a sormontarla, fanno di queste loro vittorie un mezzo per aiutare i lettori a capire e ad apprezzare un materiale complesso e difficile, da cui altrimenti sarebbero completamente esclusi. Avere quindi l'ardire di scrivere sul grande Ramanujan senza essere a propria volta un matematico raffinato al punto da rendere piena giustizia alla sua opera, è quanto fanno ogni giorno con i quark, le basi nucleotidiche e i frattali gli autori di scritti scientifici divulgativi: è un rischio del mestiere.

Spesso il lavoro degli autori di divulgazione scientifica porta il lettore ad accostarsi a nozioni che gli specialisti non hanno appreso all'università o al liceo, ma che risalgono a un epoca così remota che non ricordano nemmeno di averle imparate. Per esempio, come condurre i lettori nel territorio apparentemente assurdo di numeri come la radice quadrata di meno uno, numeri immaginari? Molto del lavoro compiuto da Ramanujan con Hardy si trova a tale livello complesso. Bene, io mi sono allora concentrato su quella prima volta in cui la maggior parte di noi si è allontanata dai normali numeri di uso quotidiano, l'incontro con i numeri negativi. Ho fatto un'introduzione ai numeri immaginari, riconoscendo che rappresentavano un concetto estraneo e difficile da accettare:

> Succede spesso in matematica che una nozione di primo acchito arbitraria, o banale, o paradossale, si dimostri poi molto significativa a livello matematico e perfino con un valore pratico. Dopo un'infanzia innocente accompagnati da comuni numeri come 1, 2 e 7, il nostro primo approccio ai numeri negativi può essere sconvolgente. Ma non c'è bisogno di insistere molto per poter poi accettare l'idea: se t rappresenta un aumento di temperatura, ma la temperatura *scende bruscamente* di 6 gradi, di certo non potrete assegnare lo stesso $t = 6$ che fareste per un aumento di temperatura equivalente; è richiesto un numero diverso, -6. Allo stesso modo, i numeri immaginari, come molti altri concetti matematici apparentemente arbitrari o del tutto stravaganti, risultano poi avere un solido significato.

Naturalmente, per qualsiasi matematico questo è elementare, in modo addirittura imbarazzante. Ma così come alcuni matematici potrebbero aver bisogno di aiuto per capire la differenza tra un quasar e un quark, un tannino e un bagno di macerazione, la doppia elica del DNA e la tripla elica del collagene, i normali lettori vorrebbero un aiuto simile per i numeri immaginari. Il biografo di un matematico, come qualsiasi autore di divulgazione scientifica, ha il compito di "introdurre" i lettori in quello che sembra loro un universo inaccessibile e assai frustrante dal punto di vista intellettuale.

Ma forse non dovrei servirmi della parola "introdurre", con quella sua particolare connotazione che, almeno in inglese, esprime l'adempimento di un obbligo sociale a un *party* e suscita l'immagine di un girovagare ozioso da una parte all'altra della sala. Scrivere per un pubblico vasto, infatti, significa restare suo fidato compagno, rimanere dalla sua stessa parte per tutta la serata, per tutta la durata del libro. In ogni caso, è questo quello che ho cercato di fare con la mia biografia di Ramanujan: rendere la sua vita, la sua opera e il suo universo un po' più vicini e accessibili a noi tutti, spero di avere, in tutta modestia, onorato la sua memoria.

Maat e Talia

MARIA ROSA MENZIO

MAAT è l'ordine universale secondo gli abitanti dell'antico Egitto (non la dea della matematica). TALIA è la Musa della Commedia (non esiste una Musa del Dramma). Ora, che cosa hanno in comune la matematica e il dramma? La mia risposta è: l'emozione.

Si chiede infatti lo scrittore e matematico Denis Guedj [1]:

> Nella scienza, dov'è l'emozione? Come si manifesta? Cosa la testimonia? Insomma, quali rapporti corrono fra verità ed emozione?
>
> La Storia delle scienze è piena... di storie di scienza, in cui la verità alimenta la fiction, il rigore sottende la narrazione. Le scienze forgiano in profondità la società odierna.

Ma solo negli ultimi anni la scienza è presente nelle scene teatrali. Fino a poco tempo fa, infatti, era di rado uno strumento drammatico (raro esempio il "Galileo" di Brecht).

> Però fin dai tempi più antichi, le società hanno avuto i cantastorie. Essi svolgono una funzione sociale e individuale; fanno appello all'immaginario, ma anche ai saperi. Il campo della conoscenza, specie quello della conoscenza scientifica, può essere un formidabile campo drammatico.

Lo storico della scienza ha davanti a sé ricerche e documenti che a volte lasciano delle lacune tra due episodi accertati. Come studioso, egli non può inventare. I dati sono il punto forte del suo lavoro, ma anche il suo limite. Però c'è chi può oltrepassare quel limite, farne il proprio punto d'appoggio. C'è il drammaturgo; c'è lo sceneggiatore. Loro possono riempire le lacune, immaginare fatti non veri ma verosimili. Se ci sono un fatto storico A e un fatto storico B, entrambi documentati, ma senza il "segmento di verità" AB, ebbene il drammaturgo inventa una vicenda AB fittizia ma possibile.

> Egli crea nelle "pieghe" e fa ciò per cui viene voglia di leggerlo: inventa un universo. [...] Fiction reali. Fiction, perché l'immaginazione dell'autore ne determina il valore; reali, in quanto conformi alla verità scientifica e storica.

Per i non specialisti, la matematica ha sempre avuto il fascino della verità assoluta. Ma qui sorgono alcune domande. È possibile parlare di un teorema matematico come si fa con qualsiasi altro evento storico? E gli eroi della matematica, i grandi? Come fare a parlarne se la loro ricerca non è ancora compiuta? Quanta libertà hanno questi eroi? In che misura sono dotati di *libero arbitrio* sul palcoscenico?

Il tempo

Da "IL MULINO" (prima nazionale il 20-05-2005)

Lei: Le cose sono numeri. Dice Pitagora. E nasce la matematica. I pianeti sono dei. Nasce l'astronomia.

Lui: Fruga, fruga il Poeta, attinge al calderone, immenso, dei miti. È cercatore di fiabe. Vede figure rozze, vivaci, sono i popoli scandinavi. C'è Amlòdi, l'eroe della leggenda, Amlòdi il triste, che abita un mulino favoloso...

Lei: *Il cielo è tutto verde, e i campi sono d'argento.*

Lui: A quei tempi, il mulino era diverso, macinava pace e abbondanza.

Lei: *Le nubi sono indaco, e i prati color salmone.*

Lui: Sale... Poi, la decadenza, e il mulino macina sale. Sale...

Lei: *La volta celeste è viola, e le messi sono d'oro.*

Lui: Morte... Morte... Il mulino è caduto,
ora è in fondo al mare, macina rocce e sabbia.
C'è un gorgo, un gorgo gigante, di nome *maelstrom.*
L'Ombelico del Mare. La Via che porta al Regno dei Morti.

Lei: Di chi è la colpa? Di una gigantessa, nata tre volte, uccisa tre volte, ma che vive ancora. Ella una notte ha fermato il mulino, ha cantato un canto tremendo.

Lui: Guarda in alto! Ai confini del Nord ci sono i Sette Sapienti, le Sette Stelle dell'Orsa, Signora del Cielo Rotante.
I Sette Buoi che girano intorno alla macina del mulino.
La Galassia è un Ponte, ci porta fuori del Tempo.

Lei: Il Maestro di Danza esegue nuovi passi e crea l'Orsa Maggiore.
Matematica e astronomia fondano il mito.
Eccolo! Arriva il Tempo della Musica
Ha il passo di un re, cammina fra Cicli ed Epicicli
Viene dal Primo Motore, il Motore Immobile.
Neanche... neanche un capello fra i calendari e le note.

Sette note musicali

Misure del tempo e musiche dei riti: accordo, perfezione.
I colpi battuti sull'incudine danno la musica.

Musica

L'anno solare e l'ottava dominano il mondo. Il Numero e il Tempo... la corrente del Tempo...
Il tempo che corre con sette redini e mille occhi
e sette ruote, e l'asse è l'Immortalità.

Lui: Dei e Umani, Alberi e Animali, Cristalli e Astri vaganti, tutto...
Due padroni soltanto: Legge e Misura.
Il Sigillo del Tempo. Il Primo Sigillo e l'Ultimo, l'alfa e l'omega.
Il mondo era tutto vendetta, un mare ribollente, la terra non aveva spazio ove camminare, l'aria era aggredita dalle lance...

Rumori di battaglia
PACE... SALE... MORTE
Le stelle cominciavano a guerreggiare! Terra e tempo si lavavano le mani nella discordia. Pace... sale... morte...

Lei: *Il mondo intero è il mio reame, dai Pesci fino alla testa del Toro.*
Dai pesci giù fino ad Aldebaran.
Trenta gradi di zodiaco, le stelle d'Ariete.
Il suo regno non è il Cielo, ma il Tempo, dimensione del Cielo.
Lui: Da oggi vi sono nuove feste e nuove usanze
Per il Re dell'Ariete. Percorri l'Oceano delle Energie!
Il corso delle stelle, sovrano, la simmetria, *paurosa simmetria* di tigri e teoremi... **Tigri e teoremi! Tigri e teoremi!**

Da "SENZA FINE" [2] (prima nazionale il 18-04-2004)

Ipazia: Trovare un segmento che sia il lato del quadrato equivalente al cerchio!
Voce: Il tempo scorre. Si alimenta di ricordi. Si acquatta tra le tempie e passeggia coi suoi passi morbidi. Era una matematica famosa, una tonnellata di anni prima, in Egitto, la nostra Ipazia. E di problemi, ne aveva risolti tanti! Ma non quello. Quello non le era mai venuto. La quadratura del cerchio: "Trovare un segmento che sia il lato del quadrato equivalente al cerchio stesso...!" E come in sogno, vede spirali e curve strane... spirali come in una chiocciola, o in un cacciavite, in uno scaccia-vite, col tempo che si avvinghia su stesso, che ti fa girare la testa...
Ipazia: Io no, non ho cavigliere, bracciali o anelli di Re Salomone- non ho aureole dorate, né potere, né gloria- non sono la sposa perduta, la città devastata- non ho draghi né mele stregate- non boschi incantati- giarrettiere fatate- non cerchi di fuoco- non ho doppi anelli che messi vicini danno l'infinito, io domani avrò solo- come anello un collare- il cappio- del boia- e all'albero del mondo- sarò impiccata- impiccata- impiccata- impiccata- impiccata.
Voce: "Viaggiando con una navicella spaziale è possibile visitare qualunque pezzo del passato, del presente e del futuro!" Si esalta, la pazza... fa un volo... l'Ipazia. Un volo rotondo. Un volo che sfocia nel tempo quadrato. Atterra in un prato. Quadrato. Speciale. Un prato... di quadrifogli. Un fazzoletto di terra verde smeraldo. Una sinfonia di gemme nascoste in una piega della freccia del tempo.
Ipazia: "Signora, siete ferita?... signore... sono morta!"
Voce: C'è un uomo, nel prato in cui inciampa, in cui cade, a carponi, bocconi, a

tentoni... si muove... nel tempo... nei giorni... nei mesi... negli anni, scappati, di nuovo. Ma è un uomo o una donna, nel tempo di sei o sette vite? C'è Orlando, che è uomo e poi donna e che fugge dal cerchio. Che inclina le porte alla sua geometria!

Ipazia: E la quadratura del cerchio?... La duplicazione del cubo?... La trisezione dell'angolo? Giro l'anello e ci penso domani. Domani è un altro giorno.

Voce: Già. Aveva riformato il calendario, Gregorio XIII. Da quello giuliano a quello solare. Passare... direttamente dal giovedì 4 ottobre, al venerdì 15ottobre. Sempre mille-cinquecento-ottanta-due. Dieci giorni fantasma. Dieci giorni... perduti!

Ipazia: Le carte!... I tarocchi!... Guarda bene i miei occhi!... Scegli..... La temperanza! Il sole e la luna, sul serpente che divora se stesso. La catena d'oro di Omero... e... L'anello di Platone. Il globo al centro della terra. La Pietra. La pietra e l'anello... mi da di volta il cervello... la pietra dei Saggi. L'Anello del Tempo! L'alchimia! La Magia!

Voce: Che meraviglioso lavoro! Inventare l'astrolabio. L'astrolabio!!

Ipazia: Calcolare l'altezza delle stelle rispetto all'orizzonte. Le stelle, lassù... e poi perdersi da qualche parte là, fuori, dalle orbite e dal tempo... nella notte...

Voce: Oltre non si va. C'è un'altra dimensione, al di là.
La corsa è finita. Lei è annichilita. Ipazia... è nell'Ade.
E mentre la terra continua a correre nello spazio... Ipazia... è annientata dal tempo. Vicino al prato di quadrifogli, il tronco del melo magico, (quello che aveva tutti i colori dell'arcobaleno), è diventato grigio. Come piombo. Ed io... io... sono ora come di pietra. Di pietra... di pietra... pietra...

Da " ENRICO IV " di Luigi Pirandello [3]

Enrico IV: Vi sentite vivi, vivi veramente nella storia del mille e cento, qua alla Corte del vostro Imperatore Enrico IV! [...] Otto secoli in giù, in giù, gli uomini del 1900 s'arrabattano in un'ansia senza requie di sapere come si determineranno i loro casi. Mentre voi, invece, già nella storia! Con me! Per quanto tristi i miei casi, e orrendi i fatti; aspre le lotte, dolorose le vicende: già storia, non cangiano più, non possono più cangiare, capite? Fissati per sempre: che vi ci potete adagiare. Il piacere, il piacere della storia, insomma, che è così grande!
[...] La solitudine [...] rivestirmela subito, di tutti i colori e gli splendori di quel lontano giorno di carnevale, quando voi, Marchesa, trionfaste! – e obbligar tutti a seguitarla, per il mio spasso, ora, quell'antica famosa mascherata che era stata – per voi e non per me – la burla di un giorno! Fare che diventasse per sempre – non più una burla; ma una realtà, la realtà di una vera pazzia: qua, tutti mascherati, e la sala del trono, e questi quattro miei consiglieri: segreti, e – s'intende – traditori. [...] Sono guarito, signori: perché so perfettamente di fare il pazzo, qua; e lo faccio, quieto! – Il guaio è per voi che la vivete agitatamente, senza saperla e senza vederla, la vostra pazzia.
La mia vita è questa! Non è la vostra! – La vostra, in cui siete invecchiati, io non l'ho vissuta!

Da " CHI NON HA IL SUO MINOTAURO?" [4] di Marguerite Yourcenar:

Arianna (*rivolgendosi a Dio*): Tu hai i secoli a disposizione, il tuo tempo si misura a epoche pressoché eterne. Ma Teseo ha, tutt'al più, cinquant'anni davanti a sé.

Da "ASPETTANDO GODOT" [5] di Samuel Beckett:

Pozzo: Ma la volete finire con le vostre storie di tempo? È grottesco! Quando! Quando! Un giorno, non vi basta, un giorno come tutti gli altri, è diventato muto, un giorno io sono diventato cieco, un giorno diventeremo sordi, un giorno siamo nati, un giorno moriremo, lo stesso giorno, lo stesso istante, non vi basta?

E infine da "MACBETH" [6] di Shakespeare:

Domani, poi domani, poi domani: così, da un giorno all'altro, a piccoli passi, ogni domani striscia via fino all'ultima sillaba del tempo prescritto; e tutti i nostri ieri hanno rischiarato, a dei pazzi, la via che conduce alla polvere della morte. Spegniti, spegniti, breve candela!

I Numeri

Da "FIBONACCI" (La Ricerca) [7] (prima nazionale il 10-06-2003):

Zaffira: Da centinaia di lune la mia famiglia ha poteri magici.
Fibonacci: Che poteri?
Zaffira: Tocca alla figlia maggiore, cioè a me, tessere un arazzo: l'arazzo del passato e del futuro.
Fibonacci: Cosa vuol dire?
Zaffira: Ogni filo è una vita umana. Il tessuto che avanza è il tempo che scorre. Ma c'è sempre il futuro in agguato.
Fibonacci: C'è un filo anche per te?
Zaffira: Vedi questi due fili rossi? Sono i nostri destini. Le nostre vite si intrecciano, poi si separano. Per una tragedia.
Fibonacci: Questo arazzo è maledetto! Influenza il futuro, fa accadere ciò che vuoi tu. Il tuo tessuto mi fa paura! [...]
Lui: E la sezione aurea?
Lei: Dunque. Tu prendi due numeri di Fibonacci uno dietro l'altro.
Lui: Tipo otto e tredici.
Lei: O trentaquattro e cinquantacinque. E dividi il primo per il secondo. Otto diviso tredici, o tredici diviso trentaquattro. Il risultato è x. Ebbene, mentre i numeri di Fibonacci diventano sempre più grandi, questo risultato "x"...
Lui: Il risultato della divisione.

Lei: Già, questo numero "x" si avvicina sempre di più al numero 0,618... che è poi *(trionfale)* la sezione aurea di un segmento. Il mondo non può essere stato fatto a caso.

Lui: No, aspetta. Vai troppo di corsa. Se chiamiamo il nostro segmento "a", la sezione aurea di a sarà la nostra incognita "x", *(scrive sulla lavagna)* e quindi abbiamo la proporzione a : x = x : (a-x)

Lei: a : x = x : (a-x). Esatto. E la sezione aurea di un segmento è lunga più meno due terzi del segmento stesso.

Lui: È un fatto estetico. Se hai un bel vestito e ti vuoi mettere un nastro alla cintura, dov'è che lo piazzi? A due terzi della cintura, perché stia bene. *(Cerca di prenderla per la vita)*

Lei: Piantala di toccarmi!

Lui: Solo per farti capire. Il nastro va proprio nella sezione aurea.

Lei: Giù le mani!

Lui: Uffaaa! [...]

Zaffira: Può capitare solo al solstizio d'inverno. La porta degli dei. È un antico segreto di magia, ma bisogna volerlo con tutte le forze.

Fibonacci: Volere cosa?

Zaffira: Sai, in quel giorno il tempo si arrotola su di sé. Tutto ciò che è stato diventa un sogno. Come non fosse mai accaduto.

Fibonacci: Cosa vuoi dire, che si può cancellare un pezzo di vita?

Zaffira: Voglio dire che al solstizio d'inverno, sull'altare dei sacrifici, c'è un nodo nella freccia del tempo. In un istante passano secoli...

Fibonacci: Ma cos'è questo altare?

Zaffira: È quella pietra in mezzo all'oasi. In passato, dicono i vecchi che servisse per i sacrifici umani, quando gli dei erano avari d'acqua e chiedevano sangue.

Fibonacci: E adesso non chiedono più sangue?

Zaffira: Ora gli dei sono indifferenti. Noi dobbiamo cavarcela da soli. [...]

Lui: Volevo invitarti stasera a mangiare da me...

Lei: Solo mangiare?

Lui: E dài come sei sospettosa! Avevo fatto il pollo alla Fibonacci...

Lei: Pollo alla Fibonacci! Ahahah! E come?

Lui: Un litro di birra.

Lei: Mmmmmh.

Lui: 618 grammi di cipolla.

Lei: No, la cipolla no.

Lui: Sì, ci vuole.

Lei: Mmmmmh. E poi?

Lui: Un limone. E poi 618 grani di pepe nero.

Lei: E li conti tutti tu?

Mondi possibili

Da "UN DRAMMA DAVVERO PARIGINO" [8] di Alphonse Allais (1855-1905)

I protagonisti della storia sono Raoul e Margherita, due sposini freschi freschi. La loro vita insieme poteva considerarsi felice, ma avevano entrambi un caratterino... Insomma, ognuno dei due voleva avere sempre ragione. Ed erano piatti in frantumi, o botte da orbi.
Una sera i nostri eroi erano andati a teatro, ove si dava *L'Infedele*.
Margherita guardava l'attor giovane con tanto d'occhi, Raoul faceva lo stesso con la primattrice. A casa ci fu una scenata di gelosia. Un mattino, Raoul ricevette il seguente biglietto:
"Se volete vedere vostra moglie che si dà al bel tempo, andate giovedì al ballo degli Incoerenti, al Moulin-Rouge. Ella sarà mascherata da Piroga Congolese. A buon intenditor... Un amico".

Quella mattina stessa, Margherita ricevette una letterina analoga:
"Se volete vedere vostro marito che si dà al bel tempo, andate giovedì al ballo degli Incoerenti. [...] Egli sarà mascherato da Templare *fin de siècle*. A buona intenditrice... Un'amica".
Arrivato che fu il giovedì fatidico "Mia cara" fece Raoul con aria innocente "sarò costretto a lasciarvi fino a domani. Affari urgenti mi chiamano a Dunkerque" "Che combinazione!" rispose lei, "Ho ricevuto un telegramma della zia Aspasia che sta male e mi vuole al suo capezzale".

(Il lettore pensa a un mondo A dove i due si tradiscono a vicenda)

Il ballo degli Incoerenti era splendido. Solo due persone non prendevano parte alla baraonda generale: un Cavaliere Templare e una Piroga Congolese. Ed erano tutti e due ermeticamente mascherati.
Allo scoccar delle tre, il Templare avvicinò la Piroga, e la invitò a cena. La coppia si allontanò. "Vorremmo restare soli", fece il Templare al cameriere del ristorante. "Sceglieremo le portate e la faremo chiamare".
Il cameriere si allontanò e il Templare chiuse a chiave la porta della stanza. Poi, con movimento brusco, dopo essersi tolto l'elmo, strappò la mascherina alla Piroga. Lanciarono entrambi un grido di stupore. Lui, non era Raoul. Lei, non era Margherita.
Mortificati, non tardarono a chiedersi scusa l'un l'altro, dopo di che iniziò fra loro una tenera amicizia, complice una cenetta da innamorati, che per pudore l'autore non racconta.

(Il lettore scopre che le due maschere non si conoscono, non sono lui e lei, allora ritiene che l'autore parli di un altro mondo, un mondo B)

La piccola disavventura servì di lezione a Raoul e Margherita. [...] Essi non bisticciarono mai più, e vissero felici e contenti. Non hanno ancora bambini, ma verranno, vedrete, verranno.

(L'autore imbroglia le carte e dice: "questo serve da esempio", dunque torna al mondo A. E il lettore è giustamente disorientato)

Umberto Eco suggerisce in "Lector in fabula" che il lettore ha prodotto dei mondi impossibili con le proprie aspettative, e ha scoperto che questi mondi sono inaccessibili al mondo del racconto. Ma il racconto, dopo aver giudicato questi mondi inaccessibili, vi ritorna. Come? Non ricostruendo un mondo con proprietà contraddittorie, ma pensando che questi mondi inaccessibili possono essere in contatto. Io aggiungo che forse l'autore si è divertito a costruire una storia sulle aspettative del lettore, sul suo mondo pieno di logica. Chi legge immagina sempre di avere a che fare con un mondo inventato, ma non contraddittorio, senza rompicapi impossibili. Ebbene, Alphonse Allais rompe con questa tradizione e ironizza sulle certezze del lettore. Si mette in disparte a osservare sorridendo le reazioni dello spettatore. "È impossibile!" sente dire. Oppure "Come va questa faccenda?"

Equazioni e triangoli

Da "INCHIESTA ASSURDA SU CARDANO"
(prima nazionale il 16-09-2005):

Bianca: Ci tenevamo le mani mentre andavamo a cavallo. Io e Gerò. Roba da romperci il collo. Poi... l'incantesimo si spezza, arriva la cannonata fatale e io cado, la distanza che mi separa da terra è lunga... lunga e corta. Non voglio essere calpestata, urlo. Perché tanta luce. Ma ora non ci vedo più. Vorrei che questa notte finisse. Il male è come un serpente. Giù, dalla gola alla schiena. Scale a rompicollo sotto di me. Zoccoli. Sono caduta. Mai più giocare con lui. Mai più danze, mai l'amore. Ero vergine allora, e sana. Dopo, la caduta. Zoppa, e cortigiana.
[...]

Gero': *(legge)* Dunque, vediamo.
Quando che 'l cubo con le cose appresso,
Se agguaglia a qualche numero discreto,
Trovami dui altri differenti in esso.
    Dapoi terrai questo per consueto
    Che 'l lor prodotto sempre sia eguale
    Al terzo cubo delle cose netto.
El residuo poi tuo generale
Deli lor lati cubi ben sottratto
Varrà la tua cosa principale
[...]

Bianca: Smettila con le tue predizioni!

Gero': Me lo sono fatto io, l'oroscopo. Ho un grande foglio, a quadretti, lungo mezzo metro e largo un metro e mezzo, e dentro ci sono settantacinque quadratini, cinque per quindici, e io morirò a settantacinque anni e non uno di più.
Bianca: Piantala!
Gero': A settembre sono nato e a settembre morirò. Io divento matto!
Bianca: Ci credo! Stai sempre lì a guardare 'sto dannato foglio, e pensi che quello è il tuo sessantesimo anno ed è passato, irrevocabile...
Gero': Anche gli etruschi vivevano così. C'era un muro segreto, dove piantavano chiodi e ogni chiodo era un anno e lì ci stavano tanti chiodi e non uno di più, e guardavano lo spazio che restava! Era sempre meno!
Bianca: Gerò! Io ti amo e a te non te ne importa niente!
Gero': Il destino. Le caselle nere, le caselle passate, vissute, perdute!
[...]
Bianca: Io lo sapevo da un pezzo, che tu volevi lui, e non me.
Gero': E non mi hai mai detto niente. C'è qualcos'altro che non so?
Bianca: Io, tu, e mio fratello, che bel triangolo... proprio cabalistico!
Gero': Cosa diavolo dici?
Bianca: Lui innamorato di me, che vergogna, volere la sorella! Io innamorata di te, che scandalo, un uomo sposato! E tu invaghito di lui, che indecenza! Omosessualità! Un terzetto di peccatori, dritti all'inferno!
Gero': Ma non è successo niente! Mai niente!
Bianca: Infatti! È andata male a tutti. Io non sono mai stata a letto con te, né tu con lui, né lui con me. Peccatori da strapazzo.
Gero': E ora è tardi.
Bianca: Già. Troppo tardi anche per commetterlo, quel peccato che abbiamo sempre sognato, ognuno per conto proprio. Passare la vita a sognare l'impossibile. Un terzetto che si chiude.
Gero': Bel triangolo. E non succede mai niente.
[...]
Bianca: Solo dopo diciassette generazioni si saprà la verità. La verità, quella fata morgana, la verità, su di me, su Tartaglia, su Cardano, la verità, quella chimera... la verità... quel miraggio lontano *(Buio completo)*

Bibliografia

[1] D. Guedj (2001) *Il Meridiano,* Longanesi, Milano
[2] M.R. Menzio (2005) Senza fine, in: M.R. Menzio, *Spazio, tempo, numeri e stelle,* Bollati Boringhieri, Torino
[3] L. Pirandello (1948) *Enrico IV,* Mondadori, Milano
[4] M. Yourcenar (1988) Chi non ha il suo Minotauro?, in: *Tutto il teatro,* Bompiani, Milano
[5] S. Beckett (1956) *Aspettando Godot,* Einaudi, Torino
[6] W. Shakespeare (1964) Macbeth, in: *Tutte le opere,* Sansoni, Firenze
[7] M.R. Menzio (2005) Fibonacci (la ricerca), in: M.R. Menzio, *Spazio, tempo, numeri e stelle,* Bollati Boringhieri, Torino
[8] A. Allais (1987) Un dramma davvero parigino, in: A. Allais, *Un dramma davvero parigino e altri racconti,* Roma, Editori Riuniti, pp. 103-108

matematica e cinema

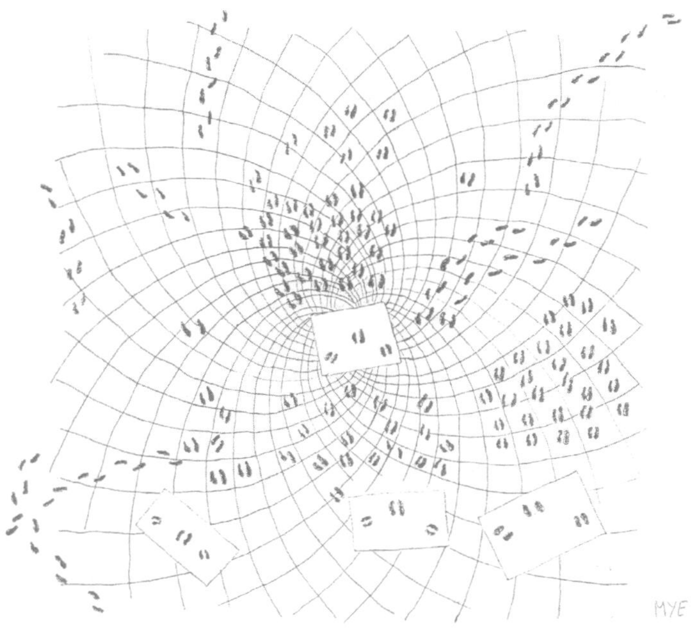

Assioma 5: un film scientifico, mistico, storico

Adolfo Zilli, Elisa Cargnel

Nel settembre del 2001 un gruppo di amici cominciò a pensare all'idea di realizzare un cortometraggio che parlasse in maniera scientifica di uno dei fondamenti delle religioni orientali: l'onnipresenza nell'universo di un'unica grandezza fisica chiamata energia.

Inevitabile evocare la figura di Einstein che, con la sua dimostrazione dell'equivalenza tra materia ed energia, diede una nuova interpretazione di spazio e di tempo. Per arrivare ad un simile traguardo Einstein dovette eliminare uno dei pilastri della geometria: il quinto assioma di Euclide, proposizione data per vera ma non dimostrata che afferma che due rette parallele non si possono incontrare.

Alcuni matematici (Riemann e Lobačevskij in particolare) avevano già studiato questa ipotesi a scopi puramente speculativi e teorici. Qualche artista ha dato un'interpretazione consapevole o meno di questi concetti: molte opere grafiche di Escher e la "Musikalisches Opfer" di Bach sono qualche esempio di applicazione artistica di geometrie non-euclidee.

Hofstadter, nel libro *Gödel Escher Bach: un'eterna ghirlanda brillante* [1], esamina attentamente queste sperimentazioni collegandole in un unico filone artistico e definendole "cancrizzanti", indicando con questo termine l'intreccio di un unico tema con se stesso sviluppato simultaneamente in avanti e all'indietro.

L'idea di raccontare attraverso la finzione cinematografica l'equivalenza tra materia ed energia, unita alla volontà di realizzare un film "cancrizzante", ha dato vita ad *Assioma 5 - opposti e paralleli*, un mediometraggio che racconta, romanzandole, le due storie di Einstein ed Euclide. Vicende che si intrecciano, si compenetrano e si concludono nella formulazione del Quinto Assioma per Euclide e nella dimostrazione della teoria della relatività generale per Einstein.

In questo intervento sarà inizialmente spiegato più dettagliatamente il rapporto tra relatività e quinto assioma, successivamente vedremo come nel film esista una costante dualità tra il carattere di Einstein e quello di Euclide, anche quando entrambi decidono di cambiare il proprio carattere. Infine vedremo come tutte queste considerazioni vengano inserite nel film seguendo una struttura "cancrizzante" e nel contempo approfondiremo il significato di questa definizione.

L'ultimo paragrafo parla di come era organizzato il nostro gruppo di lavoro e del metodo con cui è stata raggiunta l'unanimità necessaria per prendere ogni decisione.

Relatività e quinto assioma

La teoria della relatività è stata formulata in due differenti momenti ed è composta da due teorie che si completano a vicenda: relatività ristretta e relatività generale.

La teoria della relatività ristretta fu trattata in un articolo che Einstein pubblicò nel 1905 dove era già formulata l'equivalenza tra massa ed energia con la celebre formula $E=mc^2$. Per quanto innovativa e plausibile, per la dimostrazione sperimentale di tale teoria si dovette attendere fino al 1919, quando la spedizione all'isola di Principe, guidata dall'astronomo inglese Eddington, fornì le lastre fotografiche di un'eclissi totale che provarono la veridicità della teoria della relatività.

Fig. 1. Inquadratura tratta dal film, Spedizione all'isola di Principe

In queste lastre era possibile osservare una stella che secondo i calcoli astronomici sarebbe dovuta essere nascosta dal disco solare.

Il passo avanti fatto da Einstein nella seconda parte del suo lavoro fu pensare allo spazio-tempo come ad una tela tesa curvata da una massa che vi si appoggia. In questo caso un raggio di luce, che in teoria si muove lungo una linea retta, risente del campo gravitazionale dei corpi celesti, come una biglia lanciata sulla tela risente della massa appoggiata sulla tela stessa.

Ciò confermava l'ipotesi che la luce, pur essendo considerata energia pura, si comportava come una massa in quanto risentiva della gravitazione; ma questo non era l'unico risultato. A seguito di dette considerazioni, quando si vuole dare l'espressione matematica di una legge fisica si deve tenere conto che la linea retta non è più un'entità rigida ed invariante, giacente su un piano piatto, poichè è stata modificata la natura stessa dello spazio in cui è inserita. Per questo molte leggi matematiche non saranno più valide, dal momento che derivano, direttamente o indirettamente, dall'assunzione che lo spazio è rigido e non può avere curvature.

Al fine di trovare quali regole sono ancora valide e quali invece possono essere eliminate è necessario riconsiderare il tutto, ripartendo dalle basi della geometria, e più precisamente dall'assioma 5 di Euclide, il quale non ammette che due rette parallele possano avere un punto di incontro. Già un secolo prima della teoria della relatività Lobačevskij aveva definito una geometria non euclidea negando l'assioma delle parallele e ridefinendo come "retta" un segmento inscritto in un cerchio e come "piano" il cerchio stesso, esclusi i punti della circonferenza. Altri tipi di geometria non euclidea furono definiti in seguito da Gauss e Riemann ed è seguendo il modello di geometria iperbolica proposto da quest'ultimo che Einstein giunse a dimostrare che il nostro universo segue proprio le leggi di una geometria non euclidea, confutando così una teoria indiscussa nella cultura occidentale da oltre due millenni.

Einstein ed Euclide, due personaggi storici, due parti nel cervello umano

Euclide è vissuto nel terzo secolo a.C. ad Alessandria d'Egitto in periodo ellenistico. Di lui sono rimaste pochissime testimonianze scritte, se escludiamo i tredici libri degli *Elementi* che egli, con la sua scuola, ci ha lasciato. Questo trattato è un compendio di tutto il sapere sulla geometria raccolto ad Alessandria, senza dubbio la città che rappresentava il più grande centro culturale di tutto il mondo antico.

Le leggi della geometria raccolte dalle precedenti culture erano spesso basate non su numeri, ma su regole pratiche per la navigazione, la costruzione di case e la divisione di terre e raccolti. L'unificazione di queste regole costringeva ad un grado più alto di astrazione, in quanto non si poteva più parlare di campi e mura, ma di linee, triangoli e cerchi. La teoria che Euclide elaborò doveva analizzare gli aspetti comuni di queste regole e dedurne delle leggi generali, verificando sempre che ogni affermazione non contraddicesse quelle già fatte in precedenza.

Anche se gli *Elementi* sono un chiaro esempio di pensiero razionale analitico e deduttivo, come certo si addice a un discepolo della scuola aristotelica, non si può pensare che tale mentalità fosse molto diffusa se non per quanto riguarda gli ambienti accademici. La grande quantità di miti e leggende che sembravano governare il mondo di allora erano spesso contraddittorie o irrazionali. Si pensi ad esempio a come poteva la gente comune interpretare avvenimenti per noi facilmente spiegabili come un eclissi totale di sole.

Albert Einstein, invece, crebbe con un interesse particolare per ciò che non risultava facilmente spiegabile alla scienza e questo lo spinse ad intraprendere stu-

Fig. 2. Inquadratura tratta dal film, l'eclissi nell'antica Grecia

di scientifici, anche se non sempre otteneva buoni voti, probabilmente soprattutto a causa del suo carattere ribelle, che non gli permetteva di accettare il rigore e la supponenza di quegli ambienti.

Al politecnico di Zurigo conobbe la futura moglie, Mileva Marič, anch'essa valente fisico, che rappresentava comunque un costante collegamento con il sapere scentifico anche dopo l'abbandono dell'ambiente universitario. D'altra parte, poco prima di formulare le sue teorie, Einstein aveva formato un gruppo di lettura con alcuni amici (*Akademia Olympia*), in cui si era soliti fantasticare mettendo in dubbio i fondamenti del pensiero razionale, della matematica e della fisica e prediligendo invece argomenti umanistici o narrativi.

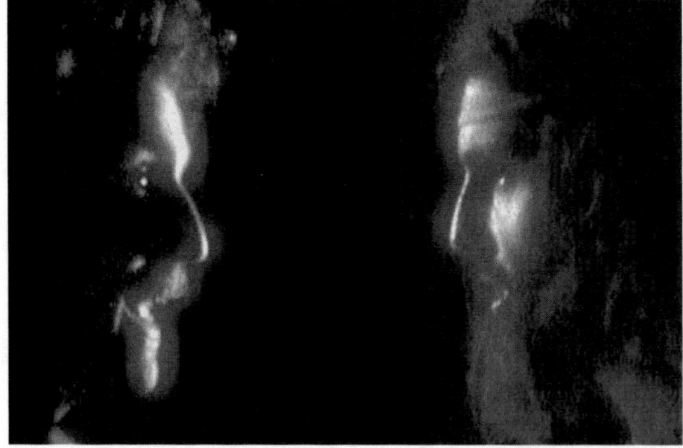

Fig. 3. Albert Einstein ed Euclide di Alessandria

È evidente una diversità di fondo tra le mentalità dei due personaggi, ma anche una complementarietà paragonabile alla diversità tra i due emisferi del cervello umano: nell'emisfero destro risiedono le emozioni, la creatività e l'immaginazione, mentre nell'emisfero sinistro risiedono la razionalità e la logica . Definendo questo concetto con dei termini appartenenti alle filosofie orientali, nel film *Assioma 5* è sottolineato il fatto che Einstein aveva una natura prevalentemente *yin* (emotiva), mentre la mente di Euclide era di natura prevalentemente *yang* (razionale), anche se all'interno di ogni mentalità troviamo anche una componente opposta. Questo concetto è ben rappresentato dal tao, il simbolo che in oriente indica la dualità.

Fig. 4. Tao, simbolo del dualismo nelle filosofie orientali

Si noti che entrambi i personaggi finiscono per completare la propria natura abbracciando l'opposto: per Einstein diventa importante descrivere matematicamente e dimostrare scientificamente un suo pensiero puramente filosofico; per Euclide diventa invece importante fare delle affermazioni senza doverle dimostrare.

Nella sceneggiatura del film, per far sì che i due personaggi cambiassero le loro opinioni, era necessario affiancare loro dei personaggi secondari che fornissero la visione opposta, come se un alter ego di Einstein parlasse ad Euclide e viceversa. Così la moglie di Einstein (Mileva Marič) lo spinge verso le dimostrazioni accademiche e un allievo fatalista di Euclide(Apollonio) apre al maestro gli orizzonti degli assiomi.

Fig. 5. Inquadratura tratta dal film, Mileva Marič, moglie di Einstein

Fig. 6. Inqudratura tratta dal film, Apollonio, allievo di Euclide

Alle due storie abbiamo aggiunto una freccia che attraversa il tempo e lo spazio; questa freccia viene scoccata da un arciere dell'Antica Grecia alla fine del primo atto, quando viene definito il conflitto di entrambi i personaggi e continua a viaggiare per tutta la durata del secondo atto, centrando infine l'orologio a pendolo di Einstein in un suo sogno all'inizio del terzo atto e sancendo così per entrambi la risoluzione del conflitto.

Cancrizzazione

Nel suo libro Hofstadter elenca un numero cospicuo di esempi di arte basata sulle geometrie non euclidee, iniziando appunto con Bach, Escher e Gödel, ma proseguendo con un'affascinante ricerca su altri esempi di una simile applicazione.

Per chiarire la struttura del film iniziamo con l'*Offerta Musicale* di Bach, che è probabilmente l'esempio più intuitivo e che più si avvicina a quanto da noi applicato nella costruzione della sceneggiatura. Bach partì da un tema musicale che gli fu proposto; provò a suonarne le note iniziando dall'ultima e finendo con la prima, ritrovandosi quindi con due sequenze di note. La sovrapposizione di queste due sequenze, con gli aggiustamenti ritmici che servivano a dare ad entrambe un significato armonico, costituisce un esempio di spartito "cancrizzante". In realtà lo spartito di Bach è molto più complesso perché, oltre al tema proposto e allo stesso tema suonato a ritroso, vengono sovrapposte altre quattro copie (canoni) del tema e altre quattro suonate a ritroso (canoni inversi), ognuna sfasata di un certo intervallo di tempo rispetto alla prima.

Un'altro esempio di cancrizzazione è facilmente individuabile osservando le xilografie di Escher (Figg. 7-8). In queste opere sono presenti due livelli che si sovrappongono, e un livello si muove a ritroso rispetto all'altro.

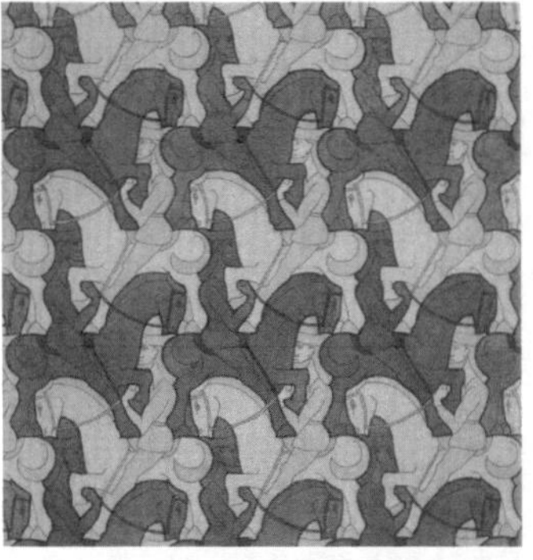

Fig. 7. M.C. Escher, Symmetry Drawing E67 (*Horseman*) © 2006 The M.C. Escher Company-Holland. All rights reserved, *www.mcescher.com* (*vedi la sezione a colori*)

Fig. 8. M.C. Escher, Symmetry Drawing E117 (*Canone Cancrizzante*) © 2006 The M.C. Escher Company-Holland. All rights reserved, *www.mcescher.com* (*vedi la sezione a colori*)

Per costruire la struttura del film si é partiti da uno degli schemi classici di sceneggiatura, il paradigma di Syd Field, il quale prevede una divisione della storia che si intende raccontare in tre atti e due punti cardine:

- nel primo atto ci si occupa dell'impostazione della storia e della presentazione dei personaggi;
- il passaggio dalla prima alla seconda parte è determinato da un incidente scatenante, un evento che crea conflitto nella storia;
- nel secondo atto si affrontano gli ostacoli necessari a risolvere il conflitto;
- il passaggio dalla seconda alla terza parte è determinato da un evento che risolve il conflitto;
- nel terzo atto si crea un nuovo equilibrio dopo la risoluzione del conflitto.

Pur procedendo parallelamente su questo schema, le storie di Einstein e di Euclide sono state studiate in modo che ogni evento che accade ad un personaggio accada anche all'altro, ma in posizione opposta rispetto al momento centrale del film, che per entrambi si trova alla metà del secondo atto.

Il conflitto, per Einstein, consiste nella dimostrazione scientifica di una "visione" che lo aveva convinto dell'equivalenza tra materia ed energia; il conflitto, per Euclide è invece quello di riuscire a dare un motivo a una tesi che, sebbene non dimostrata, sta alla base del suo lavoro: l'assioma delle parallele.

Della vita di Euclide non si sa molto; ciò ha permesso di scegliere gli avvenimenti più interessanti della vita di Albert Einstein, e costruire in base a questi la storia di Euclide, trasportandoli nell'antica Grecia. Così, per esempio, una festa tra amici è diventata un simposio per celebrare la stesura ultima degli Elementi di Euclide; analogamente l'eclissi che ha dimostrato le teorie di Einstein è diventata un'eclissi che Euclide riesce a prevedere ottenendo involontariamente la fama di mago.

Nella tabella di Fig. 9 si può osservare uno schema delle due storie, così come sono state progettate inizialmente.

Entrando in un ulteriore livello di dettaglio, ogni atto è diviso in scene ed ogni scena è divisa in inquadrature. Anche a questi livelli il film è "cancrizzante". Ogni sequenza di inquadrature è stata studiata in modo tale che nel "lato opposto" del film esista una corrispondente sequenza in cui le inquadrature sono simili, ma specchiate e nell'ordine opposto. In Fig. 10 riportiamo un esempio di storyboard di due scene corrispondenti.

Questi parallelismi sono più visibili al centro del film quando i due personaggi (interpretati dallo stesso attore) si incontrano in un dialogo al di fuori del tempo e dello spazio.

Euclide	Einstein
Prima Parte	
1 - Eclissi, Euclide viene riconosciuto come un veggente, un mago.	2 - Riunione dell'Akademia Olympia, la moglie Mileva ascolta attentamente. Al violino suona Bach, citano Grossman e leggono Riemann, finiscono tutti ubriachi.
3 - Lezione di Euclide in spiaggia dove presenta la Geometria.	4 - Einstein va a casa di Besso dall'ufficio brevetti passeggiando per la Kramgasse.
6 - Domande incalzanti di Apollonio sull'assioma delle parallele e sull'esistenza degli dei, Euclide ne esce confuso.	5 - Einstein ha una visione improvvisando sul piano. Vede tutto il mondo che lo circonda costituito di energia.
Seconda Parte (un arciere scaglia la freccia)	
8 - Euclide torna alla scuola, vede un rituale propiziatorio, chiede scusa per aver urtato la sensibilità di qualcuno, dice di aver bisogno di un periodo per pensare e scioglie la sua accademia (Tramonto).	7 - Einstein racconta alla moglie della visione, la moglie richiede uno sforzo matematico altrimenti né lei né nessun altro potrà capirlo.
10 - Apollonio, con il "metodo delle verifiche" del suo maestro scopre che la somma degli angoli di un triangolo è due angoli retti, anche se la cosa viene scritta ufficialmente su papiro, non si appropria della sua scoperta e la scrive a nome di Euclide.	9 - Albert spiega in modo filosofico la sua visione agli amici. Si da il nome all'Akademia Olympia. La moglie invece di partecipare si alza con aria di sufficienza e abbandona il gruppo.
11 - Archimede va a trovare Euclide, gli racconta che i suoi insegnamenti hanno avuto successo, perfino Apollonio ha portato una nuova dimostrazione. "Se torni ti aspettano a braccia aperte". Euclide si chiude in casa e, dopo cinque settimane di prove, esce dimostrando che le due affermazioni sulle rette e i triangoli sono equivalenti.	12 - Albert capisce che la sua visione deve avere una formulazione matematica. Freccia prima del dialogo. Einstein ed Euclide si incrociano al di fuori dello spazio tempo.
(passa la freccia - i due personaggi si parlano)	
13 - Dialogo tra Euclide ed Einstein. Freccia dopo il dialogo. Euclide si rende conto che i triangoli sono tali anche se costruiti su un piano curvo, e tutta la teoria è fondata su assiomi.	14 - Michele Besso va a trovare Albert. Einstein si chiude in casa per cinque settimane e si addormenta sulla formulazione finale della teoria della relatività $E=mc^2$. Mileva legge la formula e si commuove.
16 - Euclide torna all'accademia e vede Apollonio che da il nome alla sua accademia "Olympia", perché crede negli dei.	15 - Mileva è orgogliosa, presenta una sua invenzione a nome di "Einstein". "Perché siamo una-pietra".
18 - Apollonio gli chiede di restare con loro. Euclide detta il quinto assioma, senza dimostrazione: "Consideralo un fallimento costruttivo".	17 - L'Accademia al completo festeggia sui monti la promozione ma è triste perché presto si scioglierà (alba).
Terza Parte (la freccia raggiunge il bersaglio, la pendola di Einstein)	
20 - Euclide ha una visione. Vede tutta la storia della geometria che succederà nei secoli.	19 - Einstein sogna Euclide e la freccia. Si sveglia, prende il libro di Riemann, legge il quinto assioma. Albert imbusta il suo articolo a vari astronomi. Uno lo riceve e ridendo lo accartoccia. Un secondo lo riceve lo legge e scuotendo la testa lo cestina.
21 - Euclide racconta ad Archimede, la persona razionale del gruppo, la sua visione. Archimede comprende ma si rende conto che certe cose non potranno far parte dei suoi libri.	22 - Albert insegna le sue teorie in aula con l'attenzione di tre soli ascoltatori: Besso, Chavan, Schenk. Colleghi dell'ufficio brevetti (1908).
23 - Trionfo dell'Accademia, tutti riuniti a celebrare la stesura dei 13 papiri. Un simposio dove si suona, si discute e ci si ubriaca. Viene eletto a sorte il simposiarca ed è Euclide. Scena si conclude con Euclide che spande il vino in onore di Dioniso.	24 - Un terzo astronomo riceve l'articolo, fa cenno di approvazione e fa i calcoli in tempo per l'Eclissi. Riconoscimento della validità delle teorie di Einstein (1919).

Fig. 9. Schema generale del film *Assioma 5 - Opposti e paralleli*

Fig. 10. Estratto dello storyboard

Akademia Olympia, un sistema aperto ed unanime

Akademia Olympia è il nome che è stato dato (ricordando Albert Einstein e i suoi amici) al gruppo di persone che hanno collaborato al fine di realizzare questo film. Riteniamo che possa essere interessante esplicitare il sistema mediante il quale il nostro gruppo è riuscito a creare qualcosa in assoluta comunità.

A differenza di un'organizzazione sociale, in cui ogni deliberazione viene adottata con la legge della maggioranza, noi abbiamo preferito prendere ogni decisione in base ad un criterio di unanimità di consensi.In pratica ogni proposta doveva essere necessariamente vagliata ed approvata con il consenso di tutti i presenti, a patto che ognuno fosse disposto a motivare e condividere le proprie proposte ed obiezioni.

Il consenso generale era di conseguenza un'acquisizione che avveniva per gradi con il continuo succedersi di proposte e controproposte alla fine da tutti condivise.

Il gruppo *Akademia Olympia* è sempre stato un ritrovo aperto a tutti: chiunque venisse a conoscenza del progetto poteva decidere di parteciparvi e collaborare al pari di tutti gli altri e con gli stessi poteri decisionali.Risulta evidente che le due componenti, unanimità di consensi e sistema aperto, hanno aumentato la capacità di autocritica, consentito una più efficiente verifica e chiarezza degli argomenti trattati e fornito un apporto indispensabile di conoscenza da parte di esperti e tecnici di vari settori.

Bibliografia

[1] Douglas R. Hofstadter (1984) *Gödel, Escher, Bach: un'eterna ghirlanda brillante*, Adelphi, Milano
[2] M.C. Escher (1992) *Grafica e Disegni* Evergreen, Germania
[3] Dennis Overbye (2002) *Einstein innamorato*, Bompiani, Milano

matematica e vino

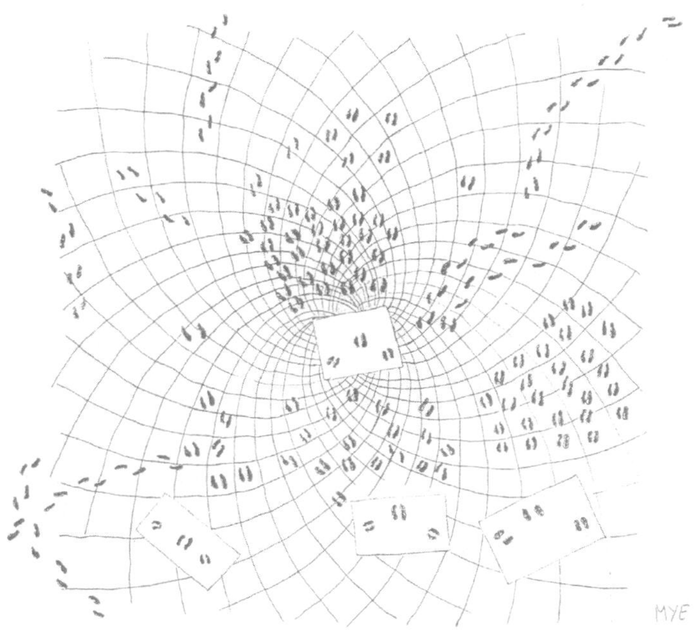

Matematica e vino

Antonio Terni

Devo confessare che si è realizzando uno dei miei sogni: essere un relatore a un convegno di matematica! La matematica per me è un semplice hobby: non ne capisco molto, ma quel poco mi affascina e a volte quasi inaspettatamente mi ispira nella mia attività lavorativa, che consiste nel coltivare la vigna, trasformare l'uva in vino, imbottigliarlo e venderlo in giro per il mondo. La mia azienda vitivinicola si trova nella zona del Conero, poco a sud di Ancona, e si affaccia su questo stesso mare Adriatico che, qui a Venezia, si confonde con la terraferma in questa straordinaria laguna.

Produrre vino è un mestiere davvero affascinante, perché significa trasformare un frutto della natura in un prodotto che porta in giro per il mondo il ricordo di quello che i francesi chiamano *terroir*: l'interazione fra suolo, microclima, vitigno e tradizione di una terra particolare.

Ogni *terroir* ha un suo vitigno caratteristico: in Borgogna il Pinot Noir, nel Chianti il Sangiovese, nelle Langhe il Nebbiolo e così via, e questi vitigni, ognuno nella sua zona, dopo decenni e a volte secoli di coltivazione, riescono meglio di ogni altro ad esaltare le caratteristiche pedoclimatiche di quel territorio. Il vitigno tipico della zona del Conero è il Montepulciano e proprio dal Montepulciano si ottiene il vino Rosso Conero che è, in effetti, il vino più rappresentativo dell'azienda.

A volte, tuttavia, viene voglia di provare a fare il vino con altri vitigni, per vedere cosa ne viene fuori e anche per uscire dalla monotonia di anni e anni di Montepulciano. È per questo motivo che, una decina di anni fa, dovendo ripiantare qualche ettaro di Montepulciano, decisi di piantare anche qualche filare di Merlot e di Syrah, due vitigni di origine francese molto adattabili ad ambienti diversi. Nel 1997 raccogliemmo i primi pochi quintali di Merlot e di Syrah e si pose immediatamente il problema di cosa farne: non potevamo usarli per il Rosso Conero perché per legge al Montepulciano si può aggiungere al massimo un 15% di Sangiovese, e d'altra parte il quantitativo era troppo scarso per farne dei vini individuali. D'accordo con Attilio Pagli, il nostro enologo, decidemmo così di fare un cosiddetto blend e cioè di mescolare tutto il Merlot e il Syrah con una uguale quantità di Montepulciano, ottenendo un vino totalmente nuovo.

Ogni volta che un'azienda vinicola produce un vino nuovo si apre un dramma:

trovare il nome giusto. Il nome e l'etichetta sono il primo impatto fra la bottiglia di vino e il consumatore e tutti sappiamo quanto importante sia la prima impressione che si riceve da una persona o da un qualsiasi prodotto. Il più delle volte si cercano nomi che abbiano qualche legame con il territorio, per rievocare già con le parole profumi e sapori tipici di quelle terre, ma non sempre ci si riesce. I nomi di fantasia sono quasi sempre già stati registrati da qualcun altro in giro per il mondo, e anche quelli non registrati sono spesso pericolosamente simili ad altri nomi registrati e non si può correre il rischio di avere un'opposizione sul nome di un vino dopo averlo messo in commercio. Alcuni produttori, fra i quali chi vi sta parlando, ricorrono così a nomi legati ai propri interessi extra lavorativi o alle proprie "visioni". Un mio amico, grande appassionato di Duke Ellington, ha chiamato il suo vino "For Duke"; io stesso, in onore a Bob Dylan, uno tra i miei musicisti preferiti, ho chiamato un mio vino "Visions of J.", ispirandomi ad una delle sue più belle canzoni. Un'altro produttore ha dato a un suo vino il nome "Where the dreams have no end...". Insomma è lecito ricorrere alle fantasie, anche le più sfrenate.

Ed è qui che vino e matematica si sono incontrati. Uno dei libri che più mi hanno impressionato è stato "Chaos" di James Gleick. Si tratta di un libro sicuramente divulgativo, che introduce il lettore non iniziato alla complessità e alla imprevedibilità di un universo descritto da equazioni non lineari tali che una minuscola differenza nelle condizioni iniziali porta, nel breve o nel lungo periodo, a enormi differenze nel comportamento successivo di un dato fenomeno. Il tipico esempio è, nella metereologia, il cosiddetto effetto farfalla, secondo il quale un semplice battito di ali di una farfalla a Pechino può causare, mesi dopo, un ciclone nei Caraibi.

L'insieme di Mandelbrot è la più affascinante delle descrizioni grafiche del caos: una semplicissima iterazione nel piano dei numeri complessi porta, a seconda della scelta del numero iniziale, a convergenze o divergenze, e il confine fra punti che danno luogo a divergenza e quelli che danno luogo a convergenza è un frattale di complessità infinita. Se poi si attribuiscono ai punti in cui l'iterazione diverge colori diversi in funzione della velocità di divergenza, si ottengono figure che nessun artista riuscirebbe nemmeno ad immaginare. Esistono molti software che permettono di esplorare il set di Mandelbrot, ma quello a cui io sono più affezionato è curato da David E. Joyce del Department of Mathematics and Computer Science della Clark University di Worcester, Massachussets, che dal lontano 1994 permette di addentrarsi nel set variando i diversi parametri. Per di più, con inusuale generosità, il curatore del sito permette a chiunque di scaricare le immagini generate e di utilizzarle per qualsiasi scopo.

Quando nel 1995 per la prima volta mi collegai ad Internet (sembra quasi di parlare di preistoria) avevo appena letto il libro di Gleick e, naturalmente, la parola Mandelbrot fu una delle prime ricerche che feci, imbattendomi quasi subito nel sito che ho nominato poco sopra. Non appena capii come funzionava la rete mi misi ad esplorare con entusiasmo il set di Mandelbrot ricavandone immagini affascinanti, anche se la lentezza di trasmissione di allora mi obbligava ad aspettare per intere mezz'ore il risultato delle mie esplorazioni. Feci vedere alcune delle immagini al mio enologo, il quale, pur bravissimo nelle sua professione, nutre il tipico terrore nei confronti della matematica e quindi si rifiutò di ascoltare le mie spiegazioni tecniche. Però mi disse che quelle immagini, di cui si rifiutava di comprenderne l'origine, avrebbero potuto benissimo servire per l'etichetta di un vino. Ovviamente me ne ricordai quando, due o tre anni dopo, stavo cercando il nome per il mio nuovo vino e quindi mi venne naturale, oltre ad usare le immagini del set di Mandelbrot, chiamarlo appunto *Chaos*.

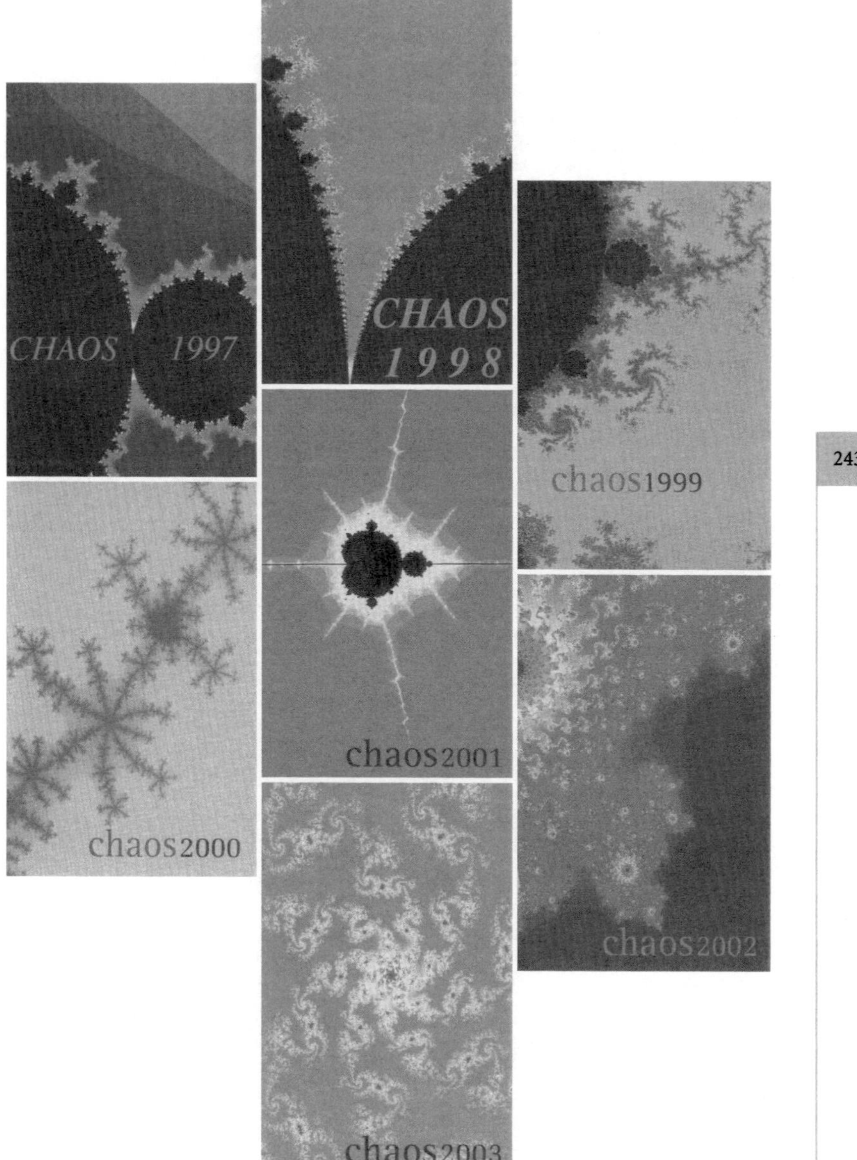

Dovevo però trovare una qualche giustificazione per questo nome, se non altro per essere in grado di rispondere alle inevitabili domande da parte di amici o clienti. E quindi mi ricordai di un'altra cosa che mi aveva detto il mio enologo, e cioè che in un normale vino rosso sono state individuate fino ad ora oltre 2000 componenti. Alcune, come acqua ed alcool ad esempio, sono presenti in dosi massicce, altre in quantitativi infinitesimali. Ma sono proprio queste componenti (acidi di ogni genere, glicerine, polifenoli, antociani e così via) che danno il carattere al vino, rendendo un Lambrusco diverso da un Chianti e un Barolo diverso da un altro Barolo. E, dato che la qualità di un vino è evidentemente legata alla presenza di queste sostanze e alla loro mutua interazione, mi sembrò che la teoria del Chaos potesse essere invocata per spiegare come le sensazioni che il vino provoca in chi lo degusta non siano in nessun modo controllabili in un preciso e misurabile rapporto di causa ed effetto.

Il riassunto di tutto ciò si può leggere nella retroetichetta che recita:

La teoria del Chaos spiega perché alcune realtà non si possono spiegare del tutto. Così come un vino - questo vino, qualsiasi vino - non si può spiegare in base alle innumerevoli interazioni fra le sue componenti. Meglio così.

omaggio ad Alfred Döblin
e Vincent Doeblin

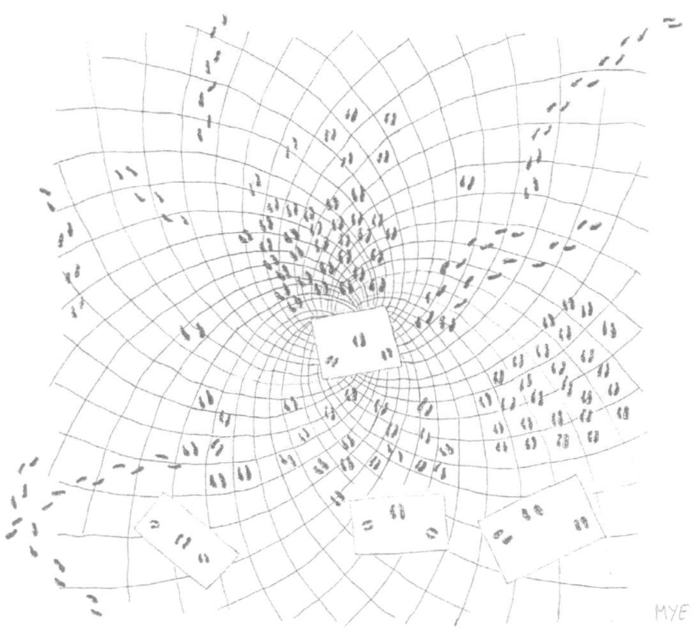

Doeblin e Kolmogorov: la matematizzazione della probabilità negli anni trenta

CARLO BOLDRIGHINI

Il mio intervento si ricollega al contributo di Marc Pétit in questo stesso volume, nel quale si racconta la straordinaria vicenda di Wolfgang Doeblin, figlio del famoso scrittore tedesco Alfred Döblin[1], e del suo *pli cacheté*, il plico sigillato depositato dal giovane Doeblin all'*Académie des Sciences* nel 1940 poco prima della sua tragica fine. L'intera storia della vita dei Döblin, padre e figlio, è stata narrata con maestria e partecipazione da Marc Pétit nel suo libro *L'équation de Kolmogoroff* [1]. *L'équation de Kolmogoroff* è proprio il titolo della memoria depositata da Wolfgang all'*Académie des Sciences*.

Il mio scopo è quello di illustrare il contributo di W. Doeblin alla teoria della probabilità e, in particolare, il rapporto tra Doeblin e il matematico russo Andrei Nikolaevich Kolmogorov, il cui nome compare nel titolo della memoria depositata all'*Académie des Sciences* e che si può considerare il fondatore della moderna teoria matematica della probabilità.

Aperto qualche anno fa, il contenuto del *pli cacheté* ha rivelato che Doeblin era giunto per primo alla comprensione di importanti risultati della moderna teoria dei processi stocastici. Il contributo di Doeblin alla probabilità, che va ben al di là del "Teorema di Doeblin" per le catene di Markov, noto a chiunque abbia letto un manuale di probabilità, ha in realtà del prodigioso, se si considerano la brevità e le circostanze drammatiche della sua vita.

Cercherò, per quanto è possibile, di limitare gli aspetti tecnici, per rendere il testo comprensibile anche a chi non è uno specialista del settore. Non potrò fare a meno però di introdurre formule matematiche: non sono comunque formule tali da dare difficoltà a chi ha anche solo qualche nozione di calcolo e di probabilità.

Inizierò con un breve inquadramento storico della probabilità, per soffermarmi un po' di più sulle profonde trasformazioni degli anni trenta, gli anni di Doeblin, dovute in buona parte all'opera di Kolmogorov. La probabilità, infatti è "diventata" matematica proprio in quegli anni, tra forti contrasti, non solo da parte dei matematici cosiddetti *puri* ma anche degli stessi specialisti del settore. La discussione, che vide tra i principali protagonisti il nostro Bruno de Finetti, ancora oggi può considerarsi non del tutto conclusa e merita un breve *excursus*.

[1] *Il giovane matematico Wolfgang Döblin, ottenuta la naturalizzazione francese, con tutti i familiari, nel 1936, cambiò il suo nome in Vincent Doblin, ma continuò a firmare i suoi lavori con il suo "vero" nome, con l'ortografia Doeblin, all'alsaziana.*

Darò poi una schematica biografia scientifica di Wolfgang Doeblin soffermandomi su alcuni punti salienti dell'opera di questo sfortunato giovane che, in pochi anni, da allievo alla lontana di Kolmogorov, giunse ad essere uno dei suoi maggiori emulatori nel *gotha* degli specialisti del settore.

Breve storia della probabilità dalla legge dei grandi numeri debole alla legge dei grandi numeri forte

La probabilità è nata in connessione con i giochi d'azzardo e gli inizi sono legati ai nomi di Pacioli (1445-1514), Tartaglia (1499-1557), Pascal (1623-1662) e Fermat (1601-1665). Qui non ci occuperemo di questo primo periodo, illustrando il problema della matematizzazione su un solo esempio, che è però di importanza centrale: la ben nota *legge dei grandi numeri.*

Prendiamo le mosse da Jakob Bernoulli (1654-1705), che nella *Pars IV* della sua *Ars Conjectandi* [2] apparsa postuma nel 1713, dimostra per primo la *legge dei grandi numeri*, legando in modo preciso la probabilità e la frequenza. Bernoulli considera n prove indipendenti, ciascuna delle quali ha due possibili risultati, convenzionalmente indicati con 1 ("successo"), ottenuto con probabilità $p \in (0,1)$, e "0" ("insuccesso"), ottenuto con probabilità $q = 1\text{-}p$. Questi modelli, oggi detti "schemi di Bernoulli", hanno avuto, e tuttora hanno, un'importanza fondamentale nello sviluppo delle idee in probabilità e statistica. Un esempio per tutti è dato dal lancio ripetuto di una moneta equilibrata, i cui risultati ("testa" e "croce") hanno la stessa probabilità $p = q = \frac{1}{2}$.

Bernoulli dimostrò che il numero di successi su n prove, $S_n = \sum_{k=1}^{n} \xi_k$, dove $\xi_k \in \{0,1\}$ è il risultato di ciascuna prova, ha la ben nota "distribuzione binomiale": è cioè una "variabile aleatoria", che assume ciascun valore $k = 0,1,\ldots,n$ con probabilità

$$P(S_n = k) = \binom{n}{k} p^k q^{n-k} \qquad \binom{n}{k} = \frac{n!}{k!(n-k)!}$$

La legge prende il nome dal coefficiente binomiale $\binom{n}{k}$. Il valore medio (indicato con $M(\bullet)$) della variabile aleatoria S_n è, come si vede facilmente, $M(S_n) = np$. La legge dei grandi numeri di Bernoulli è la seguente:

$$\text{per ogni } \varepsilon \in (0,1) \text{ si ha} \quad \lim_{n \to \infty} P\left(\left\{\left|\frac{S_n}{n} - p\right| \leq \varepsilon\right\}\right) = 1 \tag{1}$$

dove $\frac{S_n}{n}$ è la "frequenza", o meglio, la "frequenza empirica del successo". La dimostrazione si sviluppa oggi in una sola riga, utilizzando la disuguaglianza elementare, valida per ogni variabile aleatoria ξ: $P(\{|\xi \geq a\}) \leq M(\xi^2)/a^2$ (detta "disuguaglianza di Chebyshev"). Se si pone $\xi = S_n\text{-}np$, allora $M(\xi^2) = Var(S_n)$ è la varianza di S_n, e vale $Var(S_n) = npq$, per cui ponendo $a = \varepsilon n$ si ottiene il risultato (1)[2].

[2] *La "varianza" o dispersione di una variabile aleatoria ξ è definita come la media del quadrato dello scarto dal valor medio: $Var(\xi) = M((\xi - M(\xi))^2)$.*

La relazione (1) prende oggi il nome di "legge dei grandi numeri in senso debole" e afferma che se il numero delle prove n è molto grande allora è "quasi certo" che la frequenza empirica sia prossima alla probabilità "a priori" p.

Non dice però nulla sul comportamento del rapporto $\frac{S_n}{n}$ in un caso concreto al crescere del numero delle prove n. Non dà cioè informazioni sulle singole "traiettorie" della frequenza. Non possiamo quindi nemmeno essere certi che, in ogni caso concreto, $\frac{S_n}{n}$ converga alla probabilità p per $n \to \infty$.

Per quest'ultima affermazione, che oggi è detta "*legge dei grandi numeri in senso forte*", si deve disporre di una probabilità sullo spazio delle successioni infinite (schemi di Bernoulli infiniti). Bisogna per questo attendere gli inizi del Novecento, quando appare, essenzialmente ad opera di E. Borel (1871-1956) e del suo allievo H. Lebesgue (1875-1941), la moderna teoria della misura e dell' integrazione.

Il primo risultato sulla legge dei grandi numeri forte, dovuto a Borel, non è in realtà espresso in forma probabilistica, ma come una proprietà dei numeri reali. Consideriamo i numeri reali nell'intervallo [0,1], scritti non in base 10, ma in base 2. Per ogni $x \in [0,1]$scriveremo quindi $x = 0,x_1,x_2x_3...$, dove gli x_k possono prendere i valori 0 oppure 1.
Se ora poniamo $S_n(x) = \sum_{k=1}^{n} x_k$, la quantità $\frac{S_n(x)}{n}$ è la frequenza della cifra 1 tra le prime n cifre dello sviluppo diadico (cioè in base 2) del numero x.

Borel dimostrò che questo rapporto tende a $\frac{1}{2}$ per tutti i punti dell'intervallo, eccettuato un insieme di punti che ha lunghezza totale nulla. In termini più precisi vale il seguente teorema.

Teorema (*Borel, 1909)*. Eccezion fatta per un insieme di punti x che ha misura di Lebesgue nulla, si ha

$$\lim_{n \to \infty} \frac{S_n(x)}{n} = \frac{1}{2} \tag{2}$$

L'interpretazione probabilistica di questo risultato è immediata. Infatti, è facile vedere che la posizione $x_j = 0$ oppure $x_j = 1$ identifica 2^{j-1} intervalli la cui lunghezza totale è per ogni j pari a $\frac{1}{2}$. Interpretando la lunghezza come probabilità e le x_j come variabili casuali, si può anche verificare l'indipendenza dei risultati per diversi j. Si tratta dunque di una successione di infiniti lanci di una moneta equilibrata: abbiamo costruito la probabilità per lo schema di Bernoulli infinito con $p = 0,5$, ed essa coincide, sorprendentemente, con la misura di Lebesgue sull'intervallo [0,1].

La (2) viene detta "legge dei grandi numeri in senso forte"[3].

[3] *Nel linguaggio della teoria della misura le leggi dei grandi numeri debole e forte corrispondono a due diversi modi di intendere la convergenza* $\frac{S_n}{n} \to p$*: nel senso della convergenza "in misura" o "in probabilità" per la legge dei grandi numeri debole e nel senso più restrittivo, della convergenza "quasi ovunque" (cioè, eccezion fatta per un insieme di misura nulla), per la legge dei grandi numeri forte.*

Nello stesso anno, 1909, Borel dà un primo contributo al problema generale della matematizzazione della probabilità: nell'articolo *Sur les probabilités dénombrables et leurs applications arithmétiques* [3], egli indica infatti la possibilità di costruire una teoria matematica della probabilità in termini della teoria della misura, programma che verrà poi eseguito da Kolmogorov.

Anche per la legge dei grandi numeri forte di carattere generale in forma probabilistica bisogna attendere Kolmogorov. Ecco il suo risultato classico del 1930.

Teorema *(Kolmogorov, 1930)*. Siano $\xi_1, \xi_2, \ldots$ variabili aleatorie indipendenti con varianza finita e sia $S_n = \sum_{j=1}^{n} \xi_j$. Allora, se la serie $\sum_{k=1}^{\infty} \frac{Var(\xi_k)}{k_2}$ converge, si ha

$$\lim_{n \to \infty} \frac{S_n - M(S_n)}{n} = 0 \qquad \textit{quasi-ovunque} \qquad (3)$$

Modelli probabilistici agli inizi del Novecento: catene di Markov, cammini aleatori, moto browniano, processi di Markov

Oltre ai risultati sulle relazioni tra teoria della misura di Lebesgue e probabilità, di cui l'esempio più evidente è il teorema di Borel appena visto, un forte impulso alla matematizzazione della probabilità, nel senso della teoria delle equazioni alle derivate parziali (paraboliche), è venuto dalla considerazione di modelli di successioni di variabili aleatorie non più indipendenti, ma con una forma semplice di dipendenza: le catene di Markov con un numero finito di stati, introdotte dal matematico russo Markov nel 1907.

Un altro esempio molto importante è il "cammino aleatorio" su un reticolo, per esempio sul reticolo di numeri interi, che è ancora una catena di Markov, ma con spazio degli stati infinito (infiniti sono infatti i punti del reticolo raggiungibili). Quest'ultimo modello ha una sua variante continua, il moto browniano, che ha avuto e ha tuttora un ruolo di primaria importanza in probabilità, in fisica e in altre scienze.

Daremo qui una breve descrizione di questi modelli, che sono in realtà assai naturali.

Catene di Markov (tempo discreto)

Le catene di Markov costituiscono lo schema più semplice di variabili aleatorie dipendenti. Una catena di Markov omogenea, con spazio degli stati dato da un certo insieme finito o numerabile di elementi $E = \{e_1, e_2, \ldots\}$, è una successione di variabili aleatorie che assumono valori in E: $X(t) \in E$, $t = 0, 1, 2, \ldots$, (dove t indica il "tempo").

La dipendenza è limitata dalla "proprietà di Markov": per ogni scelta di $s_1 < s_2 < \ldots < s_m < t$ e di $j_1, j_2, \ldots, j_k$ si ha per le probablità condizionate:

$$P(X(t) = e_k | X(s_1) = e_1, X(s_2) = e_2, ... X(s_m) = e_j) = P(X(t) = e_k | X(s_m) = e_j) \quad (4)$$

Questo vuol dire che, una volta noto lo stato precedente $X(s_m) = e_j$, si perde la dipendenza dagli $X(s)$ con $s<s_m$ ("corta memoria"). Basta quindi conoscere le probabilità condizionate ad un passo $p_{jk} = P(X(t+1) = e_k|X(t) = e_j)$, che, se la catena è "omogenea" (si intende nel tempo) non dipendono da t.

Se lo spazio degli stati è finito, con n elementi, $E = \{e_1, e_2,..., e_n\}$, basta determinare una matrice $n \times n$, detta "matrice stocastica di transizione":

$$P = \begin{pmatrix} p_{11} & \cdots & p_{1n} \\ \vdots & \cdots & \vdots \\ p_{1n} & \cdots & p_{nn} \end{pmatrix} \quad (5)$$

Poiché p_{ij} è la probabilità di transire dallo stato di numero i allo stato di numero j e le probabilità si sommano sempre a 1, la somma su ogni riga dà $\sum_{j=1}^{n} p_{ij} = 1$.

Le probabilità condizionate a r passi sono date dalle potenze di P (prodotti righe per colonne), P^r, e hanno elementi:

$$p_{ij}(r) := (P^r)_{ij} = \sum_{k=1}^{n} p_{ik}(r\text{-}1) p_{kj} = P(X(t+r) = e_i | X(t) = e_j) \quad (6)$$

La catena è definita da P e da una probabilità iniziale $\mu^{(0)} = (\mu_1^{(0)}, \mu_2^{(0)}, ..., \mu_n^{(0)})$, $\mu_j^{(0)} = P(X(0) = e_j)$: le probabilità $P(X(t) = e_j) = \mu_i^{(t)}$ sono date dal prodotto righe per colonne $\mu^{(0)}P^t$ (dove le misure $\mu^{(t)}$, $t = 0,1,...$ sono intese come vettori su una riga (o matrici con una riga e n colonne). Pertanto

$$\mu_i^{(t)} = (\mu^{(0)}P^t)_i = \sum_{j=1}^{n} \mu_i^{(0)} p_{ji}(t)$$

Cammino aleatorio

Già prima di Markov, comunque, si studiavano per varie applicazioni pratiche i cammini aleatori, un modello semplice di movimento erratico, sparpagliamento o "diffusione". Si tratta di uno dei modelli fondamentali della probabilità, che ha numerosissime applicazioni. In Fisica Matematica è il modello di base per i fenomeni di diffusione, di particelle, del calore e altro.

Nella variante più semplice, quella di un cammino unidimensionale con salti di una unità di lunghezza a destra o a sinistra, il modello è definito da una catena di Markov il cui spazio degli stati è costituito dai numeri interi Z e le probabilità di transizione, per ogni $x \in$ Z, sono

$$P(X(t+1) = x+u \,|X(t) = x) = \frac{1}{2} \qquad u \in \{+1,-1\} \quad (7)$$

e sono nulle se $u \neq \pm 1$. Tutto ciò si può descrivere così:
si lancia una moneta; se viene testa si fa un passo a destra, se viene croce a sinistra.

Lo spazio degli stati è infinito e non c'è misura di equilibrio invariante. Se si parte dall'origine, cioè $X(0) = 0$, allora $X(t)$ è la somma di t variabili indipendenti: *salti* o incrementi, che denotiamo u_r, $r = 1,2,\ldots$ e che possono assumere i valori +1 o -1, con valore medio nullo $M(u_r) = 0$ e varianza $Var(u_r) = 1$. Per la posizione $X(t)$ del cammino aleatorio al tempo t abbiamo quindi

$$X(t) = \sum_{r=1}^{t} u_r$$

e a tali quantità si applica uno dei teoremi fondamentali della probabilità, che in questo caso si può formulare così:

Teorema Centrale del Limite. Per $t \to \infty$ si ha, per ogni intervallo (a, b)

$$\mathrm{P}\left(\frac{X(t)}{\sqrt{t}} \in (a, b)\right) \to \frac{1}{\sqrt{2\pi}} \int_a^b e^{-\frac{x^2}{2}} dx \qquad (8)$$

Si noti il fattore di normalizzazione $\sqrt{t}$, che indica come, sulla base del Teorema Centrale del Limite, il quadrato dello spostamento $X^2(t)$ sia dell' ordine di t.

Vale la pena di osservare che questa caratteristica relazione tra tempo e spostamento fu rilevata forse per la prima volta nel 1900 in un lavoro di Bachélier [4] sulle variazioni dei prezzi sul mercato azionario francese (il che potrebbe indurre a pensare che le variazioni azionarie siano il risultato di contributi aleatori indipendenti).

Moto browniano

Ma fu soprattutto in fisica matematica che il modello del cammino aleatorio venne sviluppato, in particolare nella sua variante continua che prese il nome di "moto browniano", da un fenomeno noto fin dal Seicento e facilmente osservabile al microscopio: la strana "danza" di particelle semimacroscopiche in sospensione in un fluido (come succede a grani di polvere che si vedono muoversi nell' aria al sole). Il fenomeno fu descritto scientificamente agli inizi dell'Ottocento dal botanico Brown e di qui il nome.

Un'idea di cosa sia il moto browniano nella sua accezione matematica si può dare in poche parole. In fisica matematica si descrivono i mezzi particellari come continui: è la cosiddetta "descrizione macroscopica". Si tratta di un limite di scala: le unità di misura naturali di spazio, tempo, massa, ecc., della descrizione macroscopica sono molto più grandi di quelle delle corrispondenti grandezze microscopiche (quali per esempio, la distanza e il tempo di interazione intermolecolari medi o la massa molecolare); il limite in cui si ottiene una descrizione continua consiste nel mandare i rapporti tra le unità macroscopiche e microscopiche delle varie grandezze all'infinito. I cambiamenti di scala sono tra loro collegati a seconda del fenomeno che si descrive.

Se vogliamo determinare il limite di scala per il cammino aleatorio che abbiamo visto sopra, dobbiamo tener conto che il quadrato della distanza percorsa è dell'ordine del tempo, cioè $X^2(t) \approx t$, e quindi se M è la scala spaziale, la scala temporale deve essere M^2 (questo cambiamento di scala è detto "diffusivo"). La definizione matematica del moto browniano è data come un limite del cammino aleatorio, e precisamente:

se t è un tempo (un numero reale e non più intero), allora il moto browniano standard al tempo t è definito come il limite

$$b(t) = \lim_{M \to \infty} \frac{X([M^2 t])}{M}$$

dove $[\bullet]$ denota la parte intera di un numero reale: $[x] = \max\{n \in Z : n \leq x\}$. Per il Teorema Centrale del Limite si ha che $b(t)$ è una variabile aleatoria gaussiana a valor medio nullo e varianza t. La sua "densità di probabilità" nel punto della retta reale x, cioè, intuitivamente, la probabilità che $b(t)$ assuma valori in un intervallino con centro x, divisa per la lunghezza dell' intervallino, è

$$p(t,x) = \frac{e^{-\frac{x^2}{2t}}}{\sqrt{2\pi t}}$$

e questa funzione soddisfa, come è facile verificare, l'equazione alle derivate parziali

$$\frac{\partial}{\partial t} p(t,x) = \frac{1}{2} \frac{\partial^2}{\partial x^2} p(t,x) \tag{9}$$

detta "equazione del calore".

La teoria fisico-matematica del moto browniano è nata negli anni 1905-1906 ad opera soprattutto di Einstein [5] e Smoluchowski [6]. Questi lavori contribuirono alla matematizzazione della probabilità collegando il moto browniano alle equazioni alle derivate parziali, come l'equazione del calore, ebbero anche un ruolo cruciale nell'affermazione della teoria molecolare della materia e portarono alla conferma del ruolo basilare della meccanica statistica (e quindi dei concetti probabilistici) rispetto alla termodinamica. In particolare fu chiara la natura statistica del secondo principio della termodinamica[4].

Processi di Markov. Equazione di Chapman-Kolmogorov

Si parla di "processo" di Markov invece che di "catena" se il tempo t è continuo. Assumendo, come per le catene, che gli stati siano finiti (o numerabili), le probabilità di transizione da uno stato e_i al tempo s ad uno stato e_j al tempo $t>s$, se il processo è omogeneo nel tempo, saranno funzione della differenza t-s:

$$p_{ij}(t-s) = P(X(t) = e_j | X(s) = e_i) \tag{10a}$$

Se abbiamo uno spazio degli stati continuo, come nel caso del moto browniano visto sopra, per il quale lo spazio degli stati è tutta la retta reale R, allora la probabilità

[4] *La conferma sperimentale della teoria del moto browniano fruttò al fisico francese J. Perrin il premio Nobel nel 1926.*

di transire ad un dato punto singolo è nulla e dobbiamo dare in generale le probabilità di transire da uno stato x al tempo s ad un insieme di stati A al tempo $t>s$:

$$P_{t-s}(x,A) = P(X(t) \in A | X(s) = x) \qquad (10b)$$

Dalla proprietà di Markov, e dalla formula della probabilità totale, segue un'equazione per le probabilità di transizione (10a, 10b), detta "equazione di Chapman-Kolmogorov" del processo: per ogni tempo u intermedio, $s < u < t$, abbiamo

$$p_{ij}(t-s) = \sum_{k=1}^{n} p_{ik}(u-s)p_{kj}(t-u) \qquad (11a)$$

nel caso discreto, mentre nel caso continuo l'equazione diventa

$$P_{t-s}(x,A) = \int_E P_{u-s}(x,dy)P_{t-u}(y,A) \qquad (11b)$$

Derivando l'equazione di Chapman-Kolmogorov rispetto a s o a t si ottengono equazioni dette rispettivamente "prima equazione di Kolmogorov" (o "equazione all'indietro") e "seconda equazione di Kolmogorov" (o "equazione in avanti"). Per esempio, nel caso del moto browniano si ottiene l'equazione del calore (9).

Il contributo di Kolmogorov: l'assiomatizzazione, i "metodi analitici" e i processi di Markov

Andrei N. Kolmogorov (1903-1987) ebbe interessi molto vasti e portò contributi fondamentali ai più diversi settori della Matematica e della Fisica. Fu studente di uno dei maggiori matematici russi, N. N. Lusin, noto soprattutto per i suoi risultati nello studio della teoria delle funzioni di variabile reale, e grazie alla sua scuola venne a conoscenza dei lavori di Borel e Lebesgue. I suoi primi lavori di probabilità sono della metà degli anni Venti, scritti in collaborazione con A. Khinchin, anch'egli studente di Lusin. Khinchin aveva già ottenuto risultati rilevanti, in particolare aveva dimostrato la famosa "legge del logaritmo iterato" (1924), che precisa la velocità di convergenza della legge dei grandi numeri in senso forte di Borel.

Già nei suoi primi lavori Kolmogorov ottenne risultati importanti, tra i quali le condizioni di convergenza di serie di variabili aleatorie indipendenti. Dei fondamenti della probabilità iniziò ad occuparsi alla fine degli anni Venti. Nel 1933 apparve il suo famoso lavoro, pubblicato a Berlino dalla Springer, sotto il titolo *Grundbegriffe der Wahrscheinlichkeitsrechnung* (Concetti fondamentali del Calcolo delle Probabilità [7]) contenente l'assiomatizzazione del calcolo delle probabilità, che entrava così pienamente a far parte della Matematica.

Kolmogorov realizzò qui l'idea fondamentale che la probabilità matematica dovesse fondarsi sulla teoria generale della misura, già prefigurata, come si è visto, da Borel, ma anche da altri matematici, tra cui il probabilista russo Bernstein. Tra gli aspetti principali del lavoro del 1933 sono da notare, in particolare, la costruzione di distribuzioni di probabilità in spazi a infinite dimensioni, a partire dalle distribuzioni finito-dimensionali, che ha permesso lo sviluppo della teoria dei processi stocastici, e la teoria generale dell' aspettazione matematica condizionata.

Discutendo le motivazioni del suo lavoro, Kolmogorov nell'introduzione ai *Grundbegriffe*, riferendosi direttamente ai lavori sul moto browniano, osservò che "tutti questi nuovi concetti e problemi si presentano necessariamente affrontando problemi fisici concreti ...".

Un altro contributo molto importante di Kolmogorov apparve nel 1931 sui *Mathematische Annalen* [8] con il titolo "Sui metodi analitici nel calcolo delle probabilità". Questo lavoro costituisce la base della teoria dei processi di Markov; oggetto principale di studio è l'equazione di Chapman-Kolmogorov per la probabilità di transizione di un processo di Markov che abbiamo visto sopra (equazioni (11a) e (11b)).

Kolmogorov non studiò direttamente le realizzazioni (le singole traiettorie) del processo $X(t)$, cosa che fece poi per primo Doeblin nel suo *pli cacheté*, ma derivò dall'equazione di Chapman-Kolmogorov quelle equazioni differenziali alle derivate parziali dette oggi prima e seconda equazione di Kolmogorov, a cui ho accennato nel precedente paragrafo. Si stabilirono così un nuovo e generale metodo di indagine per i processi di Markov e una connessione diretta tra la teoria dei processi di Markov e le equazioni classiche alle derivate parziali della fisica matematica, come l'equazione del calore.

Una questione fondamentale: la probabilità è matematica?

La matematizzazione della probabilità si scontrava in quegli anni con forti difficoltà filosofiche e ideologiche. Infatti, in generale, si riteneva che la probabilità non fosse matematica, o comunque che fosse matematizzabile solo in parte. Sulla questione influiva naturalmente il fatto che la probabilità non sembra in linea con il determinismo che ispirava la visione della scienza matematizzata, un problema ideologico, questo, con cui si scontrerà anche Kolmogorov nell'Unione Sovietica. Il filosofo positivista A. Comte era, infatti, molto critico sulla probabilità; ma anche scienziati ben coscienti dell'importanza della probabilità, come il celebre matematico francese Henri Poincaré e in parte lo stesso Borel (che peraltro si può considerare l'iniziatore della moderna teoria della probabilità in Francia), non ritenevano che si trattasse di sola Matematica. E questo soprattutto perché consideravano una componente essenziale della disciplina un qualche procedimento di valutazione e di stima.

Nella tradizione di Pascal e Laplace, infatti, la probabilità ha a che fare con l'incertezza, con valutazioni connesse ad eventi aleatori e le sue leggi costituiscono la "logica dell'incerto". E non c'è dubbio che le condizioni di incertezza siano un aspetto saliente di molte applicazioni pratiche e non solo nei giochi d'azzardo: basti pensare alle applicazioni ai problemi assicurativi, già ben sviluppate alla fine dell'Ottocento.

In realtà, in molti casi di interesse pratico si fanno delle stime in condizioni in cui non è affatto chiaro se ci siano o meno delle "probabilità vere", di cui le stime sono approssimazioni. E infatti il problema filosofico centrale, che è stato a lungo dibattuto, è proprio quello di stabilire che cosa siano le probabilità e come calcolarle, come cioè tirare fuori dei numeri da condizioni di incertezza. Il nome stesso che oggi ancora assume la disciplina, "Calcolo delle Probabilità", testimonia l'importanza storica della questione.

Questo calcolo sembra ben definito solo nel caso del "modello classico", in cui lo spazio degli eventi E ha un numero finito $|E|=n$ di punti, tra loro equivalenti, per cui è naturale assegnare a ciascuno di essi la probabilità $1/n$. Un qualunque evento A, cioè un qualunque sottoinsieme dello spazio degli eventi, $A \subseteq E$, ha allora probabilità data dalla famosa formula classica

$$P(A) = \frac{\textit{numero dei casi favorevoli}}{\textit{numero totale dei casi}} = \frac{|A|}{n}$$

dove con $|A|$ abbiamo indicato la cardinalità dell'insieme A (cioè, il numero dei suoi elementi).

Ci sono stati tentativi di ridurre il calcolo delle probabilità alla formula classica, ma, a parte la difficoltà di stabilire quando si può assumere che i possibili risultati siano "equivalenti", è anche evidente come la formula classica in molti casi non si possa applicare. Se, per esempio, vogliamo trovare la probabilità che un tiratore colga il bersaglio in certe circostanze, non potremo supporre che i tiri siano uniformemente distribuiti in una certa regione attorno al bersaglio.

Una soluzione, suggerita dalla Legge dei Grandi Numeri e preferita dagli scienziati di orientamento positivistico, è quella detta "frequentista", che identifica la probabilità di un evento con la frequenza dello stesso in una serie di prove indipendenti. Anche questa soluzione però non è priva di difficoltà. La principale è che la legge dei grandi numeri prevede un limite per il numero delle prove che tende all'infinito e richiede quindi eventi ripetibili. Ma anche per questi c'è il problema che se ci si fermasse ad un numero di prove finito non sarebbe del tutto corretto dire che la frequenza ottenuta sia un'approssimazione della "probabilità vera", come accade quando misuriamo una lunghezza con una certa precisione. Infatti, come si è visto, la frequenza è vicina alla probabilità solo *con una certa probabilità* che dipende a sua volta dalla "probabilità vera".

Una soluzione radicale del problema della natura della probabilità, avanzata da uno dei principali probabilisti del 900, l'italiano Bruno de Finetti (si veda [9]), è quella della "probabilità soggettiva". L'idea consiste nell'abbandonare il concetto di "probabilità vera" e di considerare la probabilità solo come una stima soggettiva su casi incerti, data secondo certe regole. La stima può poi perfezionarsi, con correzioni ottenute sulla base di esperimenti ripetuti, che forniscono delle probabilità "a posteriori". Se la prova è iterabile all'infinito si può giustificare il procedimento frequentista.

Con la probabilità soggettiva sembra possibile assegnare probabilità anche ad eventi non ripetibili o poco ripetibili, come accade, per esempio, nelle decisioni economiche, politiche ecc.

Le idee di de Finetti hanno avuto influenza sugli sviluppi della statistica, ma, per quanto riguarda la probabilità, presentano lo svantaggio di richiedere, per ragioni diverse, un approccio matematico che conduce a notevoli complicazioni. L'assiomatizzazione di Kolmogorov prende invece tutta un'altra strada: elimina dalla scena il problema del calcolo delle probabilità, che vengono considerate assegnate dall' inizio. Così, se lo spazio degli eventi E è discreto si assegneranno probabilità per i singoli punti di E, mentre nel caso generale, per esempio se E è continuo, si assegnerà una misura finita, nel senso della teoria della misura di Lebesgue, su una certa classe di sottoinsiemi di E, normalizzata in modo che la misura totale sia 1. La probabilità può quindi sfruttare pienamente il potente apparato della misura di Lebesgue.

L'assiomatizzazione ha incontrato varie obiezioni, non solo per il fatto di aver eliminato il problema del calcolo delle probabilità. Si può pensare, infatti, che la probabilità assiomatizzata sia un caso particolare di teoria della misura, cioè una parte dell'analisi matematica, e tale è ancora l'opinione di non pochi matematici, per lo più lontani dal settore. Per esempio, nel testo di M. Kline [10], uno dei manuali di storia della matematica tra i più diffusi, non c'è traccia di probabilità nel volume dedicato alla matematica moderna (dal '700 in poi). A obiezioni di questo tipo Kolmogorov rispondeva che la probabilità differiva dalla teoria della misura per l'apparto intuitivo-concettuale, che non è irrilevante, ma determina la stessa posizione dei problemi, e che viene in gran parte dalla vecchia "logica dell' incerto" (per esempio, il concetto di "indipendenza", fondamentale in probabilità, non ha particolare senso in un contesto analitico).

Ma che cos'è la probabilità per Kolmogorov? Ce lo illustra la voce "probabilità" da lui scritta per l'Enciclopedia Matematica [11]:

> Caratteristica numerica del grado di possibilità del verificarsi di un qualche evento definito sotto certe specificate condizioni che possono ripetersi infinite volte.

Qui si fa riferimento sia all'incerto (*possibilità di verificarsi*) sia alle infinite sequenze della definizione frequentista, aspetto quest'ultimo che è sottolineato di nuovo più in là: la probabilità "riflette un particolare tipo di relazioni tra i fenomeni che è caratteristico dei fenomeni di massa". Il problema di cosa siano le probabilità e di come si calcolino viene lasciato aperto, o meglio viene collocato all'interno di qualcosa che assomiglia ad un archetipo platonico. Le probabilità si possono talvolta calcolare sulla base della definizione classica, oppure si può richiedere l'approccio statistico, o anche possono essere date a priori nell'approccio assiomatico. Tuttavia, dice Kolmogorov:

> Né gli assiomi, né l'approccio classico, né l'approccio statistico esauriscono il contenuto del concetto di "probabilità": si tratta solo di approssimazioni ad una sua sempre più piena rivelazione.

La probabilità soggettiva sembra inaccettabile a Kolmogorov, opinione che, comunque, potrebbe essere in parte indotta dalla sua posizione di cittadino sovietico. Non a tutti gli eventi, egli dice, si può attribuire una probabilità. "L'assunzione che in date circostanze la probabilità di un certo evento esista, è un'ipotesi che in ogni caso specifico richiede una verifica o una motivazione." Che dire della probabilità attribuita ad eventi unici? Per esempio, se ci si chiede che tempo farà a Roma il 15 Agosto 2010, si può ben dire che probabilmente farà bel tempo. L'attendibilità della risposta è basata in realtà sulle oggettive regolarità climatiche. Questo uso, secondo Kolmogorov, non giustifica l'approccio soggettivo di de Finetti, di cui si dà qui una presentazione un po' caricaturale:

> l'uso del calcolo della probabilità per sostenere le nostre stime del grado di attendibilità di affermazioni relative ad eventi individuali non deve dar adito all'opinione che la probabilità matematica sia solo l'espressione numerica della nostra certezza soggettiva [...] Questa concezione idealistica e soggettiva del senso della probabilità matematica è erronea. Se se ne traggono le necessarie conseguenze si giunge alla conclusione assurda che dalla pura ignoranza, analizzando lo stato soggettivo della nostra maggiore o minore certezza, si può giungere a qualche conclusione definita riguardante il mondo esterno.

Per la discussione sui fondamenti della probabilità si veda anche il contributo di Fabio Spizzichino in questo stesso volume.

Doeblin, le catene di Markov e l'equazione di Kolmogorov

Nonostante la brevità della sua vita, Wolfgang Doeblin (1915-1940) ha avuto un ruolo assai importante nello sviluppo delle potenzialità offerte dal nuovo approccio di Kolmogorov e nel diffondere le nuove idee in Occidente. I suoi contributi fondamentali riguardano le catene di Markov e i processi di Markov.

Doeblin inizia la sua attività sulla probabilità a Parigi sotto la direzione soprattutto di Paul Lévy e Maurice Fréchet. Il suo interesse per le catene di Markov, a cui è legata soprattutto la sua fama, è dovuto a Fréchet, all'epoca unico specialista in Francia sull'argomento. Fréchet era in diretto contatto con Kolmogorov, il quale ricordava spesso che durante il suo viaggio in Francia nel 1930-1931 passò intere giornate a discutere con Fréchet proprio sulle catene di Markov. Su richiesta dello stesso Fréchet, Doeblin contribuì anche alla diffusione delle nuove idee di Kolmogorov, traducendo in francese i *Grundbegriffe*.

Nello studio delle catene di Markov, Doeblin fece in breve tempo grandi progressi, arrivando nel 1936, ad appena vent'anni, al teorema fondamentale di ergodicità che ora porta il suo nome. Per la dimostrazione creò l'elegante metodo ora detto di *coupling*, molto sviluppato in tempi recenti nel contesto della teoria dei processi di Markov. Il lavoro di Doeblin [12], non fu pubblicato su una rivista prestigiosa, ma apparve in una pubblicazione, la Rivista Matematica dell'Unione Interbalcanica, che ebbe una vita molto breve, troncata dalla guerra mondiale.

Penso che valga la pena fare un breve accenno della dimostrazione del teorema di Doeblin, per permettere di comprendere l'idea base della costruzione del *coupling*, che, come spesso accade, è semplice e geniale al tempo stesso. Torniamo dunque alle catene di Markov con un numero finito di stati, date da una matrice stocastica di transizione (5) e da una misura di probabilità iniziale. Il teorema richiede una sola semplice definizione, quella di catena ergodica.

Definizione. Una catena di Markov si dice ergodica se per qualche intero r>0 la matrice P^r ha tutti gli elementi di matrice (6) positivi: $p_{ij}(r)>0$.

Teorema di Doeblin. Data una catena ergodica, esiste un'unica misura di probabilità $\pi = \{\pi_j : j = 1, ..., n\}$ tale che, qualunque sia lo stato iniziale e_j, per $t \to \infty$, si ha:

$$p_{ji}(t) \to \pi_i$$

Il teorema in pratica afferma la convergenza della catena, qualunque sia la situazione iniziale, ad un'unica probabilità finale "di equilibrio" (o "stazionaria"), la probabilità π.

Nella dimostrazione un passo essenziale consiste nel vedere che, comunque si scelgono due stati iniziali e_j, e_k e uno stato finale , si ha

$$\lim_{t \to \infty} (p_{ji}(t) - p_{ki}(t)) = 0 \tag{12}$$

La relazione (12) si ottiene facilmente costruendo il *coupling*: un'opportuna distribuzione congiunta di due copie della stessa catena, $X(t)$ e $Y(t)$, con stati iniziali, e_j ed e_k, rispettivamente (assumiamo cioè probabilità iniziali che assegnano con certezza gli stati e_j ed e_k, per cui le probabilità al tempo t sono $\{p_{ji}(t) : i = 1, ..., n\}$ e $\{p_{ki}(t) : i = 1, ..., n\}$). Si stabilisce che $X(t)$ e $Y(t)$ procedano come due catene indipendenti fino al primo tempo in cui si incontrano, cioè fino al primo t per cui $X(t) = Y(t)$. Detto T questo primo tempo di incontro, che è una variabile aleatoria, si assume poi che per $t>T$ le due catene procedano come una sola catena: $X(t) = Y(t)$ per $t>T$. Con questo il *coupling* delle due catene è definito.

Le singole catene (distribuzioni marginali) si comportano sempre come la catena originale, per cui

$$p_{ji}(t) = P(X(t) = e_i | X(0) = e_j), \qquad p_{ki}(t) = P(Y(t) = e_i | Y(0) = e_k)$$

Per definizione le due catene possono essere diverse solo se il tempo T non è ancora arrivato: $P(X(t) \neq Y(t) = P(t<T)$. Perciò se prendiamo le probabilità condizionate, sotto la condizione $t > T$, abbiamo l'eguaglianza:

$$P(X(t) = e_i | X(0) = e_j, t \geq T) = P(Y(t) = e_i | Y(0) = e_k, t \geq T)$$

Se la probabilità $P(t \geq T)$ tende ad 1 per $t \to \infty$ allora la condizione scompare, le probabilità condizionate tendono alle $p_{ji}(t), p_{ki}(t)$ e abbiamo dimostrato la (12).

È immediato vedere che se P^r ha tutti gli elementi positivi, allora lo stesso accade per tutte le potenze maggiori P^s con $s>r$. Supponiamo per semplicità che sia $r=1$, cioè che la stessa matrice P abbia tutti gli elementi strettamente positivi, e sia $a>0$ il loro minimo. Quindi la probabilità che le due catene si incontrino ad ogni passo è almeno a e dunque $P(t<T) \leq (1-a)^t$, che tende a zero per $t \to \infty$, e la (12) è dimostrata.

La prova della (12) per $r>1$ richiede piccole modifiche. La dimostrazine del teorema si completa dimostrando che le successioni $p_{ji}(t)$ sono successioni di Cauchy.

I risultati di Doeblin non si limitano certo al famoso teorema. Egli ha portato contributi importanti alla teoria delle catene di Markov con spazio degli stati infinito, per le quali è arrivato ad individuare la proprietà detta di "ricorrenza", fondamentale per la comprensione del loro comportamento. Ha ottenuto risultati assai notevoli anche nello studio dei domini di attrazione per somme di variabili aleatorie indipendenti (schemi di serie), uno dei principali temi di ricerca di P. Lévy, grande probabilista francese e maestro di Doeblin.

La vita scientifica di Wolfgang Doeblin non cessa nemmeno quando, nel Novembre 1938, diventa, per scelta, soldato semplice nell'esercito francese, con il nome francesizzato di Vincent Doeblin. Riesce a lavorare in condizioni difficili, la notte, nel poco tempo libero e durante le licenze. Molte sue note sono senza dimostrazioni dettagliate.

Negli ultimi tempi, agli inizi della guerra mondiale, si occupò di processi di Markov, studiando soprattutto l'equazione di Chapman-Kolmogorov. Fu il primo ad affrontare lo studio del processo "per traiettorie". Forse sentendo di aver scoperto qualcosa di fondamentale e volendo lasciarne una traccia, Wolfgang Doeblin riuscì a completare un manoscritto e a depositarlo all'*Académie des Sciences*, poco prima della sua tragica fine, come *pli cacheté* nell'apposito archivio, destinato ai posteri.

Bibliografia

[1] M. Pétit (2003) *L'Equation de Kolmogoroff*, Ramsay

[2] J. Bernoulli (1713) *Ars Conjectandi*, Basilea

[3] E. Borel (1909) Sur les probabilités dénombrables et leurs applications arithmétiques, *Rend. Circ. Mat. di Palermo* 26, Palermo, pp. 247-271

[4] L. Bachélier (1900) *Ann. Ecole Normale Supérieure*, v. 17, p. 21

[5] A. Einstein (1905) *Über die von der molekularkinetischen Theorie der Wärme geforderte Bewegung von in ruhenden Flüssigkeiten suspendierten Teilchen*, Ann. Phys., Paris, 17, p. 549

[6] M. Smoluchowski (1906) *Ann. Phys.*, Paris, 21, p. 772

[7] A. N. Kolmogorov (1933) *Grundbegriffe der Wahrscheinlichkeitrechnung*, Springer, Berlino

[8] A. N. Kolmogorov (1931) Über die analytischen Methoden in der Wahscheinlichkeirsrechnung, *Mathematische Annalen* 104, pp. 415-458

[9] B. de Finetti (a cura di) (1989) *La logica dell' incerto*, Il Saggiatore

[10] M. Kline (1996) *Storia del Pensiero Matematico*, Einaudi

[11] A.N. Kolmogorov (1977) voce *Matematicheskaya Veroyatnost*, in Matematicheskaya Enziklopedia, vol. 1, ediz. Sovietskaya Enziklopedia, Mosca

[12] W. Doeblin (1938) Exposé de la théorie des chaînes simples constantes de Markoff à un nombre fini d' états, *Revue de Mathematique de l'Union Interbalkanique* 2, pp. 77-105

Wolfgang Doeblin, l'equazione di Kolmogoroff

Marc Petit

Il 18 maggio 2000, nella sala degli archivi dell'*Académie des Sciences di Parigi, quai de Conti*, i membri della commissione preposta all'apertura dei plichi sigillati procedono con il plico registrato con il numero 11.668. La busta porta il titolo *Sull'equazione di Kolmogoroff*. Contiene un quaderno di scuola color malva dei "docks delle Ardenne", della serie "Città e paesaggi di Francia", con una veduta della cosiddetta "rock of Bonnevie". Le pagine del quaderno sono coperte da una sottile scrittura appuntita, a inchiostro blu-nero; alcune sono colme di cancellature, altre sono staccate e prive di numerazione e dimostrano l'urgenza con cui sono state scritte. L'autore della monografia, Wolfgang Doeblin, è morto a 25 anni, il 21 giugno 1940, alla vigilia dell'armistizio. Soldato-telefonista nel 291° reggimento di fanteria, si è sparato alla testa in un fienile di un paesello dei Vosgi per non essere fatto prigioniero dall'esercito tedesco. Cinque mesi prima, nel febbraio 1940, aveva fatto recapitare all'Académie il misterioso quaderno che conteneva il risultato delle sue ultime ricerche nel campo delle probabilità.

Nell'ambiente dei matematici Wolfgang Doeblin non è uno sconosciuto. Tuttavia, egli, vittima del disamore di cui è oggetto la sua disciplina negli anni Cinquanta, epoca del trionfo della matematica bourbakista, tarda a ottenere in Francia, sua patria d'adozione, il giusto riconoscimento. Nella Russia Sovietica, in Australia e soprattutto negli Stati Uniti, invece, altri studiosi, incoraggiati dall'esempio di Joseph L. Doob e del probabilista d'origine cinese Kai Lai Chung, hanno colto l'importanza dei lavori del giovane matematico, soprattutto per quel che riguarda la teoria generale delle catene di Markov. Questi strumenti probabilistici permettono di stabilire il modello di una serie di eventi che si concatenano e per i quali il futuro dipende solo dal presente e non dal passato. Ma nessuno immagina quel che contiene il plico sigillato, la cui esistenza è stata scoperta dallo storico della scienza Bernard Bru mentre sfogliava la corrispondenza tra Wolfgang Doeblin e il suo maestro (e direttore di tesi) Maurice Fréchet: una premonizione geniale della teoria moderna delle probabilità, che, sotto, certi aspetti anticipa l'approccio del giapponese Kiyosi Itô, l'iniziatore del calcolo stocastico (1944) e nello stesso tempo i teoremi di Dubins-Schwarz (1965), Yamada (1973) e Yamada-Ogura (1981). Paul Lévy, l'altro mentore del giovane matematico, figura di spicco della scuola francese delle probabilità, non si era sbagliato, quando, sin dal 1947, aveva messo Wolfgang Doeblin sullo stesso piano di Evariste Gaulois e Niels Henryk Abel, personaggi mitici, comparabili, nel loro campo, ad Arthur Rimbaud, sia per la precocità del loro genio che per il destino di meteore.

Guardiamoci dalle stilizzazioni romantiche: Wolfgang Doeblin non è certo un personaggio corrusco, è un taciturno, un appassionato silenzioso, ma anche un lavoratore indefesso, un intuitivo dotato di un solido senso della realtà, un combattente. Tredici monografie, altrettante recensioni, una tesi di dottorato, senza contare numerosi lavori rimasti inediti quand'era ancora in vita, tra cui il famoso plico sigillato, il tutto redatto in meno di cinque anni, dal 1936 al 1940 - c'è qualcosa che sfida ogni immaginazione, una creatività quasi sovrumana, soprattutto sapendo in quali circostanze drammatiche il giovane intellettuale ebreo, emigrato prima a Zurigo, poi a Parigi nel 1933, sia riuscito a portare a termine la sua opera.

Fig. 1. Wolfgang Doeblin (1915-1940). Per gentile concessione di Claude Doeblin

Wolfgang nasce a Berlino il 17 marzo 1915. Figlio minore del grande scrittore Alfred Döblin - autore, tra l'altro di *Berlin Alexanderplatz*, una delle opere chiave della modernità –, a cui è legato da rapporti ambigui di aperta ostilità e di affinità segreta, segue una formazione umanistica al liceo protestante di Königstadt fino al diploma di maturità, conseguito nella primavera del 1933, in una Berlino già sottomessa alla dominazione nazista. Marxista convinto, si propone in un primo tempo di studiare economia politica e, passando per la statistica, si accosta poi alla matematica.

All'inizio degli anni Trenta Parigi è, insieme a Gottinga e Mosca, uno dei primissimi centri in cui si va elaborando la nuova matematica, soprattutto nel campo della teoria delle probabilità. L'ombra di Henri Poincaré plana ancora sugli edifici nuovi di zecca dell'istituto che porta il suo nome, consacrato alla formazione di ricercatori di alto livello in matematica e fisica matematica. Ne ha preso la direzione Emile Borel, che ha abbandonato la ricerca d'avanguardia per dedicarsi alla carriera politica. Al suo fianco, si trovano tra gli altri Georges Darmois, Arnaud Denjois e Maurice Fréchet, che avranno tutti importanza, a diversi livelli, nella vita e nel percorso di Wolfgang Doeblin. Quest'ultimo è ammesso alla *Société Mathématique de France* sin dall'autunno del 1935 e deposita, sotto la direzione di Maurice Fréchet, un soggetto di tesi sulle catene di Markov (più esattamente: "sulle proprietà asintotiche dei movimenti retti da alcuni tipi di catene semplici"). Sei mesi dopo, nel giugno 1936 ne ha già formulato i risultati nella loro linea essenziale. La tesi sarà pubblicata in due dispense a Bucarest, nel 1937-38. Era stata preceduta da una prima monografia "sul caso discontinuo delle probabilità in catena", pubblicata negli annali dell'Università Masaryk di Brno. C'è un che di strabiliante nella rapidità con cui Wolfgang passa dal rango di allievo a quello di ricercatore, per non dire a quello di "maestro". Nel 1935, decifrando gli scritti di Kolmogoroff pubblicati in tedesco, traduceva *das Ergodenprinzip* (il principio ergodico) con il "principio di Ergoden", dimostrando di ignorare tutto dell'argomento. Ma un anno più tardi, nella sua monografia sulla "teoria generale delle catene semplici di Markov", pubblicata nel 1940 negli *Annales Scientifiques de l'Ecole Normale Supérieure*, Wolfgang ha ricostruito da solo l'intera teoria delle catene a cui conferirà presto, al di là degli stessi risultati di Kolmogoroff, la massima generalità.

Nel frattempo Wolfgang ha fatto la conoscenza del grande matematico Paul Lévy, che insieme a lui è senz'altro l'inventore più originale del suo tempo in fatto di probabilità. Lévy considera subito Doeblin un collaboratore più che un discepolo. I suoi lavori sullo studio fine del moto browniano saranno per Wolfgang tra le letture più stimolanti, accanto agli scritti di Andrei Nikolaievitch Kolmogoroff, i cui *Fondamenti del calcolo delle probabilità* (1933), concretizzano la già antica ambizione di fornire alla disciplina gli assiomi fondamentali – e quindi lo statuto propriamente matematico – che sembrava mancarle. Infine, all'istituto Henri Poincaré ma anche al seminario di Jacques Hadamard al Collège de France, Wolfgang Doeblin incrocia, più che frequentare, qualcuno tra i migliori probabilisti francesi o francofoni della sua generazione: Robert Fortet, Michel Loève e Jean Ville, che introduce nella sua tesi del 1939 il concetto di martingala, a cui nel plico sigillato Wolfgang darà applicazioni insospettate.

Ottenuta la naturalizzazione francese, nell'ottobre 1936, con tutti i familiari – tranne il fratello Peter emigrato negli Stati Uniti – Wolfgang Doeblin, diventato nel frattempo Vincent Doblin (firmerà tuttavia i suoi lavori con il suo "vero " nome, con l'ortografia Doeblin, all'alsaziana), vede con costernazione e angoscia la minaccia hitleriana farsi più pressante con il passare dei mesi. Discendente da ebrei della Pomerania, figlio di uno scrittore impegnato iscritto nella lista nera della Gestapo e fedele lui stesso alle convinzioni rivoluzionarie (anche se non lascia trasparire nulla) esce dal silenzio, racconta Paul Lévy, per combattere il pacifismo dilagante: "*Ho il diritto di esprimere la mia opinione* - insorge all'epoca di Monaco – *perché sono tra coloro che sanno morire per le proprie idee*". Opponendosi ai privilegi, per quanto dottore in scienze, rifiuta di frequentare la scuola per ufficiali. Sarà di stanza a Givet, nelle Ardenne, come soldato semplice e più tardi, alla dichiarazione di guerra, si ritroverà a Sécheval, poi ad Athienville e quindi a Oermigen, non lontano dalla frontiera con la Sarre, sulla linea del fronte.

È dunque qui, negli accampamenti militari o nella sua cabina di soldato-telefonista, che, dal novembre 1938 al maggio 1940, Wolfgang elabora e redige i suoi ultimi lavori matematici, nella peggiore delle condizioni morali e materiali. A Givet, dove riceve l'istruzione militare, per non soccombere alla malinconia riprende ricerche, già datate e rimaste incompiute, sulla somma delle variabili indipendenti. L'articolo dal titolo "L'insieme delle potenze di una legge di probabilità", l'articolo, che manda a Steinhaus e a Banach nel luglio 1939 perchè sia pubblicato sulla rivista di Lvov *Studia mathematica*, contiene forse il risultato più sorprendente della sua teoria, che viene definita "delle leggi universali": si tratta di procedimenti puramente matematici di estrazione a sorte, ripetute più volte, di numeri che, sommati, permettono di costruire tutte le leggi limite, tra cui la "legge normale" – quella della curva a campana –, ma anche tutte le "leggi indefinitamente divisibili". Il seguito, che riguarda i "campi di attrazione parziale", non ha finora potuto essere sfruttato. L'autore ha dichiaratamente redatto in linguaggio criptico le minute dell'"ultimo teorema di Givet", inviate a Philadelphia al fratello Peter. Si riuscirà forse un giorno a scoprire la chiave di questo scritto ermetico?

Interrotto nel suo lavoro, Wolfgang riprende a scrivere a Sécheval, all'epoca della *drôle de guerre*, negli ultimi mesi del 1939. Di notte, durante i turni di guardia nella cabina di telefonista, elabora e poi perfeziona quella che sarà la materia del plico sigillato: "ricerche sull'equazione di Chapman-Kolmogoroff". Già nell'estate del 1938, durante un'escursione solitaria sulle Alpi, aveva avuto l'intuizione dei risultati principali di queste pagine. Un quaderno inedito, ritrovato in un armadio della facoltà di scienze di Jussieu nel dicembre 2002, testimonia l'invenzione matematica doebliniana allo stato nascente. Ad Athienville, un paesino della Lorena, Wolfgang porta a termine la redazione della monografia, che spedisce all'*Académie des Sciences* il 19 febbraio 1940. Nessuno ne ricorderà l'esistenza fino a quando Bernard Bru, tentando di ricostruire lo straordinario percorso di Wolfgang Doeblin, ritrova una traccia del manoscritto dimenticato.

Fig. 2. Il quaderno sul quale Wolfgang Doeblin ha scritto la monografia *Sur l'équation de Kolmogoroff*. Foto di Marc Petit, *Académie des Sciences*, Parigi

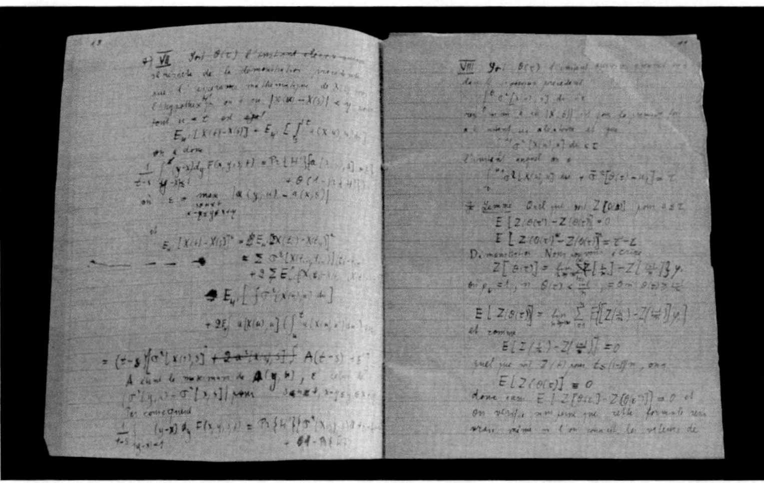

Fig. 3. Due pagine della monografia *Sur l'équation de Kolmogoroff*. Foto di Marc Petit, *Académie des Sciences*, Parigi

Il 9 maggio l'esercito tedesco attacca. Wolfgang sa di non avere nulla da perdere. "*Sono ebreo*" aveva detto un giorno al contadinello che gli portava ogni sera una scodella di latte a Sécheval- "*non mi separo mai dalla pistola carica, non permetterò che mi facciano prigioniero*". Durante le settimane che seguirono, combatte con eroismo. Il 19 maggio è segnalato al comando del reggimento e riceve la croce di guerra. Nel 1945 verrà segnalato una seconda volta, a titolo postumo, e nel 1948 sarà insignito della medaglia militare. Sotto l'attacco brutale dell'esercito tedesco, il battaglione di Wolfgang, decimato, continua a ripiegare dalla frontiera della Sarre al cuore dei Vosgi. I soldati della sua compagnia sono pronti ad arrendersi. L'armistizio è vicino e sarà firmato due giorni dopo, il 22 giugno.

La notte dal 20 al 21 giugno Wolgang si eclissa. Forse spera ancora di potersi nascondere, di oltrepassare le linee nemiche. Cammina a lungo sotto la pioggia, si ritrova in un minuscolo paese al limitare della foresta, Housseras, e trova rifugio in un fienile. La mattina, i tedeschi invadono il paesello. Wolfgang entra nella cucina della fattoria vicina, s'accosta al fornello e brucia i documenti; poi, senza dire una sola parola, ritorna al suo nascondiglio. Si sente risuonare uno sparo. Fino all'aprile 1944, nessuno saprà l'identità del soldato ritrovato morto su un mucchio di fieno. La donna che ha sicuramente amato, Monette Tonnelat, sua compagna di studi, dopo averlo cercato a lungo e invano, per prima apprenderà la notizia della sua morte. Né il padre né la madre di "Vincent" riusciranno mai a riprendersi dallo choc subito. Raggiungeranno il figlio alla loro morte, nel 1957, quando verranno sepolti nella sua stessa tomba, al piccolo cimitero di Housseras. Sul fondo di una delle scatole verdi accatastate negli archivi dell'Istituto, il plico sigillato aspetterà ancora quasi mezzo secolo prima che una mano compassionevole lo strappi all'oblio. Come una bottiglia scampata al naufragio, un tesoro sommerso riportato al mondo dei vivi.

Fig. 4. La sala dell'archivio della biblioteca dell'*Académie des Sciences*. Foto di Marc Petit, *Académie des Sciences*, Parigi

Venezia

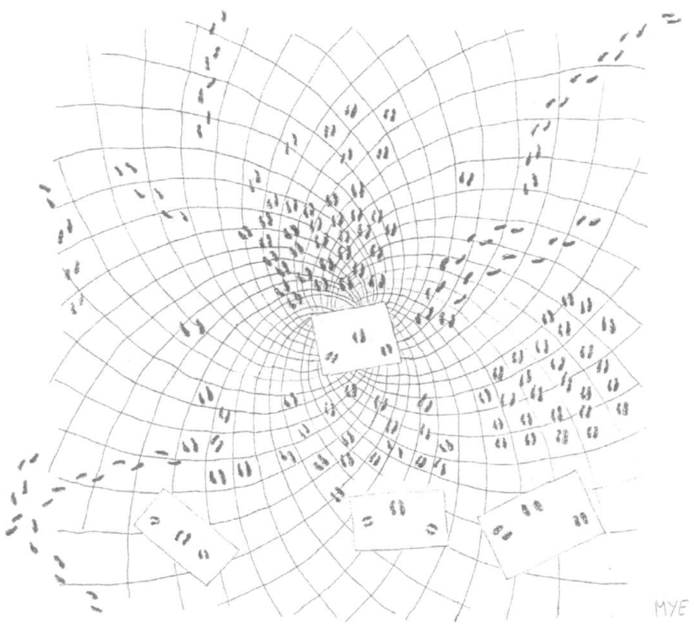

Le maschere veneziane

Testi: Lina Urban, Guerrino Lovato
Editing: Michele Emmer

Vi starò in faccia e pur non mi vedrete,
E mi vedrete se starò distante,
E all'occhio ed al color conoscerete,
Che sempre copre il vero il mio sembiante;
E, se dell'arti mie vaghi voi siete,
Cangierò cento forme a voi distante,
E accostando i miei lumi agli occhi vostri,
Saprò cangiarmi ancor in selve e mostri.

L'Arte dei Maschereri

Scrive Lina Urban in *L'arte dei mascareri* [1] che questa poesia era inserita nel testo che accompagnava l'unica immagine pervenuta sino a noi di una bottega di mascareri a Venezia: un acquerello di Grevembroch nella seconda metà del Settecento.

Nell'introduzione al libro possiamo leggere:

Se attualmente indossare la maschera è un modo per sentirsi diversi, una trasgressione alle regole, per secoli a Venezia, in una società in cui esistevano le barriere sociali, il suo volto ambiguo rappresentò l'unica alternativa permessa dalle leggi per essere uguali.
Artefici del miracolo erano i mascareri, colonnello dell'arte dei pittori, che forgiavano volti per qualsivoglia fisionomia, assai ricercati in quei sei mesi dell'anno (Carnevale, Sensa e varie festività pubbliche e private) durante i quali tutti o quasi mutavano sembianze con la complicità di una maschera.
Nel Settecento il travestimento che dominò incontrastato fu il *tabarro*: il grande mantello di panno nero, il tricorno, il cappello nero a tre punte e la *bauta*.
In un momento come quello, in cui la maschera era diventata un vero e proprio bene di consumo, il numero di addetti era esiguo: 36 persone impiegate in 12 botteghe nel 1773.

Sempre nell'introduzione la Urban spiega come anche allora esistesse il lavoro nero, soprattutto femminile; ora sono probabilmente centinaia gli addetti, soprattutto in Cina!

La prima *bauta*, la tipica maschera veneziana viene inventata da un artigiano rimasto anonimo, anche se l'uso delle maschere era diffuso già da moltissimi anni prima (almeno dal 1268, dato che a quell'anno risalgono le prime leggi della Repubblica sul mascherarsi). Notizie della nascita di questa maschera le troviamo, in particolare, in un passo di Pietro Gradenigo in lode dell'ignoto mascarero:

Bella cosa è la maschera inventata da colui che fece la prima bauta, perché questo rende ogni grado ed età di persone in comoda eguaglianza e non pone in suggezione niuno delli due sessi e tanto più che usandosi oggidì il tabarro nero e li volti bianchi, serve il tutto di economia e libertà di fare le sue spese, di tentare le proprie idee e colpa ne ha solo chi cambia il bene in male col medesimo mezzo.

Secondo l'autrice:

l'arte dei mascareri e dei targheri (fabbricanti di maschere e di scudi di cartapesta) fu dapprima uno dei colonnelli (delle specializzazioni) in cui si dividevano i pittori, serratesi in arte nel 1271. La Mariegola (lo statuto) dal 10 aprile 1436 al 19 febbario 1620 si conserva nell'Archivio di Stato di Venezia. Quando i pittori si staccarono dall'Arte, nel 1683, costituendosi in collegio, i mascareri furono colonnello dei dipintori, insieme ai miniatori, ai disegnatori, ai coridoro (lavoranti di cuoi dorati e dipinti), agli indoratori e ai cartoleri (fabbricanti di carte da gioco).

L'origine delle maschere

Al convegno di Venezia del 2005 Guerrino Lovato ha preparato per gli oratori due tipi di maschere, la Bauta e l'Arlecchino; maschere realizzate nella bottega

"Mondonovo" a pochi passi dal luogo del convegno, a campo Santa Margherita. In questa occasione Lovato ha spiegato il significato originario delle maschere:

> In latino *maschera* si dice *persona* ed è interessante seguire l'evoluzione di questa parola, che in italiano, al contrario, designa qualcuno che vive o è vissuto, quindi un individuo in carne ed ossa; mentre in francese, per esempio, tra le altre accezioni, *personne* significa anche nessuno, come in latino. Dunque una maschera è originariamente un nessuno e quindi non rappresenta un personaggio particolare, una caratteristica figura umana o animale, ma solo l'idea di maschera, ossia un volto senza espressione e senza carattere, con le orbite vuote attraverso le quali guardare con i nostri occhi. L'aspetto delle maschere che oggi conosciamo e ci è familiare deriva direttamente dalle maschere dipinte che i Romani usavano come decorazione nelle case e che imitavano le vere maschere in terracotta o più raramente in marmo, chiamate *oscillum* perchè venivano appese ai porticati e lasciate muovere dal vento per allontanare gli spiriti maligni.
>
> L'espressione usata nell'antichità per indicare questo tipo di maschera poteva essere indifferentemente quella della maschera comica o quella della maschera tragica, tra loro molto diverse; in ogni caso erano come maschere vuote, sufficienti allo scopo apotropaico che si proponevano.
>
> Esiste una maschera, dipinta probabilmente nell'ambiente di Raffaello, su una tavola copriritratto (copertura apribile di un ritratto) e accompagnata dalla scritta in latino *sua cuique persona* ovvero ciascuno ha la sua maschera. Ciò sottolinea come il viso stesso del personaggio ritratto sia una illusione mostrando a sua volta un viso che è esso stesso (anche fuori dal ritratto, nella realtà) una maschera, una posa. La maschera raffaellesca non è una maschera, ma *la* maschera. Non rappresenta qualcuno o qualcosa, bensì il puro gioco del nascondersi, del celarsi senza travestirsi, senza cambiare... semplicemente il gioco dell'assentarsi.

Le maschere di cartapesta

Le maschere oggi sono realizzate in cartapesta, ma la loro storia ha subito diversi cambiamenti nei secoli:

> La storia della cartapesta è legata alla sua difficile conservazione e al suo basso costo. La maggiore peculiarità del materiale cartaceo era, oltre all'economia e alla forte resa plastica, la leggerezza, determinante soprattutto nella costruzione di statue da processione e di fregi decorative, che, applicati ai soffitti di palazzi o chiese, imitavano gli stucchi e i marmi (il cui costo sarebbe stato notevolmente più elevato). A causa della facile infiammabilità della cartapesta, che creava spesso pericoli di incendi nelle chiese, se ne vietò l'uso a partire dalla fine del Settecento. La nostra esperienza, per quanto riguarda le maschere, ha origine nel teatro. Alla fine degli anni settanta in un piccolo laboratorio periferico di Venezia,

si è ripreso a fabbricare maschere professionali che venivano messe ad asciugare all'aperto. Un poco alla volta, grazie anche alla riscoperta del Carnevale di Venezia, le maschere si sono diffuse di nuovo e in città è nato un nuovo prodotto, che solo all'apparenza sembra il frutto della storia di Venezia, ma che invece è il risultato di un *revival* molto recente.

Tra i tanti incarichi affidati a Guerrino Lovato vi è stata la realizzazione dei disegni e del modellato di tutti i prototipi di sculture e dei bassorilievi di ornato della cavea per la ricostruzione del Gran Teatro *La Fenice*, distrutto da un incendio qualche anno fa [2].

Tecnica della cartapesta artigianale

Per realizzare una maschera è necessario partire da un disegno che ne indichi forma e dimensioni. Si inizia quindi a disporre la creta, materiale malleabile, facile da usare e a basso costo, seguendo i contorni del disegno sulla tavoletta.

Dopo aver sbozzato il modello della maschera, definendo i volumi dei lineamenti, lo si leviga con un po' d'acqua e lo si liscia; si prepara, quindi, il calco, cioè il negativo che poi accoglierà la carta pressata, realizzando il modello pieno, senza buchi, ne per gli occhi ne per le narici, che andranno tagliate solo dopo aver estratto la maschera di cartapesta dal calco stesso.

A questo punto, si mescola in parti uguali il gesso scagliola a presa rapida con l'acqua e una volta raggiunta la densità giusta (come quella dello yogurt, per avere un'idea), si cola il composto direttamente sul modello in creta, facendo attenzione a coprirlo in modo uniforme.

Il gesso compatterà velocemente e entro un'ora si sarà asciugato, pronto per essere staccato e svuotato con cautela della creta. Per iniziare il lavoro della cartapesta si aspettano due giorni, affinché il calco in gesso si sia completamente essiccato. Allora si comincia bagnando la carta già strappata in rettangoli, la si strizza e la si applica, partendo dall'esterno verso l'interno, lasciando sporgere i bordi e facendo attenzione a non fare pieghe, ma sovrapponendo con cura. Per il primo strato si usa carta riciclata di stracci azzurra, più plastica ma meno resistente della carta di cellulosa pura, che servirà per gli strati successivi. Finito il primo strato, si passa una colla vinilica in modo uniforme, e si pressa bene la carta per evidenziare i particolari del modello, poi si passa al secondo strato e ad un ulteriore strato sui bordi per rinforzare la maschera. Si lascia asciugare e quando al tatto la maschera risulta completamente asciutta, si può staccare il positivo dal calco; si tagliano quindi i bordi, gli occhi e le narici con apposite forbici e lame e si rifiniscono i bordi con carta velina e colla, per evitare che si aprano gli strati di carta. Infine si crea un composto in parti uguali di gesso di Bologna e colla, che verrà steso sulla maschera come base per la decorazione e che potrà essere levigato con della carta vetrata togliendo le eventuali imperfezioni della cartapesta.

Da notare che il gesso usato in questa fase è completamente diverso da quello utilizzato nella creazione del calco, di qualità scagliola a presa molto rapida. Qui si tratta di gesso di Bologna, un prodotto tipico delle Belle Arti, prediletto per la caratteristica di essiccarsi lentamente.

A questo punto incomincia la fase della decorazione, con una base di colore bianco steso con una tempera acrilica lavabile (occorre dare due mani, di cui la seconda più densa). In seguito si usano i colori, delineando dapprima le sopracciglia e poi le labbra, eventuali nei, sfumature rosa per le guance, e così via, che caratterizzeranno la maschera.

L'ultimo passaggio è la ceratura antichizzante, una pratica derivata dal restauro dei mobili antichi. Si realizza applicando un composto ottenuto da una miscela di cera d'api e un particolare lucido da scarpe dai toni del bruno o nero, a seconda dell'effetto desiderato; tale composto viene spalmato con un pennello e una volta asciugatosi, lucidato. Il risultato è l'effetto di un legno antico. Dopo la lucidatura con spazzole e stracci asciutti, si passa all'applicazione dei lacci all'altezza degli occhi e di eventuali etichette all'interno della maschera.

Maschere della tradizione veneziana

La Bauta

La Bauta è il travestimento veneziano per eccellenza, comparso intorno al 1600.

Con il termine "bauta" non si intende solo il volto, ma l'intero travestimento, che comprendeva un tabarro (mantello), un tricorno, un velo che copriva le spalle e "la larva", cioè la vera e propria maschera. Il nome "larva" è riconducibile alla lingua latina; con esso venivano indicati i fantasmi e le maschere spettrali. La bauta era una maschera usata indistintamente da uomini e donne e la sua particolare forma permetteva di bere e di mangiare, restando completamente in incognito.

Fig. 1. La bauta

La Moretta

La Moretta è una maschera costituita da un ovale di velluto nero che era indossato dalle donne di nobile o modesta condizione. Il suo nome deriva da Moro, che in veneziano significa nero, e esaltava la carnagione bianca delle donne e il colore rosso veneziano dei capelli.

È una maschera senza il taglio della bocca ed era sorretta mordendo un bottone posto all'interno.

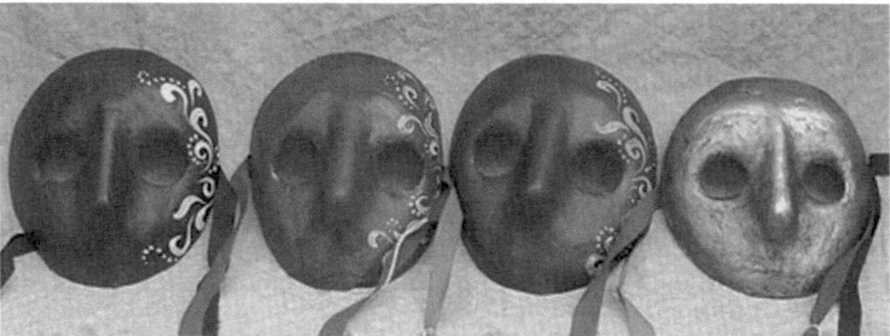

Fig. 2. La Moretta

La Gnaga

Il nome Gnaga deriva probabilmente da *gnau*, il verso del gatto, e infatti la maschera rivela lineamenti felini; veniva indossata con abiti da cortigiana e cuffietta bianca dagli uomini per divertirsi, ma anche per sfogare le proprie tendenze omosessuali, all'epoca represse dall'Inquisitori dello Stato.

Fig. 3. La Gnaga

Il Medico della peste

Questa maschera è stata ideata nel XVI secolo dal medico francese Charles de Lorme. Non è una maschera tradizionale del Carnevale, ma veniva utilizzata per difendersi dalla terribile pestilenza che colpì Venezia nel 1630. La indossavano i medici con mantello nero e guanti, che ne riempivano il becco con spezie ed essenze medicamentose per neutralizzare i miasmi infettanti della peste. Da sempre è rimasta un simbolo terrificante di morte.

Fig. 4. Il medico della peste

Pantalone

Pantalone è la maschera veneziana più conosciuta. Si pensa derivi da San Pantalon, uno dei santi di Venezia a cui è dedicata anche una chiesa nel sestiere di Dorsoduro. Pantalone era un vecchio mercante, simbolo della borghesia e dell'etica mercantile veneziana. Egli aveva una grande propensione per gli affari, che a volte fiorivano e a volte lo portavano alla rovina, e una spiccata disinvoltura per le *avances* amorose. La maschera mette in evidenza particolari caratteristiche somatiche: naso adunco, sopracciglia sporgenti e barbetta appuntita.

Fig. 5. Pantalone

Arlecchino

Si tratta della maschera più popolare della Commedia dell'Arte, originaria della Bergamo bassa del Cinquecento. Arlecchino ha un carattere truffaldino e impiccione, mostra scarso intelletto, sempre affamato è sempre pronto a scroccare. Il costume è costituito da giubba e pantaloni a toppe colorate, un cappello di feltro corredato da un pezzo di coda di coniglio o di volpe e da una cintura da cui pende il "batocio", la spatola per girare la polenta. È una maschera acrobatica, dotata di una ricca gestualità. Il volto ha tratti demoniaci e felini, con naso camuso e un vistoso bernoccolo sulla fronte, come a testimoniare il fatto che esce sempre malconcio dalle sue avventure.

Fig. 6. Arlecchino

Colombina

Fedele compagna di Arlecchino, Colonbina è una maliziosa ed astuta servetta, conosciuta anche con altri nomi: Arlecchina, Corallina, Ricciolina, Camilla e Lisetta fino a seguire la moda francese per diventare la raffinata *Marionette* nella *Vedova scaltra* di Carlo Goldoni. Il suo vestito è a toppe colorate con grembiule e cuffietta bianca. Porta raramente la maschera e, nel caso, sempre solo una semplice mezza mascherina scura che lascia scoperta la bocca. Si esprime in vari dialetti prediligendo il veneziano o il toscano.

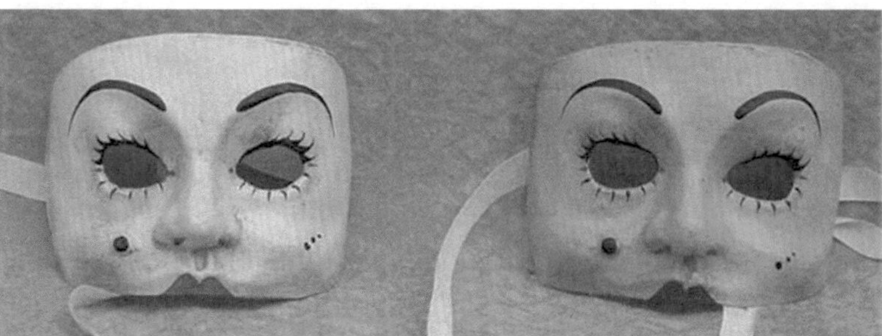

Fig. 7. Colombina

Bibliografia

[1] L. Urban (1989) *L'arte dei mascareri*, Centro Internazionale della grafica, Venezia. Si ringrazia l'editore per l'utilizzo dei testi

[2] Per tutte le informazioni sulla produzione di maschere di Guerrino Lovato si consulti *www.mondonovomaschere.it*. Si ringrazia Lovato per l'utilizzo dei testi e delle immagini

Venezia e Marco Polo

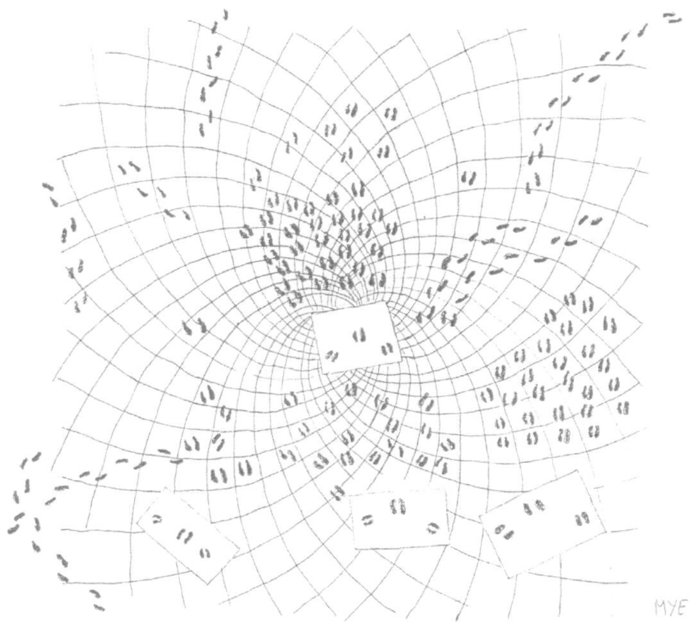

Introduzione

In viaggio con Marco Polo

È tradizione che a chi partecipa al convegno "Matematica e cultura" a Venezia vengano fatti dei regali, regali unici e irripetibili: dal fumetto di *Lino il Topo* ai fumetti di Marco Abate, dai piccoli e preziosi cataloghi delle mostre, da Perilli a Pizzinato, al piccolo libro sulle murrine, a tanti altri. Nel 2005 il regalo è stato veramente eccezionale: il volume *In viaggio con Marco Polo* [1], con opere originali di quaranta artisti e tre testi di introduzione. Un volume come sempre rilegato a mano con rilegatura alla giapponese, con una copertina realizzata anch'essa a mano e impreziosita da spruzzi di colore oro: un volume unico, che si spera tutti i partecipanti abbiamo apprezzato nel giusto valore. Per coloro che non erano al convegno viene riportata l'introduzione di Silvano Gosparini e Nicola Sene, come sempre curatori di tutti i libri del Centro Internazionale della Grafica e uno dei testi, quello di Michele Emmer, insieme ad alcune tavole del libro. Con l'invito a tutti a cercare il libro originale, perchè solo averlo tra le mani può rendere giustizia alla sua affascinante bellezza.

Bibliografia

[1] Silvano Gosparini, Nicola Sene (a cura di) (2005) *In viaggio con Marco Polo*, 40 opere originali di artisti, tre testi di introduzione, Centro Internazionale della Grafica, Venezia

In Venezia, dentro la sua grande storia

Silvano Gosparini, Nicola Sene

Certamente il lavoro di ricerca nel campo della grafica tradizionale e sperimentale che unisce gli artisti di *Atelier Aperto* ma, fin dal suo formarsi, il gruppo di artisti che lo compone, ha sempre considerato un punto di riferimento assolutamente primario il fatto di operare a Venezia. L'*Atelier* è situato nel cuore della città (ma si sa che Venezia è città di tanti cuori) in quel campo San Fantin, giusto accanto al Gran Teatro La Fenice, in una tipica casa di mercanti che ospitò George Sand, durante il suo soggiorno veneziano. Questo a conferma che si vive dentro la storia.

Gli artisti in generale sono attenti e curiosi e questi di *Atelier Aperto* lo sono in modo particolare, la loro provenienza così varia e mista si estende per l'Europa fino alle Americhe e al Giappone accentuandone le peculiarità. Nel lavorare insieme essi spesso si danno dei temi comuni per esercitare le loro conoscenze tecniche e confrontarle. È così che il magico libro del veneziano Marco Polo ha catturato la loro attenzione nelle uscite, sulle tracce del passato: la corte del Milion, le case dei Polo, le sculture erratiche, le *cavane* da cui saranno partite le navi verso il mitico eppur vicino Oriente, e gli affascinanti racconti... sono stati fonte di inesauribile ispirazione.

La recente collaborazione con gli appassionati cultori dell'*Amor del libro* ha prodotto questa edizione che vuole essere una sorta di racconto per immagini, una ricerca che, dall'opera originale alla legatura all'orientale, ai testi degli storici e dei poeti ha prodotto un libro pensato e costruito come nelle antiche botteghe d'arte.

Tutta l'operazione ha dunque il merito di aver proposto la rilettura del fantastico libro di Marco Polo, a conferma della nostra volontà di far parte della storia di Venezia.

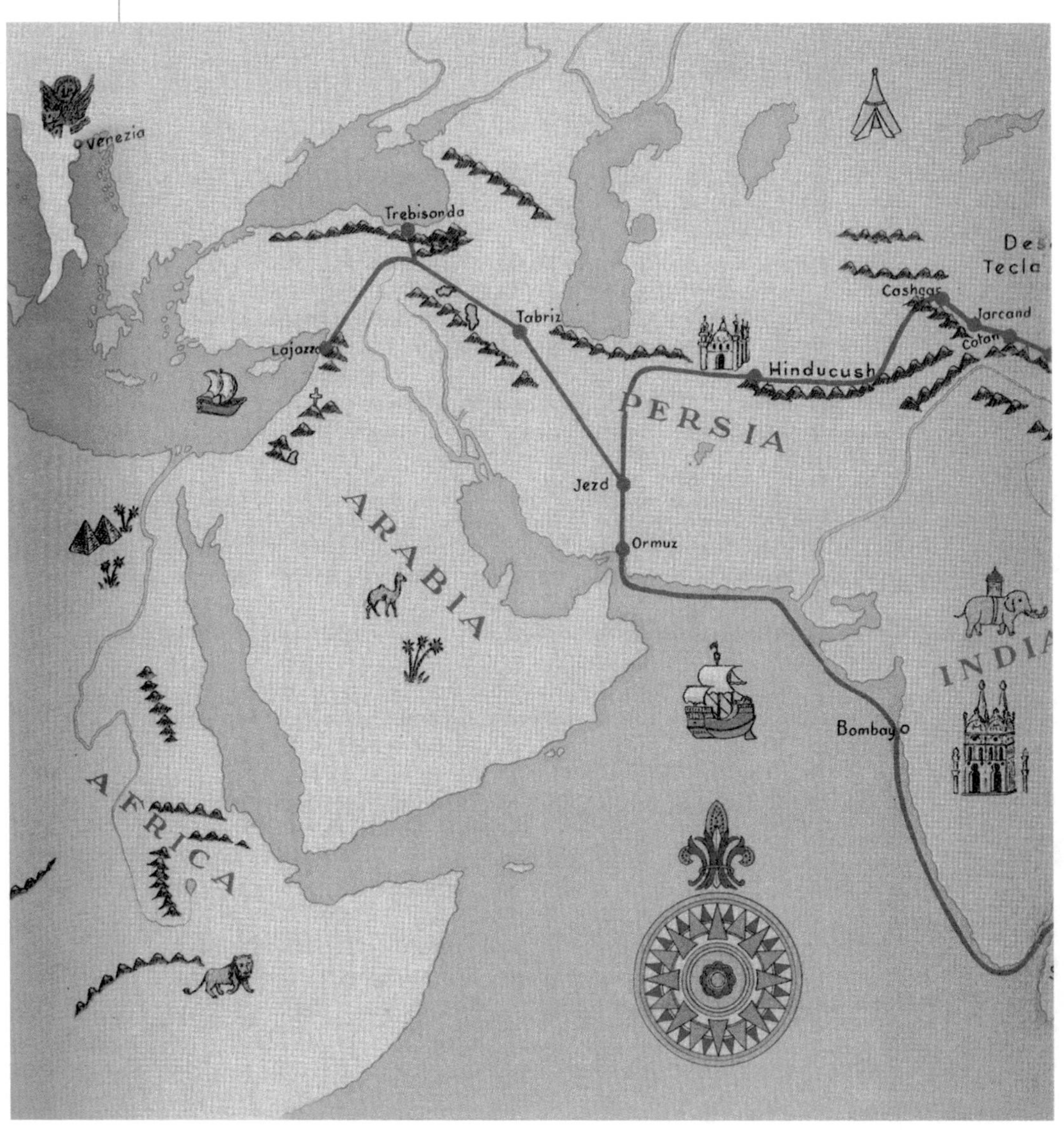
Venezia
Trebisonda
Lajazzo
Tabriz
Hinducush
Cashgar
Jarcand
Cotan
PERSIA
Jezd
Ormuz
ARABIA
INDIA
Bombay
AFRICA

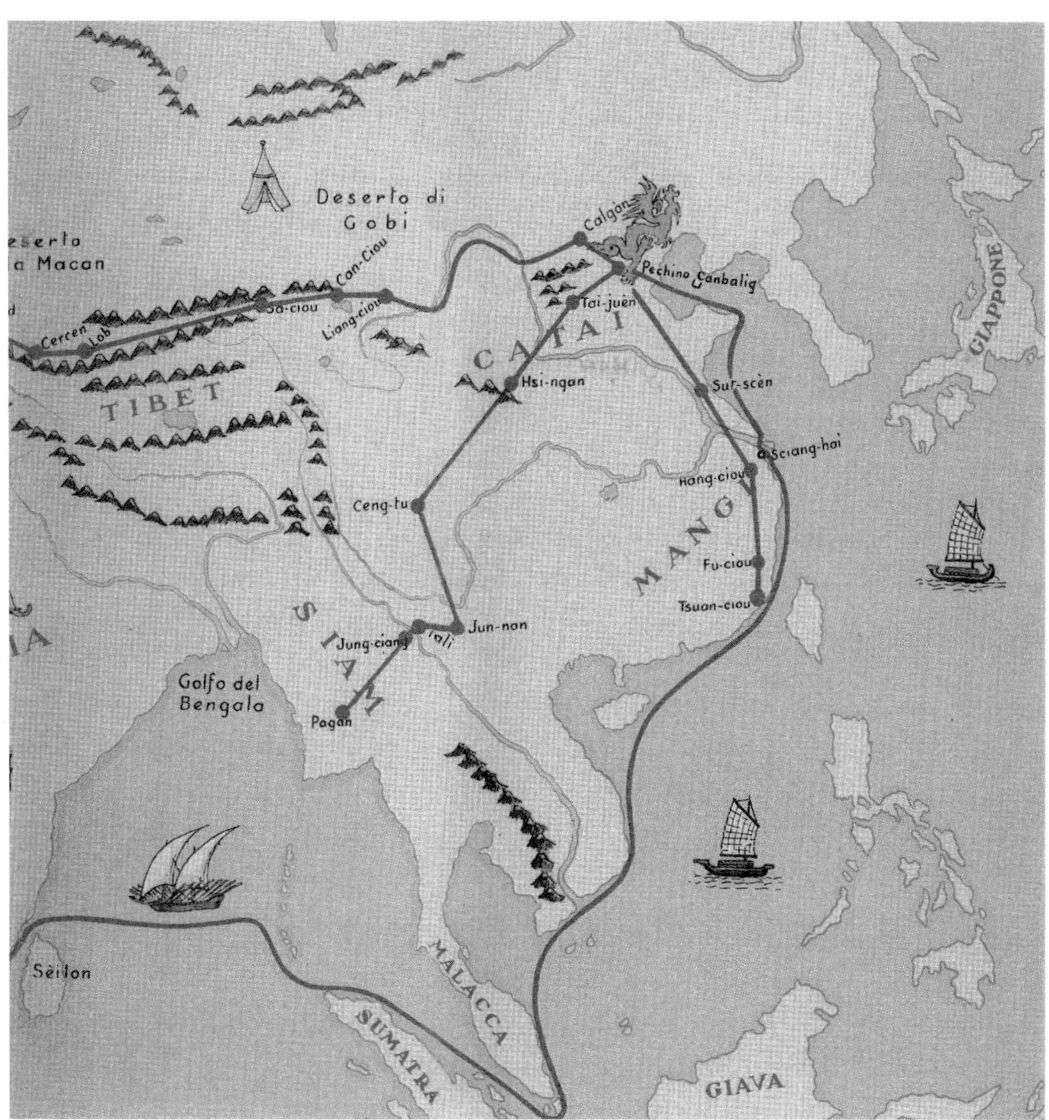

Fig. 1. Carta del viaggio di Marco Polo

Raccontare meraviglie alla scoperta dell'America

MICHELE EMMER

Troverete in questo libro tutte le immense meraviglie, le grandi singolarità dei reami d'Oriente, della Grande Armenia e della Persia, della Tataria e dell'India e di cento altri Paesi, da noi notate con chiarezza e ordine.

Il Milione, cap. 1

Dal primo all'otto agosto del 2001 il famoso violoncellista americano di origine cinese Yo-Yo Ma ha inciso alla Hit Factory Studio un disco intitolato "Silk Road Journeys" (I viaggi della via della seta), sottotitolato "When strangers meet" (quando degli stranieri si incontrano).

Nel novembre del 2001 Yo-Yo Ma scrive nel libretto che accompagna il CD musicale:

> Per me questa registrazione risponde alla domanda "Che cosa succede quando degli stranieri si incontrano?" Si dice che quando due persone si incontrano, in pochi istanti si stabilisce se ci si può fidare l'uno dell'altro. Sappiamo quanto è distruttivo quando non c'è fiducia. Se c'è un poco di fiducia, ci può essere uno scambio; se questa fiducia si sviluppa nel tempo, lo scambio può portare alle migliori di tutte le possibilità - creatività e conoscenza.
>
> Questa registrazione è il risultato di quello che è accaduto quando 24 stranieri si sono incontranti, hanno sviluppato una fiducia, hanno imparato gli uni dagli altri, e hanno cercato di sviluppare una lingua comune che permettesse loro di essere creativi insieme.

Tra quando il disco è stato inciso, nei primi giorni di agosto del 2001, a quando Yo-Yo Ma scrive queste parole è passato un tempo infinito, il tempo dell'undici settembre 2001. Il disco inciso da Yo-Yo Ma e dal *Silk Road Ensemble* era il risultato di una preparazione iniziata anni prima. Alcuni musicologi avevano raccolto materiale in Cina e nell'Asia centrale e nel luglio 1999 era stato lanciato il progetto *Silk Road*, la via della seta. A partire dal 1999 il *Silk Road Ensemble*, formato da 40 musicisti provenienti dagli Stati Uniti, dall'Europa, dall'Asia e dal Medio Oriente hanno iniziato a collaborare tra loro, a conoscersi, a dare concerti insieme, sino alla realizzazione del disco. La copertina dell'opera è, naturalmente, una mappa geografica che dall'Italia arriva fino alla Cina e al Giappone e sulla quale sono segnate tutte le città da cui provengono i suonatori: dall'Iran alla Cina, dall'India alla Mongolia, utilizzando strumenti musicali provenenti dai tanti paesi attraversati dalla mitica "Via della seta", la via che sembra per primo abbiamo compiuto da Venezia sino in Cina Marco Polo.

Viktor Sklovskij ha affermato, nel libro dedicato al mercante viaggiatore [1], di essere:

> ... rimasto affascinato dal destino di un uomo che ha saputo vedere, nell'Asia di allora, il mondo futuro. Egli ha saputo descrivere, senza mai mentire, stringatamente e bene, la Russia. Ha dato un'immagine breve ma precisa di tutta una serie di paesi asiatici, senza esprimere una sola volta la sua condanna di europeo. Ha descritto ciò che ha veduto, non ciò che presupponeva. Ammiro profondamente la sua instancabilità, il suo modo di percepire la varietà del mondo.

Dal 26 giugno al 7 luglio del 2002, qualche mese dopo gli attentati, nella città di Washington D.C. si è svolto il festival "The Silk Road" con tema "Connecting Cultures, Creating Trust" (Creando legami e fiducia tra le diverse culture). Una grande scommessa, sempre con Yo-Yo Ma come ispiratore e curato dallo *Smithsonian Institution Center for Folklife and Cultural Heritage*. Si è costruito in un parco di Washington una "Via della seta" in miniatura, facendo venire da tutti i paesi che i

Fig. 1. Firenze Poggi, *Viandante nell'intrico lungo del mondo*

mercanti, primi fra tutti i Polo, hanno attraversato per tanti secoli, artisti, artigiani, musicisti. Per immaginarsi la vita del mondo all'epoca dei Polo bisogna pensare alle carovaniere: gli abitati si stendevano lungo queste oppure vicino ai porti; quindi la gente viveva in piccoli nidi.

A Washington ogni comunità era installata in un grande tendone come usano i nomadi, in modo che fosse fisicamente possibile incontrare in un breve tratto di strada le tante civiltà, le tante lingue, le tante religioni, le tante musiche, i tanti cibi di una grande parte dei popoli dell' Europa e dell'Asia.

Nel mese di giugno del 2002, a Washington, città particolarmente importante anche perché sarà proprio lì che verrà presentato per la prima volta il progetto "Marco Polo" di artisti di diversi paesi del mondo intorno al Centro Internazionale della Grafica di Venezia. Ogni giorno per tutto il tempo che è durato il "Silk Road festival" si sono susseguiti spettacoli, concerti, balletti, incontri sulla cultura, sulla cucina, sui costumi di tutti i popoli che hanno percorso la mitica via delle spezie: dalla Turchia all'Afganistan, dall'Iran al Tajikistan, dal Turkmenistan al Pakistan, dalla Cina al Giappone, dall'Azerbaijan all'Armenia, dalla Caucasia alla Siria al Bangladesh. Erano certo presenti anche gli italiani, e i Veneziani, prima di tutto con il gruppo musicale " Calicanto" e Guerrino Lovato con le sue maschere [2].

È stato un grande incontro di popoli, di religioni, di etnie lungo la "Via della seta", con un richiamo esplicito a Marco Polo, non il primo a transitare sulla via del-

Fig. 2. Luisa Asteriti, *Partenza da Venezia*

la seta, ma probabilmente il primo a compiere intero il percorso. Si sa però che la seta già nel primo secolo a.C. giungeva a Roma, dove era simbolo di potere e ricchezza (Giulio Cesare entrerà in trionfo a Roma sotto canopi di seta).

Skloswskji scrive che i fratelli Polo restarono a Buchara tre anni; erano mercanti e come tali notarono subito le caratteristiche dei prodotti di questi luoghi:

> [...] La migliore porcellana di Buchara proviene dalla Cina. Dalla Cina proviene la seta. Dalla Cina provengono gli oggetti d'oro. Di una donna si dice che è bella come una cinese. Le merci vanno comprate là dove sono a buon mercato, la dove si sa tessere, cuocere l'argilla bianca [...] I veneziani decisero di partire per la Cina [...] La gente viaggiava per le grandi vie non per religione, ma per affari commerciali. Di questo appunto parlò nel suo libro...

Marco Polo era giovane e molto attratto dalle belle donne:

> Queste donne (della città di Hangzhou) sono molto valenti e pratiche in saper fare lusinghe e carezze con parole pronte e accomodate a ciascuna sorte di persone, di maniera che i forastieri che le gustano una volta rimangono come fuor di sé, e tanto sono presi dalla dolcezza e piacevolezza sua, che mai le possono dimenticare.

e gli abitanti della città

> si amano l'un l'altro, di sorte ch'una contrada, per l'amorevolezza ch'è tra gli uomini e le donne, per causa della vicinanza si può reputare una cosa sola, tant'è la dimestichezza ch'è fra loro, senza alcuna gelosia o sospetto delle loro donne [...] Amano similmente i forestieri che vengono a loro a causa di mercanzie e accettano volentieri in casa, facendogli carezze, e li danno ogni aiuto e consiglio nelle faccende che fanno.

Ha scritto Karl Marx ne "Il Capitale":

> La legge secondo la quale lo sviluppo del capitale commerciale è in ragione inversa al grado di sviluppo della produzione capitalistica trova la sua più evidente manifestazione nella storia del commercio di transito, per esempio presso i veneziani, nel quale il guadagno principale non proviene dall'esportazione dei prodotti della propria terra, ma dal mediare lo scambio di prodotti di comunità sviluppate dal punto di vista commerciale ed economico e dallo sfruttare entrambi i paesi di produzione.

Certo non tutti sono come Marco Polo, non tutti sono in grado di ricordare e di raccontare, con il grande rischio di non essere creduti e diventare lo zimbello di Venezia al suo ritorno dopo tanti anni, non tutti, anche ai giorni nostri, hanno interesse per i luoghi, ma soprattutto per le usanze, le abitudine, le persone, imparando la lingua, vestendosi alla maniera del paese che ti ospita, volendo capire, non accontentadosi di prendere.

> ... Imperatori e re, duchi e marchesi, conti cavalieri e borghesi e tutti voi che intendete conoscere le diverse razze umane e le singolarità delle varie parti del mondo, prendete questo libro e fatevelo leggere...

che il libro era scritto per gli analfabeti, come si legge all'inizio del "Milione". Parole scritte dal pisano Rustichello, compagno di prigionia di Polo.

Sempre nel 2002 il fotografo Michael Yamashita realizzava il libro "Marco Polo: un fotografo sulle tracce del passato" [3], ripercorrendo con una macchina fotografica la via percorsa dai Polo. Un viaggio visivo eccezionale che mostra come ancora oggi il mondo sia di una vastità e di una varietà incredibili, inimmaginabili.

In quell'anno nasce anche l'idea di un progetto "Marco Polo" tra gli artisti che gravitano intorno al Centro Internazionale della Grafica di Venezia. Un luogo (perché i luoghi sono importanti, non saranno mai soppiantati dai siti virtuali) lungo una via della seta che da Venezia parte e a Venezia ritorna. Un luogo, ma delle persone, come sapeva bene Marco Polo, che di uomini e donne parla, affascinato dal loro aspetto, dai loro vestiti, dalle loro usanze, dalla loro lingua. Una collettività di artisti che gira intorno ad uno dei luoghi veneziani da cui passa una delle vie dell'arte grafica; un cenacolo, verrebbe da dire, che ha già grande esperienza di attività in comune, che pratica da anni lo scambio tra culture diverse (indimenticabile il progetto del "Gioco del Pesse", un libro d'artista/i, un gioco,

Fig. 3. Walterina Zanellati, *In viaggio con Marco Polo*

una mostra, e un giorno nella città, seguendo una sorta di "via della seta" dentro Venezia, [4]).

E il progetto "Marco Polo", che non poteva per motivi misteriosi, ma ineluttabili, che aprirsi al pubblico a Washington, città che andrà aggiunta ad honorem ai luoghi della "Silk Road", riunisce di nuovo tanti artisti intorno ad un luogo che potrebbe apparire virtuale (non tutti hanno avuto la possibilità del musicista Yo-Yo Ma o del fotografo Yamashita di percorrerla davvero la "Via della seta"), ma che nulla ha in realtà di virtuale, dato che, come ha insegnato Marco Polo, di quel viaggio immaginario, ma tanto più reale, lungo la via dei Polo gli artisti hanno riportato immagini che a loro volta realizzano un'altra via ancora. E che succedesse nelle Americhe era un segno del destino. Quando il libro di Marco Polo cominciò ad essere accettato non come un libro di favole, ma come il resoconto di un visitatore di quelle terre lontane (e ci vorranno decine e decine di anni), sulle notizie di allora si disegnarono mappe e si aprirono vie di comunicazione. Quel libro aveva letto Cristoforo Colombo, che proprio sulle pagine del "Milione" si convinse di poter raggiungere quelle terre lontane d'Asia navigando verso occidente, senza dover circumnavigare l'Africa. Così, girando per le isole dei Caraibi, si convinse di essere arrivato in Asia e scrisse lettere al Gran Khan della Cina. Come scrive Sklovskij:

> Così il veritiero libro di Marco Polo procacciò la fama di bugiardo al viaggiatore, e un errore, ispirato da questo libro, portò un altro viaggiatore a scoprire l'America, che scambiò per l'Asia.

Fig. 4. Tiziana Talamini, *Mondo*

La via della seta è divenuta, grazie al "Milione", il segno (grafico verrebbe da dire) di come l'umanità aspiri a conoscersi, a frequentarsi, ad amarsi. Un utopia, certo, ma che a Venezia, città dove tutto ha inizio e dove tutto termina per poi ricomnciare (le maree non sono lì a testimoniarlo?) sembra meno inafferrabile.

Bibliografia

[1] V. Sklovskij (1972) *Marco Polo*, Il Saggiatore

[2] L. Urban, G. Lovato (2006) Le maschere veneziane, in questo volume, pp. 271-279

[3] M. Yamashita (2002) *Marco Polo: un fotografo sulle tracce del passato*, National Geographic, White Star ed.

[4] S. Gosparini (a cura di) (2002) *Il gioco del Pesse*, 46 artisti, tre testi introduttivi, Centro Internazionale della Grafica, Venezia

Autori

Marco Abate	*Dipartimento di Matematica* *Università di Pisa*
Giovanni Maria Accame	*Accademia di Brera, Milano*
Carlo Boldrighini	*Dipartimento di Matematica* *Università "La Sapienza", Roma*
Elisa Cargnel	*Akademia Olympia, Venezia*
Marcus Du Sautoy	*Mathematical Institute, Oxford, UK*
Emmer Michele	*Dipartimento di Matematica* *Università "La Sapienza", Roma*
Maurizio Falcone	*Dipartimento di Matematica* *Università "La Sapienza", Roma*
Loe Feijs	*Department of Industrial Design* *Technische Universiteit Eindhoven* *The Netherlands*
Davide Ferrario	*Regista, Torino*
Manuela Gandini	*Critico d'arte*
Silvano Gosparini	*Centro Internazionale della Grafica, Venezia*
Robert Kanigel	*MIT, Boston, USA*
Jannis Kounellis	*Artista, Roma*
Marco Li Calzi	*Dipartimento di Matematica Applicata* *Università "Ca' Foscari", Venezia*
Guerrino Lovato	*Mascarero, Venezia*
Massimo Marchiori	*Università "Cà Foscari", Venezia*
Maria Rosa Menzio	*Autore teatrale, Torino*

Maria Cristina Molinari	*Dipartimento di Scienze Economiche* *Università "Ca' Foscari", Venezia*
Giovanni Naldi	*Dipartimento di Matematica "F. Enriques"* *Università degli Studi di Milano*
Nicola Parolini	*Ecole Polytechnique Fédérale de Lausanne, Suisse*
Marc Petit	*Scrittore, Parigi*
Christophe Prud'homme	*Ecole Polytechnique Fédérale de Lausanne, Suisse*
Alfio Quarteroni	*Ecole Polytechnique Fédérale de Lausanne, Suisse* *MOX, Dipartimento di Matematica* *Politecnico di Milano*
Gianluigi Rozza	*Ecole Polytechnique Fédérale de Lausanne, Suisse*
Antonello Sciacchitano	*Psichiatra, Psicanalista, Milano*
Nicola Sene	*Centro Internazionale della Grafica*
Victor Simonetti	*Architetto, operatore visivo, Pieve Ligure*
Fabio Spizzichino	*Dipartimento di Matematica* *Università "La Sapienza", Roma*
Antonio Terni	*Enologo, viticoltore,* *Azienda agricola "Le terrazze", Numana, Ancona*
Gianmarco Todesco	*Digital Video Srl, Roma*
Lina Urban	*Centro Internazionale della Grafica, Venezia*
Adolfo Zilli	*Regista, Akademia Olympia, Venezia*

Collana Matematica e cultura

Volumi pubblicati

M. Emmer (a cura di)
Matematica e cultura
Atti del convegno di Venezia, 1997
1998 - VI, 116 pp. - ISBN 88-470-0021-1 (*esaurito*)

M. Emmer (a cura di)
Matematica e cultura 2
Atti del convegno di Venezia, 1998
1999 - VI, 120 pp. - ISBN 88-470-0057-2

M. Emmer (a cura di)
Matematica e cultura 2000
2000 - VIII, 342 pp. - ISBN 88-470-0102-1 (*anche in edizione inglese*)

M. Emmer (a cura di)
Matematica e cultura 2001
2001 - VIII, 262 pp. - ISBN 88-470-0141-2

M. Emmer, M. Manaresi (a cura di)
Matematica, arte, tecnologia, cinema
2002 - XIV, 285 pp. - ISBN 88-470-0155-2 (*anche in edizione inglese ampliata*)

M. Emmer (a cura di)
Matematica e cultura 2002
2002 - VIII, 277 pp. - ISBN 88-470-0154-4

M. Emmer (a cura di)
Matematica e cultura 2003
2003 - VIII, 279 pp. - ISBN 88-470-0210-9 (*edizione inglese in prep.*)

M. Emmer (a cura di)
Matematica e cultura 2004
2004 - VIII, 254 pp. - ISBN 88-470-0291-5 (*edizione inglese in prep.*)

M. Emmer (a cura di)
Matematica e cultura 2005
2005 - X, 296 pp. - ISBN 88-470-0314-8 (*edizione inglese in prep.*)

M. Emmer (a cura di)
Matematica e cultura 2006
2006 - VIII, 300 pp. - ISBN 88-470-0464-0

Per ordini e informazioni consultare il sito › springer.com

SAGGIO - CAMPIONE GRATUITO
SE PRIVO DI TALLONCINO

ISBN 88-470-0464-0
€ 29,95

Il volo dei numeri, 2000
Numeri al neon rosso
secondo la serie di Fibonacci
Photo: Paolo Pellion
di Persano, Torino

Una immagine a colori
del Canal Grande
(M. Falcone, pp. 23-34)

Un tipico test di filtraggio sull'immagine di Lena (M. Falcone, pp. 23-34)

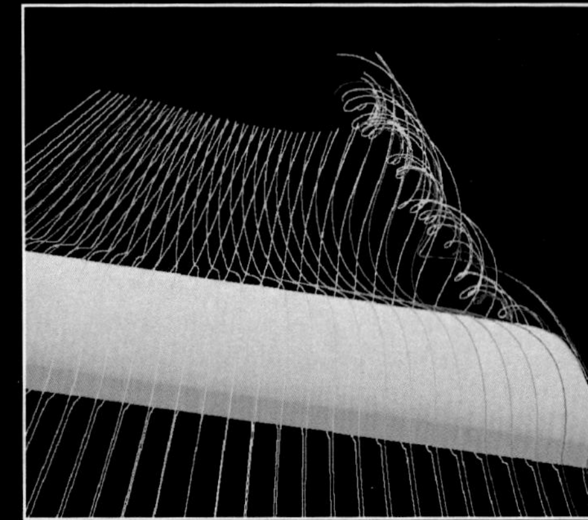

In alto, Solar Impulse; a destra, vortice
all'estremità dell'ala di Solar Impulse
(A. Quarteroni, pp. 35-48)

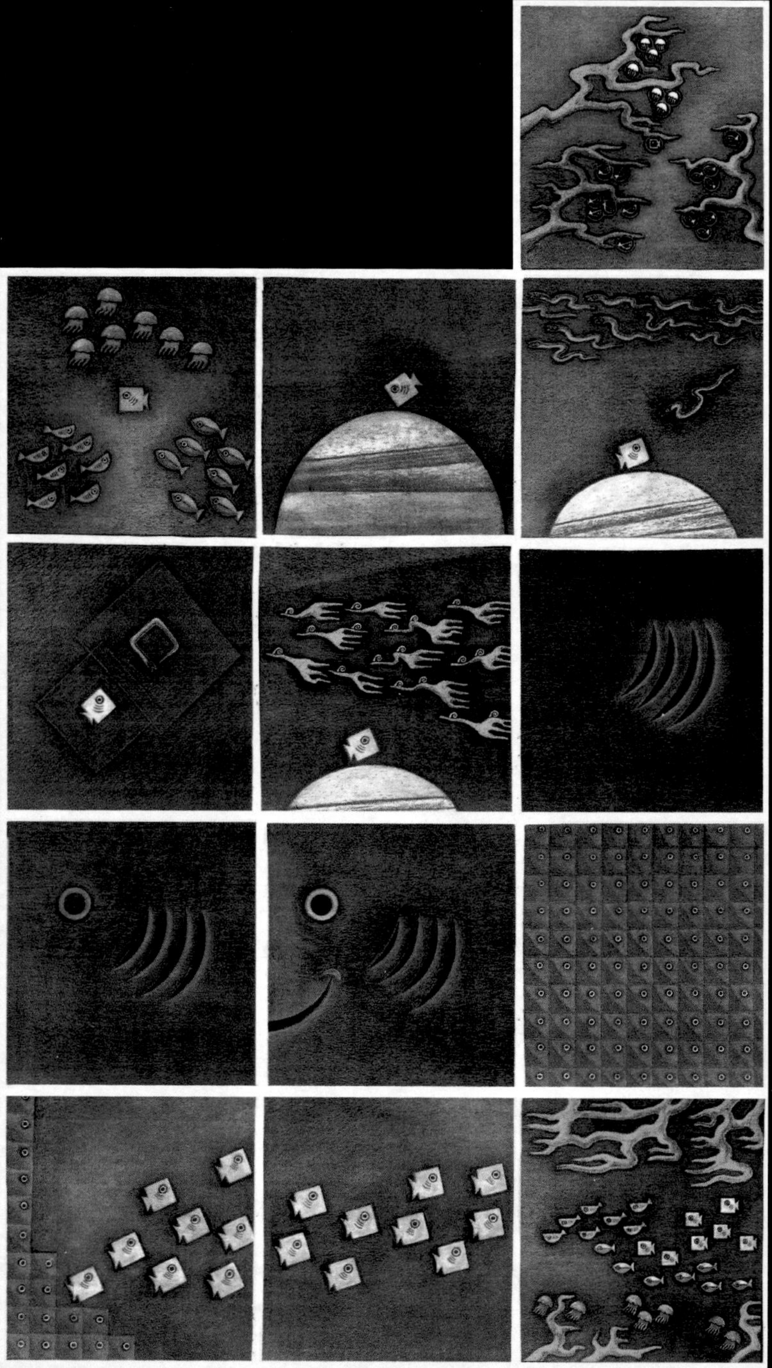

Il pesce quadrato (M. Campana, pp. 121-127)

Galois nell'ideaspazio. © 2005 Paolo Bisi (M. Abate, pp. 145-156)

Vasily Kandinsky, *Croce bianca* (*Weisses Kreux*), gennaio-giugno 1922. Olio su tela, 100,5 x 110,6 cm. Peggy Guggenheim Collection, Venice (Solomon R. Guggenheim Foundation, NY)
(M. Emmer, pp. 171-180)

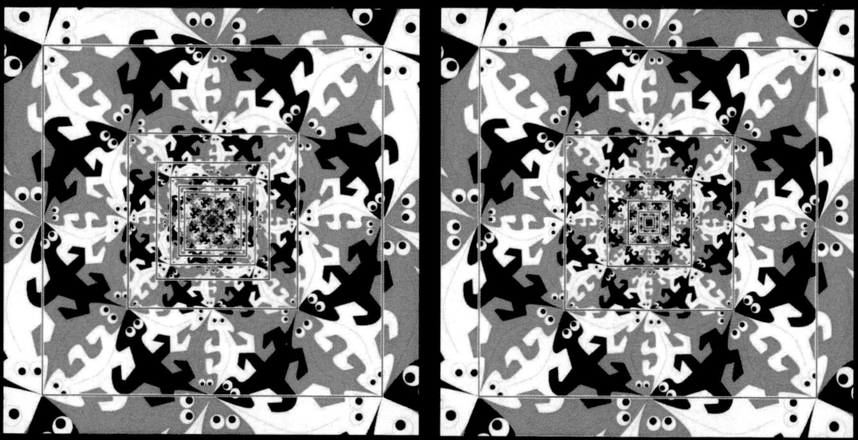

A sinistra, la zoomata "sbagliata": scale(t) = A t + 1; a destra, la zoomata "giusta": scale(t) = exp(B t)
(G.M. Todesco, pp. 157-168)

Piet Mondrian, *Il Mare* (*The Sea*), 1914. Carboncino e guazzo su carta montata su pannello, carta 87,6 x 120,3 cm; pannello 90,2 x 123,13 cm. Peggy Guggenheim Collection, Venice (Solomon R. Guggenheim Foundation, NY) (M. Emmer, pp. 171-180)

Scena da *Quadri di una esposizione* (M. Emmer, pp. 171-180)

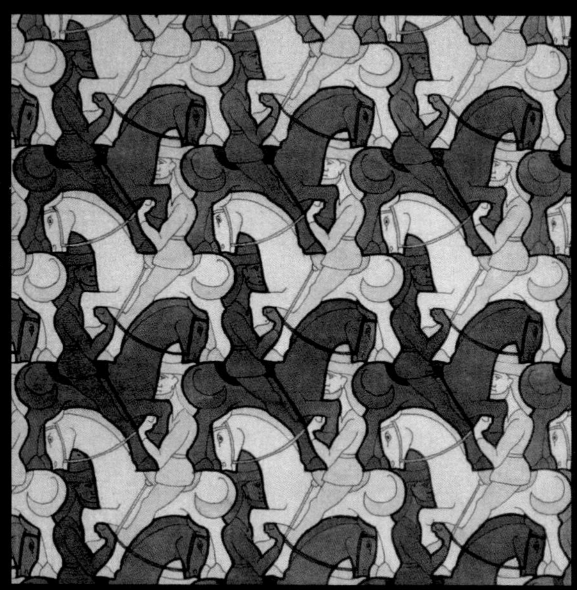

M.C. Escher, Symmetry Drawing E67 (*Horseman*)
 (R. Zilli, pp. 229-237)

M.C. Escher, Symmetry Drawing E117 (*Canone Cancrizzante*)

(R. Zilli, pp. 229-237)

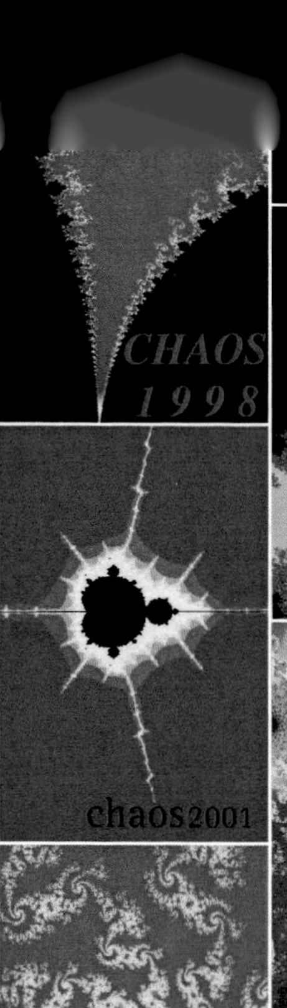

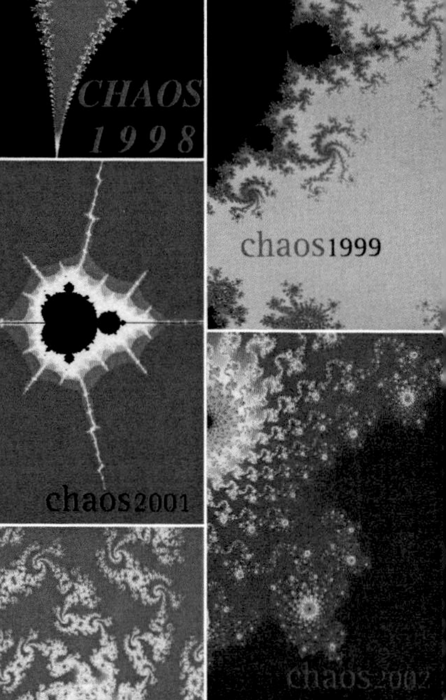

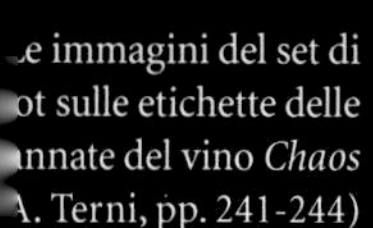

e immagini del set di ot sulle etichette delle nnate del vino *Chaos* A. Terni, pp. 241-244)

Maschere veneziane (L. Urban, G. Lovato, pp.

Printed in the United States
by Baker & Taylor Publisher Services